Salomon Kroonenberg

Warum die Hölle nach Schwefel stinkt

Für meine Enkel

SALOMON KROONENBERG

Warum die Hölle nach Schwefel stinkt

Eine geologische Höllenfahrt

Aus dem Niederländischen von Andreas Ecke

Die niederländische Originalausgabe erschien 2011 bei Uitgeverij Atlas, Amsterdam/Antwerpen unter dem Titel Waarom de hel naar zwavel stinkt. *Mythologie en geologie von de onderwereld*

Die Übersetzung erscheint mit freundlicher Unterstützung des Nederlands Letterenfonds.

Der Primus Verlag dankt Prof. Dr. Peter Rothe für die fachliche Durchsicht der Übersetzung.

Die Deutsche Nationalbibliothek verzeichnet diese Publikation in der Deutschen Nationalbibliografie; detaillierte bibliografische Daten sind im Internet über http://dnb.dnb.de abrufbar.

Die Herausgabe des Werkes wurde durch die Vereinsmitglieder der WBG ermöglicht.

Gedruckt auf säurefreiem und alterungsbeständigem Papier
Einbandgestaltung: Jutta Schneider, Frankfurt a. M.
Einbandabbildung: Geysir in Island; © Werner Prinz/OKAPIA/picture-alliance
Gestaltung & Satz: Satzpunkt Ursula Ewert GmbH, Bayreuth
Printed in Germany
www.primusverlag.de
ISBN 978-3-86312-057-3

Lizenzausgabe für die WBG (Wissenschaftliche Buchgesellschaft), Darmstadt
Einbandgestaltung der WBG-Lizenzausgabe: Peter Lohse, Heppenheim
Einbandabbildung der WBG-Lizenzausgabe: Vulkansee am Ijen Krater © Mitchell Kanashkevich/Corbis
www.wbg-wissenverbindet.de
ISBN 978-3-534-25576-4

Inhalt

Die magische Kugel	7
Jerusalem	12
Die Irrfahrten des Odysseus	20
Der Eingang zur Hölle	27
Der Vorhof	52
Charons Fähre	66
Der Limbus	98
Die Stadt des Dis	121
Habsucht	134
Der Feuerregen	167
Das Ungeheuer Geryon	175
Der Pechstrom	187
Einstürze	203
Der bleierne Mantel	210
Zum Mittelpunkt der Erde	223
Bei Luzifer im Eis	235
Der Rückweg	241
Anhang	
Dank	246
Literatur	247
Personenregister	259
Geographisches Register	263
Sachregister	267
Bildnachweis	272

Ordnung und Regelmäßigkeit sind überall wichtig,
erst recht im Inneren einer Erdkugel.
Tom Lanoye, Sprakeloos

Die magische Kugel

In der Tat fand ich mich am Rand der leidvollen Tiefe
des Abgrunds, welcher den Hall
des nicht endenden Wehgeschreis empfängt.
Dunkel und tief war er und so dunstig,
dass ich, wie sehr ich den Blick in die Tiefe bohrte,
nicht irgendetwas darin unterschied.
Dante Alighieri, *Die Hölle*, IV, 7–12

Warum haben die Astronomen als Forschungsgebiet den Himmel bekommen, wir Geologen aber die Hölle? Sie können Milliarden von Lichtjahren weit in den Weltraum blicken, wir dagegen sehen nicht einmal den Maulwurf, der unseren Rasen ruiniert. Sie reisen zum Mars, wir aber nicht zum Mittelpunkt der Erde. Der Staat spendiert Milliarden für die bemannte Raumfahrt, doch ihre Begräbnisse müssen auch Astronauten selbst bezahlen. Verliebte blicken zum Mond hinauf, bestrafte Übeltäter auf den Boden. Das Paradies steht für das höchste Glück und die Hölle für den jämmerlichsten Tod. Warum haben wir Geologen immer das Nachsehen?

Ich weiß natürlich, warum. Weil der Himmel durchsichtig ist und die Erde nicht. Die Evolution hat uns keine Augen geschenkt, die durch Stein sehen können. Und im Dunkeln werden wir ängstlich und denken an den Tod. Deshalb liegt die Hölle unter der Erde. Wäre die Erde durchsichtig wie eine gewaltige Murmel, würden die Menschen den ganzen Tag flach auf dem Bauch liegen, um in die Tiefe zu schauen. Sie würden beobachten, wie sich die Maulwürfe mit ihren rosa Händchen mühsam durch den Boden schaufeln. Sie würden die Samen keimen und um das Vorrecht kämpfen sehen, im Frühling als Erste herauszukommen: das Gefleckte Lungenkraut, den Gundermann oder das Buschwindröschen. Und sie würden darin wetteifern, möglichst weit ins Innere zu blicken. Die Menschen fänden die Erde so schön, dass sie sich lieber verbrennen als begraben ließen, damit der Boden rein bleiben kann. Und sie würden zum Erdkern reisen wollen.

Doch die Erde ist nicht durchsichtig, sie ist die Unterwelt, das Totenreich, in fast allen Kulturen der Welt. Dabei ist unter der Oberfläche so viel Schönes verborgen: glitzernde Erze und Metalle, prachtvolle gelbe Schwefelkrusten, blaue Saphire, roter Cinnabarit, grüner Malachit, meterlange Gipskristalle mit messer-

Ganzer und durchgesägter Gobstopper, Durchmesser 2 cm

scharfen Kanten, Tropfsteinhöhlen, unterirdische Flüsse, zerbrechliche Muschelschalen aus der Urzeit der Evolution und riesige Knochen von ausgestorbenen Ungeheuern.

Für den Geologen ist die Erde eine magische Kugel, vergleichbar mit einem Gobstopper. Sie wissen nicht, was ein Gobstopper ist? Eine Süßigkeit aus dem angelsächsischen Raum, die es aber in manchen Süßwarengeschäften und im Versandhandel auch bei uns zu kaufen gibt. Gobstopper sind sehr harte, zuckersüße Kugeln, die größten passen kaum in den Mund. Außen sind sie meist weiß mit bunten Punkten, aber wenn man eine Weile an einer solchen Kugel gelutscht hat und sie wieder aus dem Mund nimmt, hat sie plötzlich eine andere Farbe, Blau oder Grün oder Rosa. Nach jedem längeren Lutschen (nicht beißen!) entdeckt man wieder eine neue Schicht. Ich habe ein paar Gobstopper gekauft und den Techniker unseres Labors gebeten, einen davon in der Mitte durchzusägen, wie er es sonst mit Gesteinsproben tut, um Präparate fürs Mikroskop herzustellen. Und siehe da: Das Ergebnis gibt den konzentrischen Aufbau der Erdkugel perfekt wieder.

Es hat lange gedauert, bis unser großer Gobstopper als solcher erkannt wurde. Nicht, dass die Menschen früher nicht darüber nachgedacht hätten, wie die Erde wohl unter der Oberfläche aussehen mochte. Doch Mythos und Wissenschaft, Legende und Beobachtung, Furcht und Neugier vermischten sich dabei auf faszinierende Weise. Keiner von all den Helden meiner Gymnasialzeit, die irgendwann einmal aus der Unterwelt zurückgekehrt sind, hat über die Beschaffenheit des Erdinneren berichtet. Odysseus, Theseus, Orpheus, Herakles, Aeneas, Dante und viele andere sind in die Unterwelt hinabgestiegen, die meisten um einer Frau

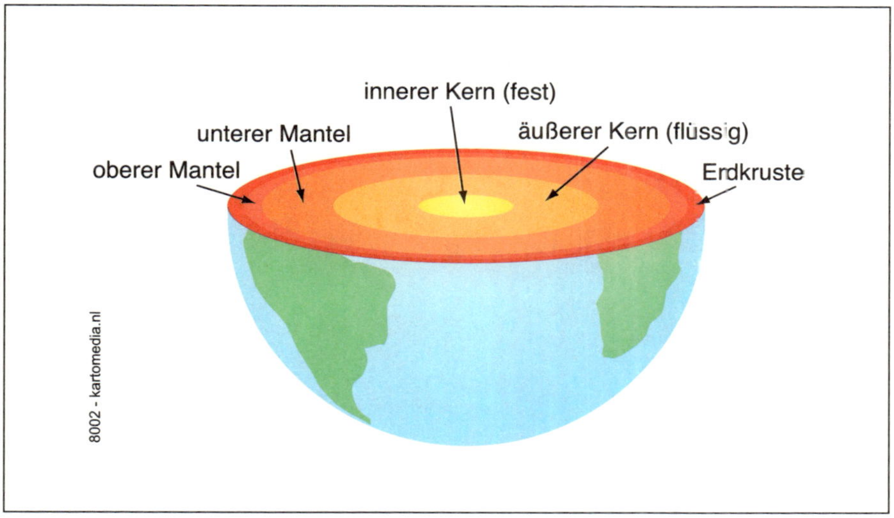

Die magische Kugel nach heutigem geologischem Wissen

willen, einige aber auch, um Rat zu suchen oder nur aus Neugier, doch ohne bei der Rückkehr zu erwähnen, was sie an Schönem gesehen oder über den Aufbau der unterirdischen Welt gehört hatten. Sie haben Sünder in Gräben voll kochendem Pech zappeln sehen, klären uns aber nicht darüber auf, woher dieses Pech stammt. Sie haben den im Eis eingefrorenen Luzifer erblickt, sagen aber nicht, warum es am Mittelpunkt der Erde so kalt war. Gustave Doré hat die großartigsten Landschaften zu Dantes *Hölle* gezeichnet, aber wir erfahren nicht, wie diese Landschaften entstanden sind. Haben wir es dort mit Kalkstein oder mit Basalt zu tun? Und warum stinkt die Hölle nach Schwefel?

Es wird Zeit, dass jemand die Hölle mit den Augen des Geologen erkundet. Ich werde dort unten Feldforschung betreiben, mit Hammer und Kompass, auf den Spuren meiner alten Helden. Sobald ich den Eingang gefunden habe, steige ich hinab, in jedem Kapitel ein kleines Stück tiefer, wobei ich mich mehr oder weniger an Dantes Höllenkreisen orientiere; und ich werde Ihnen ausführlich davon berichten – das heißt, wenn ich es schaffe, wieder herauszukommen. Dabei geht es mir nicht um makabren Jenseits-Tourismus. Ich möchte zeigen, dass Furcht und Fantasie lange Zeit stärker waren als wissenschaftliche Neugier, dass wir aber auch heute noch viel Fantasie brauchen, um uns vorzustellen, wie es im Erdinneren aussieht.

Denn was unter der Erdoberfläche liegt, ist der am wenigsten bekannte Teil unseres Planeten geblieben, obwohl der Mittelpunkt der Erde nicht viel weiter von uns entfernt ist als Amsterdam von Washington. Außerdem wird es buchstäblich höchste Zeit, den Boden unter unseren Füßen genauer zu erforschen, denn angesichts der Unzahl von Löchern, die wir in ihn hineinbohren, ist es ein

Dantes Hölle nach Jan van der Straet (1587): Kalkstein?

Wunder, dass überhaupt noch etwas von ihm übrig ist. Die Erde wird ausgesaugt, ausgehöhlt, ausgeweidet, und dann werden die Hohlräume mit allen möglichen Dingen gefüllt, die uns oberirdisch zu gefährlich werden. Wir verbuddeln radioaktiven Abfall in der Erde, die selbst natürliche Reaktoren hervorgebracht hat. Wir pumpen CO_2 in leere Erdgasfelder, während das Leben selbst 90 Prozent von allem ursprünglichen CO_2 als Kalkstein in der Erdkruste abgelagert hat. Und warum tun wir das? Die Luft muss sauber sein, sagen wir, ebenso das Wasser und der Boden. Und was unter dem Boden liegt, nicht? Empedokles' vier Elemente Erde, Wasser, Feuer und Luft werden nicht im gleichen Maße geachtet; immer kommt die Erde schlechter weg.

In den Schichten der Erde ist die Geschichte des Planeten aufgeschrieben; sie berichten von den unvorstellbaren Extremen unseres Klimas, von vernichtenden Erdbeben, Eruptionen und Überschwemmungen, von der Evolution des Menschen. Alles, was wir über unsere Vorfahren wissen, über die Neandertaler oder den Homo erectus, haben wir von ausgegrabenen Skeletten erfahren, nicht von Seelen, denen wir bei Weltraumspaziergängen begegnet sind. Auch die Geschichte der Atmosphäre ist nicht in der Atmosphäre selbst festgehalten: Kohlendioxidmoleküle verbleiben dort höchstens ein paar tausend Jahre, bevor sie wieder von den Ozeanen oder Pflanzen aufgenommen werden. Die Geschichte der Atmosphäre ist in Erdschichten konserviert, in den Sedimenten der Tiefsee oder tiefer Binnenseen, in Mooren, in den Luftbläschen innerhalb der Eiskappen Grönlands und Antarktikas. Man kann den Himmel nicht verstehen, ohne die Hölle zu kennen. Die Erde ist ihr eigenes Geschichtsbuch.

Vielleicht sollten wir aufhören, die unterirdische Welt als eine Art Blackbox zu sehen, als potenzielles Tunnelsystem, als Rohstoff-Supermarkt, als Endstation für allerlei Dreck, den wir unter der Oberfläche verschwinden lassen, wie wir ihn zu Hause unter den Teppich kehren, oder als letzte Ruhestätte für die Toten. Um sie stattdessen als unersetzliches Archiv zu begreifen und als lebendiges Ökosystem, dessen Reichtum wir noch kaum ermessen können.

Jerusalem

Nun hatte die Sonne den Horizont erreicht,
dessen Mittagshöhe Jerusalem
mit ihrem Scheitelpunkt bedeckt.
Dante Alighieri, *Das Fegefeuer*, II, 1–3

Es gibt keinen besseren Ausgangspunkt für meine geologische Höllenfahrt als Jerusalem, denn von hier aus ist Christus zur Hölle hinabgefahren. Der Bericht über Christi Höllenfahrt steht nicht in der Bibel, sondern in einer apokryphen Schrift, dem sogenannten Nikodemusevangelium, das ein strenger Herausgeber nicht ins Neue Testament aufgenommen hat. Ich hätte anders entschieden, denn es entwirft ein lebendiges, dramatisches Bild der Hölle, wie es sich in der Bibel nirgendwo findet: Nach der Kreuzigung Jesu ging das Gerücht um, dass zwei Söhne des Hohepriesters Symeon von den Toten auferstanden seien und sich in Arimathea aufhielten. Tatsächlich fanden Abgesandte ihre Gräber geöffnet und leer vor. Daraufhin gingen die Hohepriester Annas und Kaiphas, außerdem Nikodemus, Joseph, Gamaliel und andere nach Arimathea, trafen auf die Gesuchten, brachten sie nach Jerusalem in die Synagoge und verriegelten die Tore. Dann fragten sie die beiden, auf welche Weise sie von den Toten zurückgekehrt seien und ob es Jesus gewesen sei, der sie auferweckt habe. Die Befragten machten vor ihren Gesichtern das Kreuzzeichen, baten um Papier, Tinte und Schreibrohr und schrieben den folgenden Bericht nieder.

> Wir weilten also in der Unterwelt mit allen von Anfang der Welt an Verstorbenen. Zu mitternächtlicher Stunde drang nun in die dortige Finsternis etwas wie Sonnenlicht und glänzte [...] Der Prophet Jesaja, der dort anwesend war, sprach: Dieses Leuchten kommt vom Vater, Sohn und Heiligen Geist. [...] Da trat in die Mitte ein anderer, ein Asket aus der Wüste. Die Patriarchen fragten ihn: Wer bist du? Er antwortete: Ich bin Johannes, der letzte der Propheten. [...] Und Gottes Sohn kam zu mir. [...] Und mit meiner Hand taufte ich ihn im Jordan [...] Und deshalb sandte er mich zu euch, damit ich verkünde, dass der eingeborene Sohn Gottes hierher kommt, damit, wer an ihn glaubt, gerettet, wer aber nicht an ihn glaubt, gerichtet werde. [...]
> Da nun alle in solcher Freude waren, kam Satan, der Erbe der Finsternis, und sprach zu Hades: Unersättlicher, Allesverschlinger, höre meine Worte! Da gibt es einen aus dem Judenvolk, der Jesus heißt und sich Gottes Sohn nennt. Er ist [aber nur] ein Mensch,

und auf mein Betreiben hin haben ihn die Juden gekreuzigt. [...] Er hat mir viel Böses in der Welt droben angetan [...] Denn wo immer er meine Diener fand, trieb er sie aus, und alle die Menschen, welche ich bucklig, blind, lahm, aussätzig und dergleichen mehr gemacht hatte, die heilte er durch bloßes Wort, und viele, die ich reif gemacht hatte, begraben zu werden, auch die machte er durch bloßes Wort wieder lebendig. Da sprach Hades: [...] Kannst du ihm, der solches vermag, denn widerstehen? Mich dünkt, einem solchen wird keiner widerstehen können. [...] Und dann wehe, wehe dir für alle Ewigkeit! Satan erwiderte: [...] Ich hatte keine Angst vor ihm, sondern wirkte auf die Juden ein, und diese kreuzigten ihn und tränkten ihn mit Galle und Essig. Mache dich also bereit, ihn, wenn er kommt, fest in deine Gewalt zu kriegen. Hades antwortete: [...] Wenn er also andere vom Grabe befreite, wie und mit welcher Macht wird er da von uns überwältigt werden können? [...] Der mir vorweg entrissene Lazarus dünkt mich kein gutes Vorzeichen. [...] Deshalb beschwöre ich dich bei allem, was dir und mir wert ist, bring ihn nicht her! Denn ich glaube, er kommt mit der Absicht hierher, alle Toten aufzuwecken. Und das sage ich dir: Wahrlich bei dem Dunkel, das uns umgibt, bringst du ihn her, wird mir keiner der Toten übrig bleiben.
Während Satan und Hades so miteinander sprachen, ertönte wie Donner eine gewaltige Stimme: *Öffnet, ihr Herrscher, eure Tore, gehet auf, ewige Pforten! Einziehen wird der König der Herrlichkeit.* Als Hades das hörte, sprach er zu Satan: Geh hinaus, wenn du kannst, und tritt ihm entgegen! Satan ging nun hinaus. Dann befahl Hades seinen Dienern:

Christi Höllenfahrt, Holzschnitt des Meisters von Delft, vor 1500

Verrammelt gut und kräftig die ehernen Tore, schiebt die eisernen Querbalken vor [...] Denn kommt er herein, wird Wehe über uns kommen. Als die Vorväter das hörten, begannen sie alle ihn zu verspotten. Sie sagten: Du Allesverschlinger, du Unersättlicher, öffne, damit der König der Herrlichkeit einziehe!

[...] Da erscholl wieder die Stimme: Öffnet die Tore! Als Hades die Stimme zum zweiten Mal hörte, verhielt er sich wie ein Ahnungsloser und fragte: *Wer ist dieser König der Herrlichkeit?* Die Engel des Herrn erwiderten: *Ein mächtiger und gewaltiger Herr, ein Herr, machtvoll im Kriege!* Und zugleich mit diesem Bescheid wurden die ehernen Tore zerschlagen und die eisernen Querbalken zerbrochen und die gefesselten Toten alle von ihren Banden gelöst und wir mit ihnen. Und es zog ein der König der Herrlichkeit wie ein Mensch, und alle dunklen Winkel des Hades wurden licht. Sofort schrie Hades: Wir wurden besiegt, wehe uns! Aber wer bist du, der du solche Macht und Gewalt hast? [...] Bist du Jesus, von dem der Obersatrap Satan uns erzählte, du solltest durch Kreuz und Tod die ganze Welt erben? Da packte der König der Herrlichkeit den Obersatrapen Satan am Kopfe und übergab ihn den Engeln mit den Worten: Mit Eisenketten fesselt ihm Hände und Füße, Hals und Mund! Dann übergab er ihn Hades und sprach: Nimm ihn und halte ihn fest bis zu meiner zweiten Ankunft! Und Hades nahm Satan in Empfang und sprach zu ihm: Beelzebub, Erbe des Feuers und der Pein, Feind der Heiligen, was zwang dich, den Kreuzestod des Königs der Herrlichkeit zu veranstalten, sodass er hierhin kam und uns entmachtete?

[...] Während Hades so mit Satan sprach, streckte der König der Herrlichkeit seine rechte Hand aus, ergriff den Urvater Adam und richtete ihn auf. Dann wandte er sich auch zu den übrigen und sprach: Her zu mir alle [...] Dann stieg er mit ihnen aus der Unterwelt empor. [...] Der Herr ging also zum Paradiese. Er hielt den Urvater Adam bei der Hand und übergab ihn und alle Gerechten dem Erzengel Michael. [...] Das alles sahen und hörten wir zwei leiblichen Brüder, die wir auch vom Erzengel Michael abgesandt und beauftragt wurden, die Auferstehung des Herrn zu verkünden, vorher aber zum Jordan zu gehen und uns taufen zu lassen. [...] Jetzt aber gehen wir wieder weg, da wir hier nicht verweilen können.

Nachdem sie dies geschrieben hatten, siegelten sie die Rollen und übergaben sie. „Und sofort waren sie verschwunden."

*

Auf welchem Weg gelangte Christus zur Hölle? Das steht nirgends geschrieben. Nach der Kreuzigung auf Golgota wurde sein Leichnam ganz in der Nähe in eine Grabhöhle gelegt, die Joseph von Arimathea ursprünglich für sich selbst hatte in den Fels hauen lassen. Vor das Felsengrab wurde ein schwerer Stein gewälzt. Doch die Erde bebte, der Stein rollte zur Seite, und man stellte fest, dass der Leichnam verschwunden war. Zu dieser Zeit müsste Jesus in der Hölle gewesen sein. Aber wo war ihr Eingang? Am hinteren Ende des Felsengrabs? Um das herauszufinden, bin ich hier.

Die Altstadt ist viergeteilt, in einen jüdischen, christlichen, muslimischen und armenischen Teil, und jede Religion hat ihre eigene Hölle. Ich betrete das christliche Viertel durch das Jaffator, eine relativ kleine Öffnung in der meterdicken Mauer aus weißem, gelbem und grauem Kalkstein rings um die gesamte Altstadt. Mein Weg führt durch enge Gassen und Durchgänge und über schmale Treppen; Stromleitungen, Wäscheleinen und Kabel mit Glühlampen hängen wie schlaffe Spinnweben zwischen den Häusern. Und da ist sie: die Grabeskirche. Ich gehe hinein, denn in ihr soll das Grab Jesu sein.

Leider ist aber von einer Höhle nichts mehr zu sehen: Beim Bau der Kirche im 4. Jahrhundert wurde die Böschung über der Begräbnisstätte, die „Decke“ der Höhle, entfernt. Später wurde die Stadt von Persern und Arabern erobert, mehrmals wüteten Brände, sodass hier wenig Ursprüngliches erhalten ist. Wo man das Grab Jesu vermutet, steht heute eine nichtssagende Tumba von den Dimensionen eines riesigen Seecontainers, die das Grabmal jedes beliebigen Menschen sein könnte; sie ist provisorisch mit Gerüsten gesichert und macht überhaupt einen vernachlässigten Eindruck. Es liegt auch kein Stein mehr davor, der beim nächsten Erdbeben fortrollen könnte. Selbst der Hügel Golgota wurde weitgehend abgetragen, hinter der Glasverkleidung eines Altars sieht man nur einen länglichen Stumpf aus rissigem Kalkstein.

Kein Felsengrab in der Grabeskirche. Wäre ich gläubig – ganz gleich, welcher der Konfessionen, die das Grab hüten sollten, ich mich zugehörig fühlte –, ich würde sagen: Was für ein Sakrileg! Stattdessen sage ich: Hier wurde ein einzigartiges Naturdenkmal zerstört! Wenn Jesus von dem Felsengrab aus in die Hölle gegangen ist, so sind alle Spuren dieses Ereignisses gründlich beseitigt worden. Weihrauch hat den Schwefelgeruch überdeckt.

Ich setze meinen Gang durch Jerusalem fort. Am Damaskustor, im nördlich gelegenen muslimischen Viertel, besteige ich die mittelalterliche Stadtmauer. Hier gibt es einen bequemen Gehweg mit Eisengeländer. Unten zwängen sich Touristenströme durchs Tor, in die Stadt und aus der Stadt hinaus. Ich wende der Altstadt den Rücken zu und lasse den Blick über Souvenirstände, den dichten Verkehr auf der Sultan-Suleiman-Straße und die kleinen Läden gegenüber wandern, bis er in östlicher Richtung an einer steilen Felswand mit waagerechten weißen Kalksteinschichten hängen bleibt. An einer Stelle weicht die Felswand zurück, dort ist der Eingang zu einer tiefen Höhle. Einer natürlichen Höhle, entstanden durch die Verwitterung des Kalksteins, das zeigt die runde Form. Könnte er vielleicht hier sein, der Eingang, durch den Christus in die Hölle gelangt ist? Die Stelle erinnert stark an Gustave Dorés Darstellung des Eingangs von Dantes Hölle, abgesehen von der dichten Bebauung.

Doch wenn man diesen natürlichen Eingang durchquert, sieht man gleich, dass er nicht in die Hölle führt. Man betritt ein riesiges System gerader Gänge: Es sind die unterirdischen Steinbrüche König Salomons, oder Sultan Suleimans. Auf jeden Fall *meine* Steinbrüche. Hier wurde der Meleke gewonnen, der „könig-

Hinter den Häusern der Eingang zu Salomons Steinbrüchen unter Jerusalem, vom Damaskustor aus gesehen

Der Eingang zur Hölle, Holzstich von Gustave Doré zu Dantes *Hölle*

liche“ weiße Kalkstein aus der Kreidezeit, aus dem vor 3000 Jahren Salomons Tempel errichtet wurde, später die Klagemauer, der herodianische Tempel und auch ein großer Teil der Innenstadt. Die Gänge führen bis zu 400 Meter unter die Altstadt. Das ist der fünfte Bezirk Jerusalems.

Auch im Südwesten der Stadt gibt es etwas, das man zu diesem fünften Bezirk rechnen kann: In Kalksteinhöhlen bei Ketef Hinnom, an der Südseite des Berges Zion, hat man Gräber aus dem 7. Jahrhundert vor unserer Zeitrechnung gefunden. In einer Grabhöhle lagen zwei Amulette in Form winziger silberner Schriftrollen mit hebräischem Text, als Schutz vor dem Bösen: „Jahwe ist unser Wiederhersteller und Fels [...] Möge Jahwe dich segnen, dich behüten. Möge Jahwe lassen sein Angesicht leuchten über dir und dir Frieden geben.“ Es sind die ältesten erhaltenen biblischen Inschriften.

Ketef Hinnom liegt am Ostrand des Hinnomtals, hebräisch Ge-Hinnom, gräzisiert Gehenna, arabisch Jehannah. *Gehenna*, die Hölle! Hier also müsste sie sein, an der Ostgrenze des Stammes Juda, wie in Josua 15,8 beschrieben. Es war der Ort, an dem in der Königszeit fremden Göttern, dem Moloch und Baal, geopfert wurde, sogar Kinder.

Im Buch Jeremia warnt Jahwe die Einwohner Judas, wenn sie nicht aufhörten, die Götzen zu verehren und ihnen Söhne und Töchter zu opfern, werde die Zeit kommen, da man den Ort „nicht mehr nennen wird ‚Tofet' [ursprünglich wohl ‚Feuerstelle'] und ‚Tal Ben-Hinnom', sondern ‚Würgetal'" (7, 32).

Später wurde Ge-Hinnom eine Art Müllkippe, auf der ständig Feuer brannten; der Überlieferung zufolge wurden dort auch Leichen von Verbrechern auf den Unrat geworfen. Vermutlich deshalb wird das griechische Wort Gehenna im Neuen Testament traditionell mit „Hölle" übersetzt. Seine topographische Bedeutung hat es allerdings im Neuen Testament verloren, es wird nur noch allegorisch gebraucht.

Heute ist Hinnom ein trockenes Tal, ein Nachal oder Wadi, vor Urzeiten von einem Fluss in den gleichen weißen, königlichen Kalk geschnitten; der inzwischen ausgetrocknete Hinnomfluss mündete weiter südlich in den Kidron, dieser wiederum schließlich ins Tote Meer. Auch in der Talwand sind noch einige, nicht sehr tiefe, natürliche Höhlen zu sehen. Sie sind bequem zu erreichen, auf einem geteerten Weg, dessen Belag den Wanderer vielleicht an Pech und darum an die Hölle erinnern mag.

Doch das Tal Ge-Hinnom hat offensichtlich nichts mit der Unterwelt zu tun. Die alten Israeliten kannten die Höhlen der Gegend um Jerusalem, nutzten sie als Steinbrüche und bestatteten in ihnen ihre Toten mit Silberamuletten als Grabbeigaben, aber sie brachten die Höhlen nicht mit den von Jahwe in Aussicht gestellten Schrecken der Gehenna in Verbindung.

Was sich die Autoren der Bibel tatsächlich unter der Hölle vorstellten, bleibt unklar. Das hebräische Wort Scheol im Alten Testament wird meist mit „Hölle" übersetzt, aber auch als „Grube" umschrieben. Viel mehr, als dass der Scheol in der Tiefe liegt und dass dort Feuer brennt, lässt sich aus den Texten nicht erschließen; wo genau er sich befand, verraten sie erst recht nicht, und es stank dort auch nicht nach Schwefel. Im Alten Testament kommt Schwefel nicht aus der Erde, sondern als Regen vom Himmel – vielleicht von der Santorin-Eruption um 1600 vor unserer Zeitrechnung, vielleicht auch aus einem der Vulkane der Golanhöhen, obwohl die eigentlich zu alt sind, oder ausgeweht aus den Schwefellagerstätten von Be'eri, aber nicht aus der Gehenna oder dem Scheol.

Viele biblische Erzählungen lassen sich geologisch deuten. So erklärt der israelische Geologe Yaakov Bentor die Zerstörung der Stadt Hazor und den Einsturz der Mauern von Jericho mit Erdbeben, die Salzsäule, zu der Lots Frau erstarrt, mit der teilweisen Auflösung der Salzschichten des Berges Sodom und das Brennen des Dornbuschs mit natürlichen Gasflammen. Doch über die Hölle kein einziges Wort.

Das einzige Buch der Bibel, das einen gewissen Einblick in die Unterwelt gewährt, ist die *Offenbarung des Johannes*. Darin wird Satan erst 1000 Jahre lang im „Abgrund" festgehalten, danach wird er aus seinem Gefängnis losgelassen, doch besiegt und in den „Pfuhl von Feuer und Schwefel" (20, 10) geworfen, in dem dann schon „das Tier" und „der falsche Prophet" gequält werden; schließlich werden auch die „Feigen [...] und Ungläubigen und Frevler und Mörder und Un-

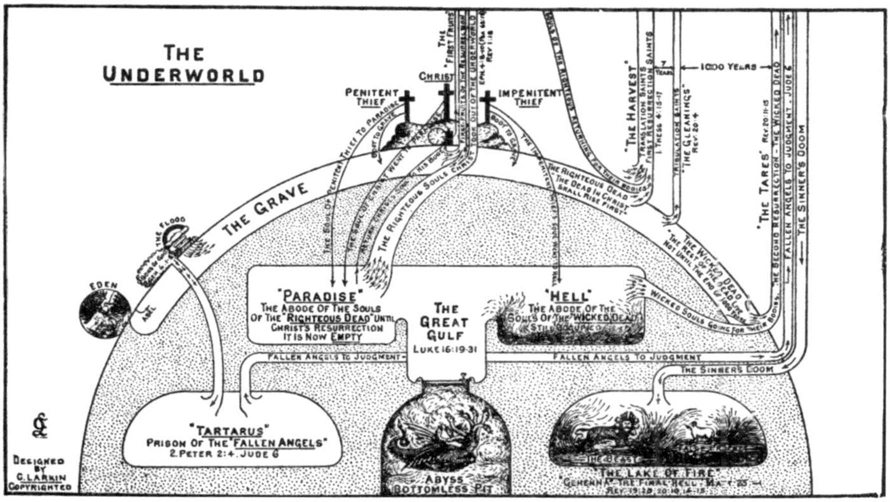

Die biblische Unterwelt nach dem amerikanischen Baptisten Clarence Larkin (1920); darin gibt es sogar ein kleines Paradies für die Seelen der Erzväter und Propheten, die Christus später, am Ende seiner Höllenfahrt, in den Himmel mitgenommen hat.

züchtigen und Zauberer und Götzendiener und alle Lügner [...] in dem Pfuhl sein, der mit Feuer und Schwefel brennt", wie es in der revidierten Luther-Übersetzung heißt (21, 8). Der „Abgrund" und der „Pfuhl von Feuer und Schwefel" sind offensichtlich zwei verschiedene Orte – es existiert also so etwas wie eine Einteilung und Ordnung in der Unterwelt, wenn auch nicht wie in unserer magischen Kugel, dem großen Gobstopper. Und es gibt dort Schwefel. Aber in einem Pfuhl! Endlich! Die Bibel ist fast wie ein Krimi, erst ganz am Schluss kommt die Auflösung.

Die Irrfahrten des Odysseus

In der Mitte unserer Lebensbahn
kam ich zu mir in einem finsteren Wald,
denn der gerade Weg war verfehlt.
Dante Alighieri, *Die Hölle*, I, 1–3

Ein Schneemorgen im Februar, Tartu, Estland. Eine Stadt, die ich früher nur aus meiner Briefmarkensammlung kannte, und aus meinen Wunschtraumreisen, wenn ich mich über alte Atlanten beugte. Zufällig habe ich nun nach Tartu reisen müssen, es ist ein erfreuliches „Müssen", bei dem ich gern selbst Regie führe. Viele frei stehende, russisch anmutende, grün gestrichene Holzhäuser, ein kleiner Marktplatz mit holprigem Kopfsteinpflaster, in einer schmalen Straße das imposante, neoklassizistische Gebäude der Tartu Ülikool, der Universität, auf einem waldigen Hügel eine zerbombte Kirche ohne Dach, nur von dicken Schneepolstern auf den gestuften Mauerstreben warm gehalten – und in der kleinen Grünanlage mein Held für den heutigen Tag: Karl Ernst von Baer. Breit sitzt er auf einem Stuhl, in Gedanken versunken, die Rechte stützt den Kopf, die Linke wartet tatendurstig auf der Rückenlehne.

Nicht weit von dem Denkmal entfernt steht das geräumige, weiß gestrichene Haus, in dem er die letzten neun Jahre bis zu seinem Tod im November 1876 gewohnt hat. Heute beherbergt es ein ihm gewidmetes Museum. Dort hütet der engagierte junge Historiker Erki Tammiksaar den Schatz des umfangreichen wissenschaftlichen Erbes Karl Ernst von Baers. Das Arbeitszimmer des großen Naturforschers ist weitgehend leer, eine Büste steht darin, an den Wänden hängen Landkarten von seinen Reisen und eine Porträtzeichnung: grimmiger Zug um den Mund, stechender Blick, wirres Haar, riesige Nase. Das wenig ansprechende Äußere eines Mannes, dem man nicht gern widersprechen würde. So begegnet er einem auch auf dem estnischen Zwei-Kronen-Schein. Erst seine Totenmaske zeigt sanftere Züge. In einer Vitrine ein Buch aus dem Jahr 1872: *Beiträge zur Kenntnis des Russischen Reiches und der angrenzenden Länder Asiens*, erschienen in Sankt Petersburg.

Erki führt mich in ein kleines Nebenzimmer. Dort werden sämtliche Veröffentlichungen Baers aufbewahrt, die Erki zusammentragen konnte. Baer hat viel geschrieben, über die unterschiedlichsten Themen und für die abstrusesten Zeitschriften, und nur hier findet man alles von ihm, dank Erkis monatelanger Suche in den Bibliotheken von Sankt Petersburg und Gießen.

Karl Ernst von Baer (1792–1876) war ein wissenschaftliches Wunderkind. Er wurde in Estland geboren, studierte Medizin und gilt als der Begründer der modernen Embryologie: Er entdeckte die weibliche Eizelle bei Säugetieren und beim Menschen selbst und korrespondierte über seine Erkenntnisse unter anderem mit Charles Darwin. Vor ihm hatte niemand eine genaue Vorstellung davon, wie die geschlechtliche Fortpflanzung funktioniert.

Ich bin zum ersten Mal am Kaspischen Meer mit seinem Werk in Berührung gekommen. Im Gebiet um Astrachan im Wolgadelta ist die Landschaft durch Dutzende kilometerlanger, schnurgerader, paralleler Erhebungen von etwa 20 Metern Höhe geprägt, als wäre sie mit einer ungeheuren Egge bearbeitet worden. Astrachan selbst liegt auf einem dieser Höhenrücken aus Sand. Die Bodenerhebungen wurden erstmals im Jahr 1854 von Baer in seinen umfangreichen, tagebuchartigen *Kaspischen Studien* beschrieben. Er war nämlich nicht nur Mediziner, sondern auch Forschungsreisender und Geologe, außerdem noch Ethnograph, Anthropologe und Ichthyologe. Zu jener Zeit war er schon Direktor des Anthropologischen Museums von Sankt Petersburg, außerdem Mitglied der dortigen Akademie der Wissenschaften. Die Expeditionen zum Kaspischen Meer gehörten zu seinen zahlreichen wissenschaftlichen Forschungsreisen in Russland und seinen Nachbarländern, festgehalten in dem Buch, das ich in Tartu in der Vitrine bewundern konnte.

Die Höhenzüge im Wolgadelta werden bis heute „Baer-Hügel" genannt. Baer war der Ansicht, es handle sich um lang gestreckte Dünen, und noch anderthalb Jahrhunderte später streiten sich russische Geologen darüber, ob das zutrifft oder nicht. Meiner Ansicht nach hat er recht. Schon deshalb wollte ich nach Tartu: um seine ursprünglichen Notizen zu den Landschaften am Kaspischen Meer aufzuspüren.

*

Den zweiten Grund lieferte Homer mit dem Abstieg des Odysseus in die Unterwelt. Die Zauberin oder Göttin Kirke rät Odysseus, bevor er ihre Insel Aiaia verlässt, den toten blinden Seher Teiresias im Hades aufzusuchen und zu befragen. Wie die Unterwelt in Homers Vorstellung aussieht, verrät schon die *Ilias*. Zu Beginn einer Götterversammlung auf dem Olymp droht Zeus, jeden zu bestrafen, der es wagen würde, im Trojanischen Krieg entweder den Troern oder den Danaern (Griechen) zu helfen:

> Ungebührlich geschlagen kehrt er dann heim zum Olympos,
> Oder ich pack ihn und werf ihn hinab in des Tartaros Düster
> Weit hinweg, in den tiefsten Abgrund unter der Erde,
> Wo die eisernen Pforten sind und die eherne Schwelle,
> So weit unter dem Hades, wie über der Erde der Himmel.
> Homer, *Ilias*, VIII, 12–16

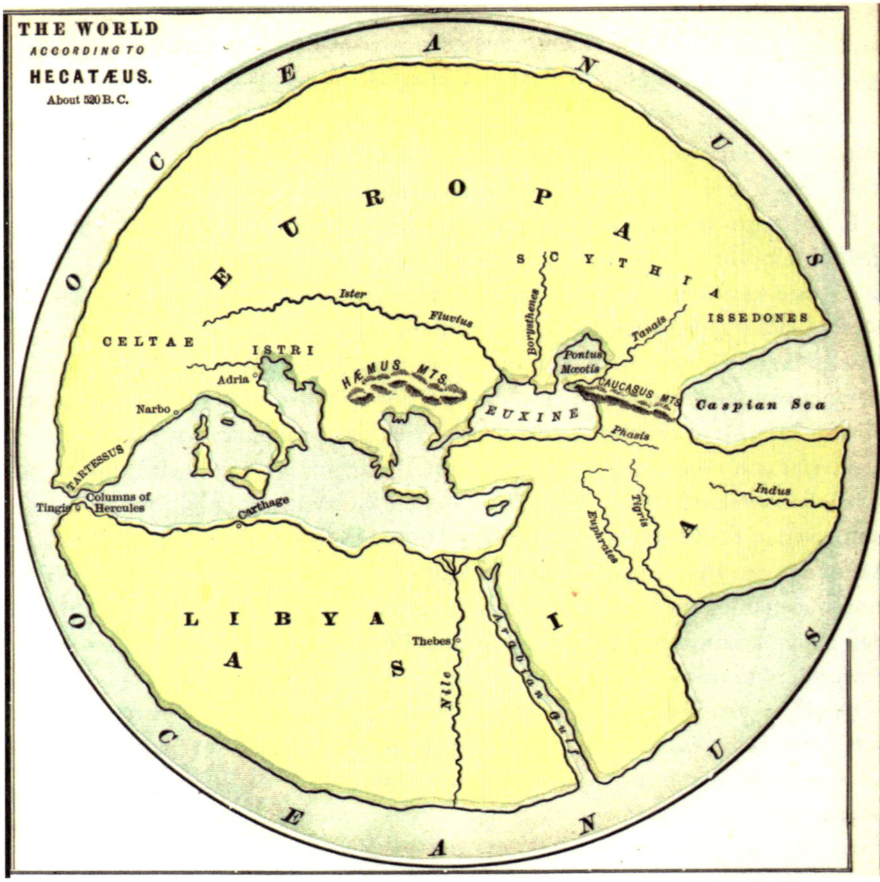

Nach antiker Vorstellung umspült der Okeanos die Erde.

Schon der Hades ist unterirdisch, aber der Tartaros liegt offensichtlich noch tiefer. Wie in der *Offenbarung des Johannes* erahnen wir hier eine Art Ordnung, ja Schichtung der Unterwelt. Das ist ein Schritt in Richtung Gobstopper.

Doch Odysseus nutzt dieses Wissen nicht. Seine berühmte Reise zur Unterwelt im elften Gesang der *Odyssee* ist eigentlich eine Antiklimax. Er betritt die Unterwelt nämlich gar nicht. Zwar erklärt ihm Kirke, auf welche Weise er in das Schattenreich des Hades gelangen kann. Er muss erst den Okeanos überqueren; wenn er an die flache Küste mit den Hainen der Persephone kommt, soll er dort an Land gehen. Wo die Flüsse Pyriphlegethon und Kokytos, ein Seitenarm des Styx, brausend zusammenfließen und schließlich in den Acheron münden, steht ein Fels; dort soll er ein Loch graben, eine Elle lang und breit, und darin Opfer in Form von Honiggemisch, süßem Wein, Wasser und heller Gerste darbringen.

Odysseus folgt Kirkes Rat, erreicht den beschriebenen Ort im wolkenverhangenen Land der Kimmerer oder Kimmerier am Rand des Okeanos, gräbt mit seinem Schwert eine Grube und bringt die Opfer dar, alles genau nach Kirkes Anweisungen. Als er schließlich noch Schafe geopfert hat, kommen die Seelen der Toten aus der Tiefe und erzählen nacheinander von ihren Schicksalen. Odysseus braucht also nicht hinabzusteigen, unterweltliche Schrecken bleiben ihm erspart.

Doch immerhin wird hier zum ersten Mal der Eingang zur Unterwelt geographisch beschrieben, und ich möchte wissen, wie die Beschreibung zu verstehen ist. Schriftsteller des 18. und 19. Jahrhunderts wie Johann Heinrich Voß, Altertums-Kartographen wie Karl von Spruner, Heinrich von Merz und Theodor Menke, ja sogar der Politiker William Gladstone haben mit der Hartnäckigkeit von Atlantisforschern nach diesem Eingang gesucht.

Einige fassten „Okeanos" wörtlich auf, denn nach den geographischen Vorstellungen der Antike umgab der Okeanos die gesamte damals bekannte Erde. Also vermuteten sie Odysseus' Landungsort jenseits der Straße von Gibraltar an der Atlantikküste. Das Land der Kimmerier sei immer von Wolken und Nebel eingehüllt, hatte Homer geschrieben, und das bestärkte sie in der Überzeugung, der Eingang müsse irgendwo im Norden liegen.

Auf seinen Reisen durch das russische Reich hatte Karl Ernst von Baer auch die Nordufer des Schwarzen Meeres eingehend erkundet und war zu der Überzeugung gelangt, dass Odysseus dort seine Grube in Richtung Unterwelt gegraben habe. Baer schrieb über dieses Thema sogar ein Buch, das 1878 posthum unter dem Titel *Ueber die Homerischen Lokalitäten in der Odyssee* erschien. Kurz bevor Odysseus zu Kirkes Insel kam, erreichten er und seine Gefährten das Land der Lästrygonen.

> Und dann kamen wir hin zu dem herrlichen Hafen, den ringsum
> Schroffer Felsen umgibt, der beiderseits ununterbrochen;
> Steile ragende Küsten, einander grad gegenüber,
> Reichen tief in die Mündung hinein, und eng ist die Einfahrt;
> Dorthinein lenkten sie alle die Schiffe, die doppeltgeschweiften.
> Innen im hohlen Hafen wurden sie nah beieinander
> Festgebunden; denn niemals schwoll da innen die Woge,
> Weder groß noch gering; es war rings spiegelnde Glätte.
> Homer, *Odyssee*, X, 87–94

Der Besuch endete verhängnisvoll, die Lästrygonen erwiesen sich als menschenfressende Giganten, spießten viele von Odysseus' Gefährten auf, um sie zu verspeisen, und zerstörten alle Schiffe bis auf das des Odysseus. Doch Baer interessierte sich für etwas anderes. „Es entspricht nämlich die Schilderung der Lästrygonenbucht so vollständig der Bucht von *Balaklawa*, dass man diese Uebereinstimmung unmöglich für eine zufällige halten kann." Balaklawa ist eine alte Stadt auf der Krim, inzwischen zusammengewachsen mit Sewastopol, dem Heimathafen der russischen Schwarzmeerflotte. Die Bucht von Balaklawa hat eine

Die Bucht von Balaklawa-Sewastopol, nach Baers Ansicht die Bucht der Lästrygonen

auffällige, s-förmige Krümmung. Baer berichtet, er sei zweimal dort gewesen, und beide Male sei das Wasser innerhalb der Bucht spiegelglatt gewesen, trotz verhältnismäßig starken Seegangs außerhalb. Homer könne sich das nicht einfach ausgedacht haben, und an den griechischen Küsten existiere keine solche Bucht (hier irrt Baer, wie wir noch sehen werden). Dem Baltendeutschen reicht dies als Beweis dafür, dass die Geschichte im Schwarzen Meer spielen müsse. Sogar die Haine der Persephone kann er lokalisieren, gemeint sei ein Pappelwald an der Mündung des Kuban ins Asowsche Meer.

Außerdem wohnten dort die Kimmerier, denn Herodot schreibt in seinen *Historien* (4, 12): „Auch heute noch gibt es im Skythenland Kimmeriermauern, ebenso einen Hafen Kimmeria und eine Landschaft gleichen Namens. Man kennt auch den sogenannten kimmerischen Bosporus." Das ist die in der Antike übliche Bezeichnung für die Straße von Kertsch, die schmale Meerenge, die das Schwarze und das Asowsche Meer verbindet, oder, aus Landrattenperspektive, die Krim vom Kaukasus trennt. Schon der Name Krim verweist nach Auffassung des niederländischen Herodot-Experten Hein van Dolen auf die Kimmerier: Er leitet ihn vom akkadischen *Gimiru* ab, das so viel wie „die Hin- und Herziehenden“ bedeutet. Die griechischen Niederlassungen Gorgippa, Phanagoria, Pantikapaion, Nymphaion, Hermonassa, Kimmerikon und Theodosia umlagerten die Meerenge von Kertsch wie Frösche einen Tümpel.

Der Styx, führt Baer weiter aus, sei als schwarzer Fluss bekannt, und Pyriphlegethon bedeute „brennend wie Feuer“. Nun gibt es beiderseits der Straße von Kertsch zahllose Schlammvulkane, vor allem auf der russischen Seite, der Taman-Halbinsel. Es sind kleine Vulkankegel, in deren Inneren es brodelt, die aber keine Lava oder vulkanische Asche ausstoßen, sondern blasig blubbernden und zäh fließenden Schlamm, häufig schwarz gefärbt durch aufsteigendes Erdöl; auf einigen brennen Gasflammen. „Blickt man in diesen Kegel hinein, so sieht man in eine schwarze, unbekannte Tiefe und es wird sehr natürlich das Gefühl erregt, dass durch diese hohlen Röhren Geister oder Todte aufsteigen könnten.“ Mit einer Bestimmtheit, die keinen Widerspruch duldet, schließt Baer: „so ist wohl kaum zu zweifeln, dass diese Gegend das Material zu den Bildern gegeben hat, mit denen die Griechen, besonders die früheren, ihren *Hades* oder *Aïdes* ausschmückten.“ Seine Ideen fanden auch unter Altphilologen Anhänger. So hat der Niederländer Samuel Naber in einem Aufsatz aus dem Jahr 1877 Baers Auffassung kritiklos übernommen: „Man sieht also, dass diese Gegend sämtliche Bilder bietet, welche zur Unterwelt der Griechen gehören: schlammige Flüsse aus einem teilweise schwarzen Nass ebenso wie Ströme aus Feuer.“

Doch andere Altertumsforscher seiner Zeit bezeichneten Baers Vorstellungen als Fantasie. Tatsächlich enthält seine Rekonstruktion einige Merkwürdigkeiten. Kirkes Insel Aiaia ist für ihn in Wirklichkeit keine Insel, sondern der mingrelische Küstenabschnitt Georgiens, Kalypsos Insel Ogygia wiederum lokalisiert er in den Alpen, und er muss die seltsamsten geistigen Verrenkungen vollführen, um seine eigenwilligen Schlussfolgerungen zu rechtfertigen. Aber all die sogenannten Gräzisten, höhnt Baer in der *St. Petersburger Zeitung* vom 26. Juni 1875, hockten nur in ihren Studierzimmern wie Dachse in ihren Bauten, und wenn ihnen jemand zu nahe komme, bissen sie um sich, ganz wie richtige Dachse. Sie sollten sich doch lieber einmal selbst an Ort und Stelle umschauen.

*

Es ist September 2007. „Zufällig“ muss ich ans Schwarze Meer, ins Land der Kimmerier, obwohl ich kein Gräzist bin (ein Dachs allerdings auch nicht). Ich reise mit einer bunten Gesellschaft von Russen, Ukrainern, Kanadiern, Iranern, Moldawiern, Türken, Amerikanern, Briten, Deutschen und Aserbaidschanern von Gelendschik an der russischen Schwarzmeerküste nach Odessa. Gerade haben wir auf einem Kongress in Gelendschik die Geschichte der Meeresspiegelschwankungen im Schwarzen Meer diskutiert. Die einen behaupten, in den vergangenen Jahrtausenden sei der Meeresspiegel hier mehrmals dramatisch angestiegen und gefallen, andere bestreiten dies. Nun wollen wir die Fakten in Augenschein nehmen. An den steilen Kliffs der Südküste der Taman-Halbinsel können wir ablesen, wie hoch der Meeresspiegel in der vorigen Warmzeit stand. In der Straße von Kertsch sehen wir die lange, schmale Sandinsel Tusla, im Grunde kaum mehr als eine Sandbank, die sich ständig verlagert und Gegenstand eines Grenzkonflikts zwischen Russland und der Ukraine ist. Die Indizien für jüngere Meeresspiegelschwankungen, die uns präsentiert werden, halten wir für fragwürdig.

Taman hat ein kleines, dem Schriftsteller Michail Lermontow gewidmetes Museum. „Von allen Seestädten Russlands ist Taman das traurigste Kaff", heißt es in der trostlosen Novelle *Taman*, einem Teil von Lermontows Meisterwerk *Ein Held unserer Zeit* (1839). Der durchreisende Offizier Petschorin wird dort bei Nacht und Nebel von einem Blinden bestohlen. So kehren Homers blinder Seher Teiresias und das in Wolken und Nebel gehüllte Reich der Kimmerier in die Weltliteratur zurück. Taman bedeutet übrigens „Nebel"!

Wir sehen auch neolithische Dolmen, 6000 Jahre alt, skythische Grabhügel (Kurgane) mit raffinierten Kuppeldächern und die Ruinen der griechischen Siedlungen Gorgippa (heute Anapa), Phanagoria und Pantikapaion (Kertsch). Die Museen dieser Städte besitzen griechische Skulpturen und Amphoren, persische und chasarisch-jüdische Grabmale, großartigen skythischen Goldschmuck und chasarische Halsketten aus Türkis und Achat.

Aber von den Kimmeriern keine Spur. Kein Archäologe hat bisher ihre Anwesenheit nachweisen können, obwohl sich doch Homer und vor allem Herodot ihrer Existenz so sicher sind. Ich frage unseren Führer Viktor Zinko nach den Kimmeriern. „Die lebten am Südufer des Schwarzen Meeres, nicht am Nordufer, wie wir heute wissen."

Immerhin existieren die Schlammvulkane von Taman, sie sind auch aktiv, doch von ihnen berichtet Homer nicht. Vielleicht ist er hier niemals gewesen und kannte die Orte, die er beschrieb, nur vom Hörensagen. Ja, vielleicht wollte er gar keine Wegbeschreibung geben, weder für Odysseus oder Baer noch für mich, sondern nur eine schöne Geschichte erzählen.

Zwei Monate nach meiner Abreise ist in der Straße von Kertsch die Hölle los. Am 11. November 2007 bricht der im Sturm havarierte Tanker Wolgoneft 139 in zwei Teile, 4000 Tonnen Öl laufen aus, verschmutzen die Küste auf einer Länge von 30 Kilometern und bringen 30 000 Vögeln den Tod. Vier weitere Frachtschiffe sinken, eines von ihnen hatte Schrott, die drei anderen Schwefel geladen. 7000 Tonnen Schwefel verschwinden im Meer. Als habe Baer noch vom Jenseits aus beweisen wollen, dass er recht hatte, und deshalb Schwefel versenkt, wo seiner Überzeugung nach der Eingang zur Hölle gewesen sein muss.

Der Eingang zur Hölle

Gebt alle Hoffnung auf, ihr, die ihr eintretet.
Dante Alighieri, *Die Hölle*, III, 9

Hier muss es sein. Ich stelle den Mietwagen ab und beginne den See zu umrunden, den Lago d'Averno bei Neapel. Denn hier, im „scharfen Dunst des Avernus" (*Aeneis*, VI, 201), lässt Vergil seinen Helden Aeneas in die Unterwelt hinabsteigen, um sich bei seinem verstorbenen Vater Anchises Rat zu holen.

Dort war ein tiefes Geklüft mit furchtbar gähnendem Schlunde,
Schroff und geschirmt von dem Dunkel des Sees und den düsteren Hainen.
Nie noch hatte ein Vogel vermocht, ohne Strafe zu nehmen
Über die Kluft seinen Flug: betäubend ergoss sich ein Brodem
Aus den finsteren Schlünden und stieg zum Gewölbe des Himmels;
Darum gaben die Griechen dem Ort den Namen „Aornos".
Vergil, *Aeneis*, VI, 237–242

Vergils Beschreibung ist der konkreteste Hinweis auf den Eingang zur unterirdischen Welt in der gesamten antiken Literatur. Aber seltsamerweise gibt es hier nichts Unheimliches zu sehen. Der Lago d'Averno ist ein freundlicher, nicht sehr

Der Lago d'Averno. Zwischen See und Meer ist noch der Lago di Lucrino zu erkennen. Farbstich von Pietro Fabris

großer, runder See, umgeben von Steilhängen mit Wein- und Obstgärten. Obwohl *Aornos* „vogellos" bedeutet, sehe ich im klaren Wasser zwischen hohen Schilfpflanzen Enten und Blässhühner gründeln, ganz „ohne Strafe". Auf dem schmalen Fußweg überholt mich knatternd ein Mann auf einer hellblauen Vespa, mit einem kleinen Jungen als Sozius. An der Bar Caronte wartet keine Fähre zu einem unbekannten dunklen Ufer, sondern eine fröhliche Gesellschaft nimmt ihren Mittagsimbiss ein. Zwar heißt das Mineralwasser Lete, nach dem unterweltlichen Fluss des Vergessens, doch die römische Universität La Sapienza verbürgt sich für seine Qualität. Die Oboli verschwinden in der Tasche des Wirts. Ich bin überrascht.

Was hatte Vergil gegen diesen Ort, der eigentlich eher ans Paradies als an die Hölle erinnert? Wo sind der gähnende Schlund, die düsteren Haine, wo der betäubende Brodem? Ist alles nur Dichtung? Hat er den Namen Avernus oder Aornos nur gewählt, weil er schön klang und metrisch gut passte? Ist es ein Märchen, dass Vögel, die über den See zu fliegen versuchten, tot ins Wasser stürzten? Das doch wohl nicht, denn schon um das Jahr 55 vor unserer Zeitrechnung schrieb Lukrez in seinem ganz ernsthaften Lehrgedicht *De rerum natura* (*Von der Natur*):

> Jetzt nun will ich dir auch die Avernischen Örter und Seen,
> Die es da gibt in der Welt, nach ihrem Wesen erklären.
> Erstlich der Namen [Avernisch] macht ihre Beschaffenheit deutlich;
> Denn sie bringen Gefahr dem gesamten Geschlechte der Vögel.
> Wenn sie sich nämlich beim Flug grad' über den Stellen befinden,
> Lassen der Fittiche Segel sie sinken, vergessen des Ruderns
> Und kopfüber, erschlafft, mit kraftlos hängendem Nacken
> Stürzen sie nieder zur Erde, wenn grade die Stelle derart ist.
> Oder ins Wasser, wenn unten vielleicht der Avernische See liegt.
> Solch ein Ort ist bei Cumae. Dort gibt's mit vergiftendem Schwefel
> Reich gefülltes Gestein, dem rauchende Quellen entspringen.
> Lukrez, *Von der Natur*, VI, 738–748

Vergil wird den Lago d'Averno aber auch aus eigener Anschauung gekannt haben, denn als er die *Aeneis* schrieb, zwischen 29 und 19 vor unserer Zeitrechnung, wohnte er überwiegend in Neapel.

Auch der Grieche Strabon, ein Zeitgenosse Vergils, beschreibt in seiner umfangreichen geographisch-historischen Weltdarstellung *Geographika* sehr genau die Lage des heutigen Lago d'Averno und lokalisiert dort das Tor zur Unterwelt. Er verwendet ebenfalls den griechischen Namen Aornos. Und auch er erzählt die Geschichte von Vögeln, die, durch starke Ausdünstungen betäubt, ins Wasser stürzen. Obwohl Strabon die *Geographika* nach Lukrez' *De rerum natura* und Vergils *Aeneis* schrieb, verweist er ausschließlich auf griechische Quellen. Seine Biographin Anna Maria Biraschi erklärt dies damit, dass er nicht allzu viel von lateinischen Autoren hielt. Zahlreichen Texten zufolge war also der Lago d'Averno ein gefährliches Gewässer, das man als Vogel besser mied.

*

Der Lago d'Averno ist nicht zufällig rund, denn es handelt sich um einen Kratersee. Irgendwann hat sich hier eine Eruption ereignet. An und für sich ist es also nicht abwegig, mit ausströmenden Gasen zu rechnen. Ich folge dem Ufer und halte dabei Ausschau nach aufsteigenden Gasbläschen. So wie ich es jedes Jahr zusammen mit meinen Studenten an den Ufern des Laacher Sees tue, der großen, wassergefüllten Caldera in der Vulkaneifel. Denn dort steigen Tag und Nacht Gasbläschen auf, das ganze Jahr über, im Winter sogar durch das Eis hindurch. Man bleibt stehen und horcht, es ist ein sanftes, freundliches Geräusch, wie leises Brodeln in einem Kochtopf, ein unaufhörlicher Strom Kohlendioxid aus der Tiefe, 2500 Tonnen pro Jahr, schon seit dem letzten Ausbruch vor 13 000 Jahren; er erinnert uns daran, dass die Erde dort unten noch sehr aktiv ist. Ich fühle mich klein, wenn ich bedenke, dass meine Urgroßeltern dieses Geräusch hätten hören können und meine Urenkel es hören könnten. Ein Mensch ist nicht mehr als eine einzelne aufsteigende Gasblase, die sich aus dem schlammigen Grund löst, die Oberfläche erreicht, auf dem Wasser eine schöne kurzlebige Kuppel von einem Zentimeter Durchmesser bildet und dann platzt; das Gas verschwindet in den Luftraum.

Doch am Lago d'Averno bemerke ich nichts von aufsteigendem Gas. Ich sehe kleine Wellen, Schilf, Enten, Wasserlinse. Am Ostufer erhebt sich eine römische Ruine aus flachen, glatten Backsteinen. Das Dach und der größte Teil der Mauern sind eingestürzt, aber man sieht, dass dieses Gebäude mit den hohen runden Fenstern mindestens zwei Stockwerke zählte. Die Karte bezeichnet es als *Tempio di Apollo*; nach Ansicht des bekannten neapolitanischen Archäologen Amedeo Maiuri, der auch mit seinen Grabungen in Pompeji und Herculaneum Aufsehen erregte, handelte es sich jedoch nicht um einen Tempel, sondern um eine der größten Thermenanlagen der römischen Antike. Der zentrale achteckige Saal war fast so groß wie das Pantheon in Rom. Aber wo waren die heißen Quellen, die für Gasbildungen vulkanischen Ursprungs in antiker Zeit sprechen könnten? Noch 1337, also nach Dantes *Divina Commedia*, dichtete auch Boccaccio über die heißen Quellen von Averno. Leider kann ich sie nur nirgends entdecken.

Ich habe den See schon fast umrundet, als ich plötzlich ein kleines Schild sehe. *Grotta della Sibilla*, mit einem Pfeil: *a 50 m*. Also doch eine Höhle?! Aber eine richtige Höhle ist es nicht. Unter Kastanienlaub gehe ich durch eine kühle Spalte, in gelben Tuffstein gehauen, und lande in einem engen dunklen Tunnel, der nach ein paar Metern mit einem roten Gittertor versperrt ist. Soll es die Leute daran hindern, auf eigene Faust in die Unterwelt hinabzusteigen? Angestrengt spähe ich durch das Tor ins Dunkel, mache ein Foto mit Blitz und sehe erst danach auf dem Display, dass der Boden des Tunnels hinter dem Tor wohl einige Dezimeter hoch unter Wasser steht. Merkwürdig, wer gräbt einen Tunnel ins Wasser? Oder ist das der Styx? Ein bisschen kläglich für den Styx, denn einen Fährmann bräuchte man hier nicht, man könnte einfach hindurchwaten, wäre das Tor nicht verschlossen. Aber wohin führt der kleine Tunnel? Dampfaustrittstellen gibt es auch hier nicht. Diese Hohlräume sind nicht vulkanischen Ursprungs, alles scheint von Menschenhand zu sein. Bin ich richtig gegangen?

Immerhin fasse ich wieder ein bisschen Vertrauen zu Vergil. Die Sibylle war ja die Prophetin, die Aeneas den Weg in die Unterwelt beschrieb! Was sagt Vergil über ihre Höhle?

> Ausgehaun ist die Wand des euboeischen Felsens zur Höhle,
> Wo man durch hundert geräumige Gänge und Tore hineingeht,
> Hundertfältig bricht auch hervor der Spruch der Sibylle.
> Vergil, *Aeneis*, VI, 42–44

Es handelte sich aber um die Sibylle von Cumae, und Cumae (heute Cuma) liegt etwa drei Kilometer von hier entfernt jenseits des 100 Meter hohen Kraterrands, an der Küste! Wie also kann dieser überschwemmte Tunnel der Eingang zu ihrer Höhle sein? Oder führt er tatsächlich bis nach Cuma? Doch hier gibt es nicht hundert geräumige Gänge, sondern einen einzigen, reichlich engen. Ist die Sibyllenhöhle gar nicht der Eingang zur Unterwelt? Und konnte die Prophetin wirklich an einem Ort orakeln, an dem gleichzeitig Vögel betäubt vom Himmel fielen? Trotzdem, das Schildchen *Grotta della Sibilla* steht sicher nicht zufällig hier. Gibt es vielleicht *zwei* Höhlen am Lago d'Averno, eine, durch die man zur Unterwelt kommt, und eine Sibyllenhöhle? Ich muss nach Cuma!

Es ist schon später Nachmittag, als ich den Wagen unter großen Platanen abstelle. Vor mir erheben sich senkrechte Tuffsteinwände aus der schmalen Küstenebene und bilden ein Plateau – der ideale Platz für eine Festung. Der Fußweg führt zu einem riesigen Gewölbe, das in einen Ausläufer des gelben Tuffsteins unter dem Plateau gehauen ist. Die Konsistenz des Tuffs ist die gleiche wie in dem schmalen Tunnel am Lago d'Averno: gelbe, feine, dichte vulkanische Asche mit großen, eckigen Lavabrocken darin, kaum geschichtet. Die tief stehende Abendsonne lässt das Gestein grell aufleuchten. Rechts neben dem westlichen Ausgang sind metertiefe Zisternen in den Tuff geschlagen, teils noch mit römischen Backsteinen ausgekleidet.

Oben auf dem Plateau steht die Ruine des Apollotempels, in dem die Sibylle als Priesterin diente. Aber ich muss nach links, denn dort ist die *Antro della Sibilla*, wie die Sibyllenhöhle hier genannt wird. Dies wird wohl die richtige sein. Nicht nur, weil hier der Ort Cuma liegt, sondern auch wegen der hundert Gänge, von denen Vergil berichtet: Ein mehr als 100 Meter langer Gang wurde hier parallel zum Westhang des Plateaus in den Tuff gehauen, und von ihm aus führen in regelmäßigen Abständen Quergänge ins Freie, durch die helles Licht hereinfällt: die hundert Gänge. Blickt man durch den fast fünf Meter hohen Hauptgang,

Antro della Sibilla, Cuma

sieht man ein faszinierendes Chiaroscuro, dessen Wirkung durch die auffällige Trapezform des oberen Teils noch verstärkt wird.

Durch diese Gänge muss die jahrhundertealte Stimme der tragischen Sibylle geschallt haben. Denn sie war eine tragische Gestalt. Wie Ovid in den *Metamor-*

phosen erzählt, hatte sie sich von Apollo so viele Lebensjahre erbeten, wie ein vor ihr liegender Sandhaufen Körner enthielt, aber vergessen, auch um die ewige Jugend zu bitten. Apollo hätte ihr zwar gern auch immerwährende Jugendlichkeit geschenkt, doch nur, wenn sie ihm ihre Keuschheit opferte, was sie nicht wollte. Sie lebe schon seit 700 Jahren, sagte sie Aeneas, und 300 lägen noch vor ihr, in denen ihr verdorrter Leib wohl zu einem Nichts schrumpfen werde. Es klingt so, als habe sie ihre Prüderie im Nachhinein bereut.

*

Sieben Jahrhunderte hatte sie schon gelebt! Also von der Gründung der Stadt Kyme (Cumae) durch die Griechen im 8. Jahrhundert vor unserer Zeitrechnung an! Zufall oder Absicht? Dichtung oder Wahrheit? Die erste überlieferte Erwähnung der Höhle selbst stammt aus dem 3. Jahrhundert vor unserer Zeitrechnung, ist allerdings nicht unumstritten. In der dramatischen Dichtung *Alexandra*, früher dem griechischen Dichter Lykophron aus Chalkis zugeschrieben, ist von einer Höhle im Berg des Phoibos (Apollon) die Rede; sie soll der schreckliche Wohnort der jungfräulichen Priesterin Sibylle sein, doch Cumae wird nicht genannt. Archäologen vermuten aufgrund der Form der Gänge, dass die *Antro* aus dem 6. oder 5. Jahrhundert vor unserer Zeitrechnung stammt. Der kanadische Althistoriker Raymond Clark hält den griechischen Tyrannen Aristodemos von Kyme aus dem späten 6. Jahrhundert für ihren Erbauer. Sicher ist nur, dass die *Antro della Sibilla* schon existierte, als Vergil über sie schrieb.

Wenn man diese einzigartige künstliche Höhle gesehen hat, verschwendet man eigentlich keinen Gedanken mehr an den kleinen Tunnel am Lago d'Averno. Warum also wurde seit der Renaissance allgemein angenommen, dass er die Sibyllenhöhle sei? Das liegt daran, dass die *Antro della Sibilla* erst 1932 wiederentdeckt worden ist, ausgegraben von jenem Amedeo Maiuri, den wir schon kennengelernt haben. Bis dahin hatte niemand sie bemerkt, weil der Eingang und die ersten 25 Meter durch Gesteinsabbau zerstört und unter Schutt und Abfall begraben waren, wie Maiuri in seinem Buch *Die Altertümer der Phlegräischen Felder* berichtet; ein primitiver Brennofen verdeckte den Zugang, und der lange Hauptgang lag überall voll Steinschutt und Erde, die durch die Seitengänge ins Innere gerutscht waren. Nur am äußersten südlichen Ende war er weitgehend frei und diente einem Bauern als Weinkeller. Maiuri zählt die *Antro della Sibilla* – nicht ohne Stolz – zu den erstaunlichsten, eindrucksvollsten und besonders inspirierenden Monumenten Italiens, ja, der gesamten mediterranen Kultur. Doch Dämpfe treten auch in dieser Höhle nicht aus. Sie ist Menschenwerk, und ebenso wenig der Eingang zur Unterwelt wie der kleine Tunnel am Lago d'Averno.

Aber was ist dieser Tunnel? Anders als ich konnte Amedeo Maiuri ihn betreten. In den 1930er-Jahren öffnete sich für ihn das rote Gittertor. Der Tunnel ist ein schnurgerader, 200 Meter langer Gang, der gar nicht in Richtung Cuma führt, sondern nach Westen quer durch den steilen Tuffsteinhöhenzug zum benachbarten See, dem Lago di Lucrino. Der ist kein Kratersee, sondern eine Küstenlagune, vom Meer durch eine hoch gelegene Sandbank, einen sogenannten Strandwall, getrennt. Eigentlich wissen wir auch das schon von dem griechischen Geographen Strabon. Der Tunnel gehörte zu einer gigantischen militärischen Hafenanlage, die der römische Triumvir Octavian, der spätere Kaiser Augustus, im Jahr 37 vor unserer Zeitrechnung von seinem genialen Feldherrn Agrippa bauen ließ, während des Bürgerkriegs also, der auf Caesars Ermordung folgte. Der größte Teil dieses Portus Iulius genannten Hafens liegt heute zehn bis zwölf Meter unter Wasser, in der blauen Bucht von Pozzuoli. Aus der Luft kann man die Ruinen bei klarem Wetter sehen. Agrippa hatte einen Durchstich durch die Sandbank am Lago di Lucrino graben lassen, um den See in den Hafen einzubeziehen. Außerdem ließ er einen Kanal vom Lago di Lucrino zum Lago d'Averno anlegen, durch die einzige Senke in der sonst steilen Kraterwand; heute verläuft dort die Verbindungsstraße. Der geschützte runde Kratersee war ideal als Versteck und Werft für Agrippas Kriegsflotte, vom Meer aus nicht einsehbar. Agrippa ließ den Wald rund um den See roden und die Steilhänge kultivieren. Überall am Ufer wurden Gebäude errichtet, deren Ruinen noch zu sehen sind. Der kleine Tunnel diente wahrscheinlich dazu, Schiffsmannschaften ungesehen vom See zum Hafen zu bringen. Am Westufer des Sees gibt es noch einen zweiten solchen Tunnel, der tatsächlich nach Cumae führte; er wird nach dem vermutlichen Erbauer „Höhle des Cocceius" genannt. Auch er ist nicht zugänglich. Im Zweiten Weltkrieg hatte man dort Munition gelagert, deren Explosion ihn teilweise einstürzen ließ. Was für den einen Krieg geschaffen wurde, hat ein anderer Krieg zerstört. Aber mit der Sibylle hatte all das nichts zu tun.

*

Die Berichte über Agrippas Eingriff in die Landschaft werden von unerwarteter Seite bestätigt. Der deutsche Paläontologe Francisco Welter-Schultes von der Universität Göttingen hat vor einiger Zeit Bohrungen in den Sedimenten des Seebodens vorgenommen und für die Jahre um 37 vor unserer Zeitrechnung eine starke Zunahme von Meeresmuscheln festgestellt: Durch die Anlage des Kanals wurde der Lago d'Averno mit dem Meer verbunden. In den Schichten darunter und darüber herrschen Süßwassermuscheln vor. Pollen aus demselben Bohrkern bezeugen die gleichzeitige Entwaldung: Vor 37 dominieren die Pollen der ursprünglichen Steineichenwälder an den Kraterwänden, danach plötzlich die von Feldfrüchten. Der marine Einfluss ist für schätzungsweise 70 Jahre nachweisbar, danach wurde der Kanal anscheinend nicht mehr gebraucht und verlandete.

Wusste Vergil denn nicht, was mit dem See geschehen war? Natürlich wusste er es. Er schrieb die *Aeneis* nämlich zwischen 29 und 19 vor unserer Zeitrechnung, also nach Agrippas Maßnahmen. Außerdem wohnte er damals in Neapel. In einem anderen Werk, mit dem er ungefähr im Jahr 37 begonnen haben muss, den *Georgica*, hat er die Verbindung mit dem Meer sogar erwähnt:

> Ob ich der Häfen gedenk' und des eingezwängten Lucrinus,
> Und wie den Damm unbändig die zürnende Brandung umdonnert,
> Dort wo die julische Flut von des Meers anstürzenden Wassern
> Hallt, und Tyrrhenergewog' in den Sund eindringt dem Avernus?
> Vergil, *Georgica*, II, 161–164

Was bleibt dann noch von dem bedrohlichen, vogellosen See, aus dem giftige Dämpfe aufstiegen? Schließlich war er zu Vergils Zeiten ein Salzgewässer mit Verbindung zum Meer, ein Ankerplatz für Kriegsschiffe, an dessen Ufern reiche Römer in den größten Thermen der Region badeten! Also doch alles nur Dichtung? Suche ich den Eingang zur Hölle hier ganz umsonst? Aber vielleicht hat Vergil die Gegend ja noch in ihrer ursprünglichen Gestalt gesehen, bevor Agrippa sie einschneidend veränderte. Meine Hoffnung gründet sich vor allem darauf, dass Lukrez schon um das Jahr 55 das von „vergiftendem Schwefel" gefüllte Gestein mit rauchenden Quellen erwähnt hat. Ist all das überflutet worden, als Agrippa die Kanalverbindung zum Meer graben ließ?

*

Ich habe den naturwissenschaftlichen Zweig des Gymnasiums besucht, Vergil war dem sprachlichen vorbehalten. Wir lasen Caesar, Livius und Xenophon, langweilige Schilderungen von Tagesmärschen, Feldschlachten und Kriegszügen, deren politische Hintergründe sich meinem Verständnis noch heute weitgehend entziehen. Homer und vor allem Ovid lagen mir mehr, ich fand sie eingängiger, menschlicher, lyrischer, wenn ich auch, anders als manche Klassenkameraden, nie ganze Abschnitte ihrer Werke auswendig kannte. Aus heutiger Sicht bedaure ich, dass wir nicht mehr Texte wie das großartige *De rerum natura* von Lukrez gelesen haben, die für uns naturwissenschaftlich Veranlagte interessant gewesen wären.

Das wurde aber durch unsere Romreise mehr als wettgemacht: Als Siebzehnjähriger durfte ich mit anderen Elft- und Zwölftklässlern einen Monat lang durch Italien reisen, mit der Bahn. Florenz, Rom, Neapel, Ravenna, Venedig, es war im Grunde eine moderne Variante der *Grand Tour*, der obligatorischen Bildungsreise junger europäischer Adliger und Großbürger, aber auch Künstler, die im 17. und 18. Jahrhundert in Italien Inspiration suchten. Auch Herculaneum, Paestum, Capri, den Vesuv haben wir gesehen, die Eindrücke bleiben bis heute unvergesslich.

Doch erst jetzt, während meiner eigenen Höllenfahrt, stelle ich fest, dass ich schon damals den Lago d'Averno gesehen haben muss, von dem Plateau bei Cuma aus. Jedenfalls berichte ich darüber auf einer der siebenundzwanzig Briefseiten, die ich nach Hause geschickt habe. In meiner Erinnerung und auf den Schwarz-Weiß-Fotos finde ich nichts davon. Für erwähnenswert hielt ich damals offenbar vor allem die Qualität des Jugendherbergsessens, den Preis der Busfahrscheine und die Extravaganzen meiner Mitschüler. Allerdings habe ich auch eine unbeholfene Zeichnung der *Antro della Sibilla* angefertigt ...

Zu den Höhepunkten der Reise zählte der Solfatara-Krater, nicht weit vom Lago d'Averno und von Pozzuoli entfernt, und er hat tatsächlich ein stinkendes Loch zu bieten. Mit seinen steilen Wänden ist dieser Krater dem des Lago d'Averno sehr ähnlich, auch die Größe ist ungefähr gleich. In der Solfatara gibt es aber nicht viel Wald, nur an der Westseite, wo auch ein Campingplatz liegt (falls Sie einmal in einem Krater campen möchten, ist dies der geeignete Ort). Ansonsten ist der Krater eine Wüste mitten in den chaotisch zugebauten Außenbezirken von Neapel. Pflanzen wollen hier nicht wachsen, weil der Boden zu heiß ist, erklären Biologen. Die Ornithologin Mariella Abatino aus Neapel schreibt, in dem Wäldchen im Westen lebten Vögel, die man aber im zentralen Bereich des Kraters kaum fliegen sehe. Ein wenig *aornos* ist die Solfatara also schon. Früher muss es im Krater auch einen kleinen See gegeben haben, der aber wahrscheinlich verdampft ist. Übrig geblieben ist nur eine *fangaia*, ein brodelnder Schlammtümpel in der Mitte. Ich lege meine beiden Fotos der *fangaia* nebeneinander, das von 1964 und das von 2009, entdecke aber wenig Unterschiede. Der Tümpel brodelt immer noch, nichts scheint sich in den 45 Jahren, einem halben Menschenleben, verändert zu haben.

Spektakulär ist die *Bocca Grande*, eine Fumarole, aus der unter hohem Druck schwefelwasserstoffhaltiger Dampf schießt, 160 °C heiß. Bei dieser hohen Temperatur oxidiert Schwefelwasserstoff und hinterlässt an den Rändern der *Bocca Grande* leuchtend gelbe Schwefelkrusten. Der orangerote Realgar, ein Arsensulfid, und der rote Cinnabarit, besser bekannt als Zinnober, ein natürliches Quecksilbersulfid, machen das Farbenspiel noch lebendiger.

Überall im Krater riecht man das schwefelhaltige Gas; schon zur Römerzeit suchten Menschen diesen Ort zu Heilzwecken auf. Strabon nannte ihn die Agora des Hephaistos, lateinisch *Forum Vulcani*. Er meinte, es stinke dort gewaltig. Im *Trattato dei bagni*, der im 13. Jahrhundert in Neapel entstand und auf dem Lehrgedicht *De balneis Puteolanis* von Petrus de Ebulo beruht, heißt es, dass ein Bad in den Heilquellen von Pozzuoli „Nervenleiden mindert, gegen Krätze wirkt und geschwächte Glieder stärkt. Es hilft auch gegen Kopf- und Magenschmerzen, die Augen tränen nicht mehr so schnell, es beugt Brechreiz vor und verbessert das Sehen. Auch hilft es gegen Fieber, vor allem, wenn man vor dem Bad abführt. Man braucht den Gestank nicht zu fürchten, denn er treibt die Krankheit aus dem Körper." Wer nicht reisefähig war, konnte sich im Mittelalter auch eine Flasche Solfatara-Gas frei Haus liefern lassen.

In die Kraterwand hat man sogar zwei Dampfschwitzbäder gegraben, sogenannte Sudatorien, mit Backstein verkleidete Tunnel von geringer Tiefe, in denen heißer Dampf austritt. *Sauna vietata*, Saunieren verboten, steht dort auf einem Schild. Ich erinnere mich, wie sich damals der Rektor unseres Gymnasiums, der Altphilologe Dr. Fortgens, in seinem schlabberigen grauen Anzug und mit einem

Ablagerungen von Schwefel und Arsensulfiden in der *Bocca Grande*, Solfatara

Handtuch um den Kopf in einen der dampfenden Hohlräume begab, um sich vor den Augen seiner Schüler chemisch reinigen zu lassen. Lange hielt er es nicht aus. Die heißen Dämpfe wecken ein unwiderstehliches Verlangen, sich auszuziehen.

Die Zeit der Wunderwirkungen ist noch nicht vorbei. Seit ein amerikanisch-neapolitanisches Wissenschaftlerteam unter der Leitung von Louis Ignarro 2009 in den renommierten, auch online zugänglichen *Proceedings of the National Aca-*

demy of Sciences berichtete, dass Schwefelwasserstoff bei Erektionsproblemen helfe, erlebt die Solfatara einen Tourismusboom. Dies behauptet jedenfalls die Zeitung *La Repubblica*.

Doch in der Solfatara besteht sowohl das Gas der brodelnden *fangaia* als auch das der *Bocca Grande* zu 99,2 Prozent aus CO_2, Kohlendioxid, und nur zu 0,5 Prozent aus H_2S, Schwefelwasserstoff, abgesehen von großen Mengen Wasserdampf. Schon so wenig Schwefelwasserstoff reizt die Nase. Die Zusammensetzung der Gase wird ständig gemessen, dazu dienen große runde Flaschen mit Schläuchen, die in den Kraterboden eingelassen sind. Die Solfatara stößt pro Tag 1000 bis 1500 Tonnen CO_2 aus, etwa so viel, wie die niederländische Regierung pro Tag im Boden bei Barendrecht speichern wollte.

Warum hat Vergil seinen Unterwelteingang nicht in der Solfatara lokalisiert? Sie hatte doch alles: Schwefel, Gestank, dampfende, vogellose Klüfte! Vielleicht gerade weil sie als heilkräftiger Ort bekannt war, den die Römer eher mit Genesung und Genuss als mit dem Tod in Verbindung brachten. Vielleicht auch, weil es am Lago d'Averno eben doch noch eine stinkende Kluft gab. Er wird nicht umsonst vom „scharfen Dunst des Avernus" gesprochen haben. Kohlendioxid stinkt nämlich nicht; aus Vergils Hölleneingang stiegen Schwefeldämpfe auf.

*

Eine alte Erinnerung wird wach. An mein erstes Geologiebuch, *Algemeene Geologie* von Berend George Escher, Halbbruder des Künstlers Maurits Cornelis Escher. Ein wunderschönes, in braunes Leinen gebundenes Buch, diese vierte Auflage aus dem Jahr 1934, mit zahlreichen Illustrationen von Escher selbst: Er besaß ebenso viel zeichnerisches Talent wie sein Halbbruder und war wie dieser fasziniert von Kristallen und Mineralen. Mein Lieblingsonkel Lipke Holthuis, der als Konservator am Naturgeschichtlichen Nationalmuseum in Leiden (heute kurz Naturalis genannt) für die Krebstiere zuständig war, hatte mir das Buch geschenkt, als ich fünfzehn war. Auf der ganzen Welt sammelte Onkel Lipke für das Museum Großkrebse, Krabben, Garnelen oder Asseln. Wie gern hätte ich ihn begleitet. Er hatte selbst bei Escher Vorlesungen gehört und förderte mein erwachendes geologisches Interesse mit schönen Steinen aus fernen Ländern. Und mit diesem Buch, das meine spätere Studienwahl entscheidend beeinflusst hat. „Als sehr schwache Auswirkung erlöschender vulkanischer Aktivität bilden sich *Mofetten*, Stellen, an denen das giftige Kohlendioxid (CO_2) aus dem Boden tritt, wobei häufig gasgefüllte Mulden entstehen (Tangkuban Perahu auf Java, Hundsgrotte bei Neapel, Kohlendioxidgrotte in Royat, Auvergne)", las ich in Eschers Buch. Gasgefüllte Mulden! Die Hundsgrotte bei Neapel! Warum heißt sie so? Darüber wollte ich schon damals mehr erfahren.

Ich kann der Versuchung nicht widerstehen, hier dem alten Athanasius Kircher das Wort zu erteilen, einem *uomo universale* des 17. Jahrhunderts – *„the last man who knew everything"*, nennt ihn seine Biographin Paula Findlen. Doch wie

Rettung eines Hundes aus der Hundsgrotte durch Untertauchen im Lago d'Agnano. Teil eines Diptychons. Farbstich nach einer Zeichnung von Georg Hoefnagel, entstanden um 1555 während einer Studienreise durch Italien mit dem Kartographen Abraham Ortelius. Gedruckt 1575 in *Civitates Orbis Terrarum* von Braun und Hogenberg, einem populären Supplement zu dem berühmten, 1570 erschienenen Atlas *Theatrum orbis terrarum* von Ortelius selbst. In einer Randinschrift steht *Grotto de li cani*, auch damals nannte man sie also schon Hundsgrotte. Der Stich wurde in zahllosen späteren Werken kopiert.

der französische Schriftsteller Jean-Marie Blas de Roblès in seinem Roman *Wo Tiger zu Hause sind* boshaft bemerkt, ist an diesem Gelehrten, „der mit einem Leibniz, einem Galilei, einem Huygens verkehrte und seinerzeit viel berühmter war als sie", besonders faszinierend, „dass er sich fast durchweg geirrt hat".

Die Hundsgrotte taucht in Kirchers *Mundus subterraneus* aus dem Jahr 1664 auf, einem stattlichen, wunderschön illustrierten Werk, das einen großartigen Einblick in die Welt der Wissenschaft vor vier Jahrhunderten gewährt. Kircher schildert darin seinen Besuch in der „Höhle des Charon, Grotta de Cani oder Höhle oder Grotte der Hunde" im Jahr 1638 und „derselben todbringende Kraft und Eigenschaft, durch die sie jene, die sie betreten, ersticken und sterben läßt".

> Besagte *Höhle* liegt nahe einem *See*, welchen man *Agnano* nennt, von der Form eines Kreises, dessen Mittellinie 500 Schritte zählt, er hat klares und recht kaltes Wasser, das durch mineralische Bäche vermehrt wird. An der Seite sieht man ein Bauernhaus, dessen Besitzer sehr viele Hunde großzieht, damit sie zur Probe in die Höhle gelassen werden. Sobald wir zu jenem Orte gelangten, wurde sogleich ein Hund genommen, mit einem Seil an einen langen Stock gebunden und von einem kundigen Manne in den todbringenden *Schlot* erwähnter *Höhle* gestoßen; sogleich, als er zu dem *Schlot* gebracht

wurde, konnte er die *Tücke des giftigen Dampfes*, der dort herauskam, gar nicht ertragen und schien zu ersticken, ohne sich im Geringsten bewegen zu können; wieder herausgezogen, wurde er unverzüglich in das *Gewässer Agnano* getaucht; und nach kurzem Verweilen, als käme er aus tiefem Schlafe, begann er wiederum zu laufen und ward endlich, durch Speise erquickt, seinem Herrn zurückgegeben.
Athanasius Kircher, *Mundus subterraneus*, IV, 5

Kircher überlegt, was das Ersticken verursacht: „So denn jene verseuchten Ausdünstungen ihren Ursprung in *Ocker, Sandrac, Auripigment und Arsenicum* haben, verursachen sie ohne jeden Zweifel eine Erstarrung des Herzens." Mit Sandrac ist der schon erwähnte Realgar (altgriechisch *sandaracha*) gemeint, eine rote Arsenverbindung; wie diese wurde Auripigment, auch Orpiment oder Arsenblende genannt, eine gelbe Arsenverbindung, früher als Farbstoff verwendet. Der Gedanke an Arsen ist auf den ersten Blick nicht so abwegig, schließlich bilden sich auch rings um die *Bocca Grande* in der Solfatara Arsensulfidkrusten, wie wir gesehen haben. Kohlendioxid war damals noch kaum bekannt, es wurde in der gleichen Epoche von dem Flamen Johan Baptista van Helmont (1579–1644) entdeckt.

Außerdem zitiert Kircher Berichte über wissenschaftliche Experimente in der Höhle, und zwar aus Briefen, die er von dem spanisch-böhmischen Gelehrten Juan Caramuel y Lobkowitz erhielt, damals Bischof von Vigevano bei Mailand. Caramuel und seine Begleiter beobachten, dass eine Fackel im oberen, mit kalter Luft gefüllten Teil der Höhle weiterbrennt, deshalb kann ein Mensch die Höhle gefahrlos aufrecht betreten. Im unteren Bereich dagegen erlischt die Fackel. Dort, wissen wir heute, sammelt sich Kohlendioxid, das schwerer als Luft ist.

SIEBENTE BEOBACHTUNG. Nachher haben wir einen Hund hineingeführt, der, so lange er den Kopf oberhalb des Striches CD halten durfte, still und ruhig blieb und nicht im Geringsten merken ließ, dass die Luft ihm das Atmen schwer machte oder ihm schadete. Als man ihn zwang, den Kopf *unterhalb des Striches* zu halten, versuchte er sich dem mit aller Kraft zu entwinden und entkam ein ums andere Mal der Hand dessen, der ihn hinabdrängte; doch nachdem er mit einem Stock am Halse festgehalten, lag er bald still, wurde atemlos und ohnmächtig; man hätte meinen können, er sei tot. Er wird wieder herausgezogen und in den *Lac* oder *See* getaucht, er gibt Lebenszeichen; doch er erhebt sich nicht: Damit er nicht ertrinke, wird er an Land geholt, mit Wasser begossen; er kommt wieder zu sich, steht auf, blickt uns alle an und entläuft, auf dass er nicht noch einmal in die *Höhle* gestoßen werde, nach *Neapel*.

Einem Frosch widerfuhr das Gleiche. Außerdem wurden Bodenproben genommen, und der Marchese de Arenis, neapolitanischer Gastgeber und Mitwirkender an den Experimenten, wollte das Gas unterhalb der Linie untersuchen, um herauszufinden, „ob und um wie viel schwerer als die gewöhnliche Luft selbiges sei; doch die Knechte (so geht es meistens und überall) hatten die Werkzeuge, die er angefordert, nicht mitgebracht".

Die Experimente Caramuels und seiner Begleiter in der Hundsgrotte. Linie CD markiert die Grenze zwischen der sauerstoffreichen und der sauerstofffreien Schicht. Man beachte die Fackel auf Bild 2 und 3! Stich aus der niederländischen Ausgabe von Athanasius Kirchers *Mundus subterraneus* (1682).

Zahllos sind die Legenden und Berichte über die *Grotta del Cane*. Schon Plinius der Ältere erwähnt *Charonea*, Grotten des Charon, in der Gegend von Puteoli (Pozzuoli), Höhlen, die tödliche Dünste aushauchen (*Naturalis historia* II, CXV). Auch Seneca behauptet, an mehreren Orten in Italien stiegen giftige Dämpfe aus Erdspalten empor, sodass Vögel, die in den Giftschwall flögen, plötzlich herabfielen; ihr Körper werde blau, und der Hals schwelle an, als seien sie erwürgt worden (*Naturales quaestiones*, VI, XXVIII). Der Archäologe und Vulkanologe William Hamilton und auch spätere Autoren haben diese Textstellen speziell auf die Hundsgrotte bezogen, aber natürlich könnten sie ebenso gut auf die Gasaustritte in der Solfatara verweisen – oder den „scharfen Dunst des Avernus“, wenn es dergleichen gegeben hat.

Pedro Álvarez de Toledo, im 16. Jahrhundert spanischer Vizekönig von Neapel, hat in der *Grotta del Cane* angeblich zur Strafe zwei Sklaven einsperren lassen, die das natürlich nicht überlebten. Einmal sollen sich zwei Bauern darin schlafen gelegt haben und nie mehr aufgewacht sein. Außer Hunden wurden auch Hühner und Hähne Opfer von Experimenten. Ein Hahn, der seinen Kopf in die Grotte stecke, fange an zu würgen und sterbe gleich darauf, schreibt Giovan Battista De Ferrari in seinem Reiseführer von 1826, wohl um Abenteuerlustige anzulocken. Auch die Hundsgrotte ist *aornos*. Sie war ein beliebtes Etappenziel der *Grand Tour*: Gelehrte und Wissenschaftler wie Georgius Agricola, Lazzaro Spallanzani, Charles Marie de la Condamine, William Hamilton und Scipione Breislak, denen wir noch begegnen werden, aber auch viele Schriftsteller sind dort gewesen, zum Beispiel Goethe und Alexandre Dumas der Ältere. Mark Twain schreibt:

> Jedermann hat über die Grotta del Cane und ihre giftigen Dämpfe geschrieben, von Plinius bis Schmidt, und jeder Tourist hat einen Hund an den Beinen über ihren Boden gehalten, um die Fähigkeit des Ortes zu prüfen. Der Hund stirbt binnen anderthalb Minuten – ein Huhn sofort. Im Allgemeinen wachen Fremde, die dort zum Schlafen hineinkriechen, nicht eher auf, als bis sie gerufen werden. Und auch dann nicht. Der Fremde, der es wagt, dort einzuschlafen, tritt eine Dauerstellung an. Es verlangte mich danach, diese Grotte zu sehen. Ich beschloss, einen Hund zu nehmen und ihn selbst zu halten; ihn ein bisschen ersticken zu lassen und die Zeit zu messen, ihn noch etwas mehr ersticken zu lassen und ihn dann zu erledigen. Wir erreichten die Grotte gegen drei Uhr nachmittags und gingen sofort daran, die Experimente durchzuführen. Aber nun stellte sich ein bedeutendes Hindernis heraus. Wir hatten keinen Hund.
> Mark Twain, *Reise durch die Alte Welt* (*The Innocents Abroad*), 1869

Mit der Hundequälerei hörte man allmählich auf, vielleicht weniger aus Mitleid als aus einem praktischen Grund: 1870 wurde der Lago di Agnano trockengelegt, um Anbauflächen zu gewinnen und die Malariamücke zu bekämpfen. Ohne Wasser aber keine Reanimation halb erstickter Scheintoter. Heute liegt auf dem grünen Seeboden eine Pferderennbahn, die Ringautobahn von Neapel führt quer hindurch, am Kraterrand stehen Hochhäuser und an der Südseite, wo früher im Wasser Gasbläschen aufstiegen, eine riesige Thermalbadanlage, die Terme di Agnano. Dort suhlen sich die Neapolitaner in Schlammbädern, und die Krankenkasse zahlt dafür. Rings um die Thermen sprudelt in achtundsiebzig Quellen kochend heißes Wasser empor. In den kleinen Wasserläufen, von niedrigen Palmen gesäumt, haben sich leuchtend orangefarbene Eisenkrusten, Gipskristalle und glitzernde Alaunflocken gebildet, ein herrliches Farbenspiel. Es muss ein verblüffender Anblick gewesen sein, als der See endgültig leergepumpt wurde.

*

Jetzt möchte ich die Grotte aber mit eigenen Augen sehen. Das ist schwieriger als gedacht. Auf meinen Karten ist sie nicht eingezeichnet. Bei der Touristeninformation von Neapel kann man mir nichts Genaues über sie sagen. Am Empfangsschalter der Terme di Agnano auch nicht, sie gehört nicht zum Gelände. Irgendwo am südöstlichen Kraterrand müsse sie sein. Dorthin fahre ich, der kleine Parkplatz neben der Straße ist mit einer Kette abgesperrt. Dahinter ein großes Gittertor. Wieder ein Tor, so beängstigend ist anscheinend die Vorstellung, dass jemand in die Unterwelt will. Die Grotte ist durch das Tor nicht zu sehen. Also zurück.

Doch ich gebe nicht auf. Im Internet stoße ich auf die Associazione Conca di Agnano und ihre Vorsitzende, die Ärztin Silvana Russo. Eine charmante Dame,

Die *Grotta del Cane* 2009. Der obere, trockene Teil ist mit kalter Luft gefüllt, der untere, feuchte mit warmem CO_2. Ein aufrecht gehender Mensch ist nicht in Gefahr, bis er den am tiefsten gelegenen Abschnitt erreicht; ein Hund, dessen Kopf nicht aus der CO_2-Zone herausragt, erstickt.

die sofort anbietet, mich zur Hundsgrotte zu begleiten. Wir verabreden uns, auf dem Parkplatz erwartet mich der Sekretär Liborio Fusco. Er öffnet die Kette, dann das Tor, bis dahin ist auch Signora Russo mit einem jungen Stadtrat von Agnano eingetroffen, der die eigenen lokalen Schätze noch nie gesehen hat, und nun begeben wir uns alle zusammen auf einem gepflasterten Weg zur Grotte.

Ich hätte sie glatt verfehlt. Ein dichter Vorhang aus Efeu, Brombeer- und Akazienzweigen, die den Eingang von der Felswand aus überwuchern, entzieht die Grotte dem Blick. Anscheinend hat sie schon seit Jahren niemand mehr betreten. Liborio ist vorbereitet, er hat eine Machete von der Form eines Hockeyschlägers bei sich und hackt auf die Vegetation ein. Allmählich legt er ein weiteres Tor frei. Aber das ist kein Hindernis, die Schlüssel passen, das Tor schwingt auf.

Die Grotte ist kleiner, als ich erwartet hatte. Ein in den Fels gehauener, enger und niedriger Tunnel, in dem ich kaum aufrecht stehen kann, obwohl man das ja muss, um nicht zu ersticken. Hinter dem Eingang liegt ein Haufen Erde und toter Blätter, vielleicht wird der Hohlraum größer, wenn man hier einmal aufräumt. 2001 seien schon tonnenweise Müll und Schutt beseitigt worden, erzählt Silvana Russo, zwei Monate habe es gedauert, bis zahllose alte Schuhe, Mopedsättel, Flaschen, Dosen, Lumpen und Unmengen Propagandamaterial von den Wahlen des Jahres 1968 verschwunden waren. Der Müll sei in Brand geraten, aber die Feuerwehr habe die Grotte wegen der enormen Hitze erst nicht betreten wollen. Aus dieser Zeit stammen auch das Tor und der gepflasterte Weg. Seitdem wuchert der Eingang aber wieder zu, denn weder Touristen noch Thermenbesucher verirren sich hierher.

Die Grenze zwischen Luft und Kohlendioxid ist deutlich zu erkennen: Unten sind die Wände feucht, warm und dunkel, oben trocken, kühl und hell. Weil die Grenzlinie horizontal verläuft, der Gang jedoch schräg abwärts führt, gibt es nur eine kleine, keilförmige Sauerstoffzone; wenn man weitergeht, ist man bald vollständig von dem heißen, schweren, hauptsächlich aus Kohlendioxid bestehenden Gas eingehüllt – Temperatur 78 °C, laut chemischer Analyse 70 Prozent CO_2, der Rest Stickstoff. Weiterzugehen ist also nicht ratsam. Auch ich habe keinen Hund, dafür aber ein Feuerzeug aus meiner Pension mitgenommen, und das bewege ich nun auf und ab wie Caramuel und seine Gehilfen ihre Fackel. Es tut, was von ihm erwartet wird: Es erlischt, die Flamme erstickt, sobald sie die Gasgrenze überquert. Man braucht gar keinen Hund. Es sei denn, man hält die tödlichen Dämpfe für arsenhaltig. Hätte Kircher etwas gründlicher nachgedacht, wäre er nicht auf diesen Gedanken gekommen, denn Arsen würde keine Flammen ersticken.

Rosario Varriale, der Speläologe, der 2001 die Säuberungsaktion geleitet hat, berichtet in einem mir zugesandten Artikel, dass er mit einem Atemschutzgerät 32 Meter weit in die Grotte vorgedrungen ist. Am Ende des Ganges entdeckte er eine Kammer mit Cocciopesto an den Wänden, einer Art Kalkmörtel, der im 3. und 2. Jahrhundert vor unserer Zeitrechnung häufig verwendet wurde. Das Kohlendioxid ist wahrscheinlich erst später in die Grotte geströmt. Die Hitze hat Varriales Fotoapparat zerstört. In der Hölle ist das Fotografieren verboten.

Und als was diente der Tunnel? Als Sudatorium, wie die beiden am Solfatara-Krater? Zeugt er von einem gescheiterten Versuch, neue Dampfquellen anzubohren? Vielleicht reichte es den Männern der damaligen Zeit, mit dem Unterleib in den heilenden Dämpfen zu stehen, spekuliert Silvana augenzwinkernd.

Jetzt kennen wir schon drei Krater: Averno, Solfatara, Agnano, und überall stoßen wir auf Erdspalten, Gasaustrittstellen, heiße Quellen – wie kommt das eigentlich? Und wo ist nun der Eingang zur Hölle? Betrachten wir das Ganze einmal von einem höheren Standpunkt aus. Dann sehen wir nämlich, dass es hier noch viel mehr Krater gibt: den Astroni beispielsweise, den einzigen, der in seinem Inneren noch dicht bewaldet ist, mit einem schilfumsäumten kleinen See in der Mitte, in dem sich Haubentaucher fröhlich tummeln. Früher einmal war er Jagdgebiet der Bourbonen, heute ist er ein vom WWF betreutes Naturschutzgebiet, eine Oase in dieser dicht bebauten Region. Wer wissen will, was Aeneas im Wald am Lago d'Averno gesehen hat, bevor er die Unterwelt betrat, sollte sich hier umschauen. Außerdem sehen wir Gauro, Schiana, Toiano, San Vito, Soccavo, Quarto, Monte Ruscello, Cigliano, Senga – alles Krater! Auf der detaillierten geologischen Karte von Rosi und Sbrana sind es sogar mehr als zwanzig. Die Gegend ist geradezu übersät mit Kratern, ein Mondbewohner würde sich in ihr eher zu Hause fühlen als irgendwo sonst auf der Erde.

Dass die vielen Krater durch vulkanische Aktivität entstanden sind, liegt auf der Hand – der Name Phlegräische Felder geht auf antike Autoren zurück und

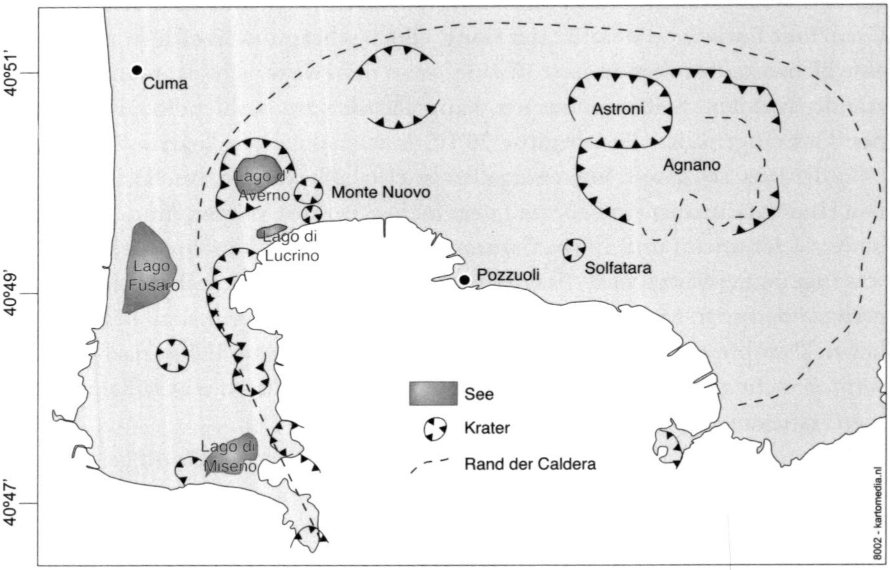

Die Caldera und die kleineren Krater der Phlegräischen Felder

leitet sich vom altgriechischen *phlegraios*, glühend, brennend, ab. Der Schweizer Geologe Alfred Rittmann (1893–1980) war allerdings der Erste, der den Zusammenhang zwischen all diesen Kratern erkannte. Rittmann war in gewisser Weise ein Rebell, meinen seine Biographen Ippolito und Marinelli. In den 1930er-Jahren glaubte er als einer von wenigen Geowissenschaftlern fest an Wegeners Theorie der Kontinentalverschiebung, während die große Mehrheit noch die Ansicht vertrat, Kontinente könnten nicht wandern. Im konformistischen Wissenschaftsbetrieb jener Zeit war für den eigensinnigen Rittmann kein Platz; als ihm ein reicher Schweizer Bankier vorschlug, in Neapel ein internationales vulkanologisches Institut aufzubauen, griff er deshalb mit beiden Händen zu. Sein Buch *Vulkane und ihre Tätigkeit* von 1936 war das erste moderne Kompendium der Vulkanologie. Es erlebte zahllose Neuauflagen und war noch während meines Studiums in den 1960er-Jahren ein Standardwerk.

In einem Artikel aus dem Jahr 1950 wies Rittmann darauf hin, dass die Krater der Phlegräischen Felder innerhalb eines Kreises von etwa zwölf Kilometern Durchmesser liegen. Für ihn war dieser Kreis selbst ein Krater von unvergleichlich viel größeren Dimensionen, eine Caldera, nach dem spanischen Wort für Kessel. Calderen von mindestens zehn Kilometern Durchmesser sind nichts Ungewöhnliches. Allgemein bekannt sind die des Krakatau und des Yellowstone, aber auch in Italien gibt es ein paar eindrucksvolle Exemplare, wie den Lago di Bolsena, Lago di Vico und Lago di Bracciano. Warum also hatte man die Caldera der Phlegräischen Felder nicht früher entdeckt? Weil sie genau an der Küste liegt. Die schöne halbrunde Bucht von Pozzuoli folgt zwar annähernd dem Umriss der Caldera, doch solche halbrunden Buchten finden sich überall auf der Welt in großer Zahl, und dass gerade diese ein Bestandteil einer Caldera ist, war niemandem aufgefallen. Außerdem liegt der südliche Kraterrand weit draußen *in* der Bucht, also unter Wasser.

Calderen entstehen durch außergewöhnlich heftige Supereruptionen, bei denen Dutzende bis Hunderte Kubikkilometer Material ausgeworfen werden. Häufig bereiten sich solche Ausbrüche unter einem schon bestehenden Schichtvulkan oder Stratovulkan vor, mit dem heutigen Vesuv vergleichbar; dabei steigt aber der Gasdruck unter dem Vulkan so stark an, dass sich die Magmakammer fast mit einem Schlag leert. Wenn die Ausbruchsenergie abnimmt und die Eruptionssäule in sich zusammenfällt, entstehen Glutlawinen, die sich ungeheuer schnell ausbreiten und die gesamte Landschaft mit viele Meter dicken Asche- und Bimsablagerungen überziehen, den sogenannten Ignimbriten (wörtlich etwa „Feuerregengestein"). Der alte Vulkankegel stürzt in die geleerte Magmakammer, und übrig bleibt ein gewaltiger Krater, die Caldera.

Was brachte Rittmann auf den Gedanken, dass er es auch hier mit einer Caldera zu tun hatte? Die Ignimbrite der Phlegräischen Felder. Er unterschied zwei Arten: die als *tufi grigi*, graue Tuffe, bezeichneten kampanischen Ignimbrite und die gelben neapolitanischen Tuffe, *tufi gialli* in der lokalen Nomenklatur.

Jede dieser beiden Tuffschichten repräsentiert jeweils eine Eruption. Bei der ersten entstand der große Kessel von zwölf Kilometern Durchmesser, bei der zweiten am selben Ort ein weiterer mit einem Durchmesser von etwa acht Kilometern.

Bei der ersten Supereruption sank eine Fläche von 230 Quadratkilometern ein. Dazu gehören nicht nur die heutigen Phlegräischen Felder und die Bucht von Pozzuoli, sondern auch die Stadt Neapel und der nordwestliche Teil der Bucht von Neapel. Außerdem wurde ein 30 000 Quadratkilometer großes Gebiet, das entspricht der gesamten Landfläche der Niederlande, von einer bis zu 300 Meter dicken Ascheschicht bedeckt. Das Gesamtvolumen der Eruption wird auf hundert Kubik*kilometer* geschätzt. Ascheteilchen, die man auf sie zurückführt, wurden im Mittelmeer bis zum Nildelta, in Mittelrussland und der Türkei nachgewiesen – und an einem archäologischen Fundplatz im baden-württembergischen Geißenklösterle.

Sie liegt lange zurück, diese Katastrophe? Mitten in der letzten Kaltzeit hat sie sich ereignet, vor 38 000 Jahren. Und genau zu der Zeit, als die Aschewolke über Geißenklösterle zog, schnitzte irgendein Homo sapiens in einer nahe gelegenen Karsthöhle sein erstes Kunstwerk aus einem Mammutstoßzahn, die 38 000 Jahre alte Venus vom Hohlefels. Manche Leute empfinden die 2008 entdeckte Figurine wegen der großen Brüste und der stark betonten Vulva als pornographisch. Ob sie damals auch so wahrgenommen wurde, ist ungewiss.

Viel später, vor erst 15 000 Jahren, also kurz vor dem Ende der letzten Kaltzeit, kam es zu einer fast ebenso heftigen Eruption, die den neapolitanischen gelben Tuff hinterlassen hat. Die Magmakammer unter der Caldera bei Pozzuoli leerte sich erneut und bedeckte ein 1000 Quadratkilometer großes Areal mit einer Ascheschicht von bis zu 150 Metern Dicke. Etwa 50 Kubikkilometer Asche wurden ausgeworfen – die Hälfte dessen, was den kampanischen grauen Tuff gebildet hat, aber dennoch eine beeindruckende Menge. Und weil der jüngere Tuff natürlich über dem kampanischen liegt, findet sich viel mehr davon an der Oberfläche. Er bildet den Boden unter Neapel und die Höhenzüge der Halbinsel Posillipo und der Stadt Pozzuoli. Wir sind ihm schon begegnet: Der kleine Tunnel am Lago d'Averno, die *Antro della Sibilla,* die römischen Zisternen bei Cuma und die Höhle des Cocceius, sie alle sind in diesen Tuff gehauen. Die Unterwelt selbst hatte der Sibylle das Material für eine unterweltliche Orakelstätte geliefert. Die gelben Steine, die für das Opus reticulatum (die Mauerverblendung) ihres Apollotempels auf dem Plateau von Cuma verwendet wurden, sind aus Höllentuff. Und nur weil das ganze Gebiet aus gelbem Tuff bestand, konnte Agrippa dort eine so große Marinebasis errichten.

War nach den beiden Supereruptionen Schluss? Nein, noch längst nicht. Mindestens siebzig Ausbrüche sind auf sie gefolgt. Alle heute an der Oberfläche sichtbaren kleineren Krater sind nach der Eruption mit dem gelben Tuff entstanden. Diese Ausbrüche waren wesentlich schwächer, dennoch hat jeder von ihnen

Ascheschichten in der Umgebung hinterlassen, teilweise auch in größerer Entfernung. Agnano, Solfatara, Averno, Astroni, all diese Krater sind nicht älter als 3700 bis 4800 Jahre. Da der Trojanische Krieg – unter der Annahme, dass er wirklich stattgefunden hat – auf das 13. oder 12. Jahrhundert vor unserer Zeitrechnung datiert wird und die Geschichte von Aeneas kurz danach spielt, das heißt, vor rund 3200 Jahren, wäre der 3700 Jahre alte Averno-Krater damals noch kaum zur Ruhe gekommen, und anscheinend war er es auch zur Zeit Vergils nicht. So dicht ist die menschliche Geschichte hier der geologischen auf den Fersen.

Und diese geologische Geschichte ist noch nicht zu Ende, denn unter dem gesamten Gebiet liegt in vier bis sechs Kilometern Tiefe ein großer Magmaherd, wie unter dem Vesuv. Das ist tief? Nicht viel tiefer als die Erdgaslager auf dem Territorium der Niederlande. Es ist das Magma, das den Schwefel und das Kohlendioxid liefert und das Grundwasser für die Thermalbäder erhitzt. Außerdem befindet sich unter dem Vulkan eine dicke Schicht Kalkstein, der gleiche, aus dem die Halbinsel von Sorrent und die Insel Capri bestehen. Das Magma reagiert mit dem Kalk, und auch dabei wird Kohlendioxid freigesetzt. Je mehr Schwefel das Magma enthält, desto explosiver kann die nächste Eruption ausfallen. Mofetten, also Kohlendioxidaustrittstellen, sind nämlich kein Anzeichen erlöschender vulkanischer Aktivität, wie Berend Escher meinte. Der Vulkan hält allenfalls kurz den Atem an, bis er genug Energie für den nächsten Ausbruch gesammelt hat.

Von 1982 an wurde Pozzuoli innerhalb weniger Jahre durch zahlreiche kleine Erdbeben aufgeschreckt – es waren nicht weniger als zehntausend, und das schwerste, am 4. Oktober 1983, erreichte immerhin eine Magnitude von 4,2 auf der Richterskala. Gleichzeitig begann sich das gesamte Gebiet der Phlegräischen Felder zu heben, 1984 um bis zu zwei Meter. Panik brach aus, die Behörden ordneten an, 40 000 Menschen aus Pozzuoli zu evakuieren – zum Monte Ruscello, einem kleinen Vulkan auf den Phlegräischen Feldern! Doch die befürchtete Eruption blieb aus, und nach 1984 begann sich das Gebiet wieder zu senken. Das ganze Phänomen war ein sogenannter Bradyseismus, eine langsame Hebung und Absenkung des Bodens, wahrscheinlich ausgelöst durch die Ausdehnung stark erhitzten Grundwassers über dem Magmaherd. Mit kleinen Unterbrechungen hat sich der Boden seitdem weiter gesenkt.

Dass sich die Phlegräischen Felder heben und senken, ist seit Langem bekannt; die Römer mussten die Küstenstraße nach Pozzuoli regelmäßig aufschütten, weil der Boden kontinuierlich absank. Auch der sogenannte Serapistempel auf dem zentralen Platz von Pozzuoli, eigentlich gar kein Tempel, sondern eine Markthalle (Macellum), verschwand mehrmals teilweise unter Wasser und wurde wieder emporgehoben.

Auf dem Platz stehen drei Säulen aus gebändertem Marmor, Überreste des bei einem früheren Erdbeben zerstörten Gebäudes. Diese Säulen sind zum Geschichtsbuch von zwei Jahrtausenden Bradyseismik geworden. Etwa zwei Meter

Die drei Säulen auf dem überfluteten Gelände des Macellums von Pozzuoli („Serapistempel"). Im unteren Bereich ist die rauere, von Bohrmuscheln beschädigte Oberfläche erkennbar.

oberhalb ihrer Basis finden sich zahlreiche von Bohrmuscheln gebohrte Löcher, teilweise noch mit Muschelschalen darin. Merkwürdig. Leben Bohrmuscheln nicht ausschließlich in Meerwasser?

Der italienische Mineraloge Scipione Breislak hat sich als Erster mit diesem Phänomen beschäftigt. In seinem Werk *Essais minéralogiques sur la Solfatare de Pouz-*

zole von 1792 sucht er nach einer Erklärung. Waren die Löcher schon im Gestein, als es gebrochen wurde? Es handelt sich aber um verschiedene Gesteine aus verschiedenen Steinbrüchen. Sind die Säulen durch ein Erdbeben unter Wasser geraten und durch ein zweites wieder an die Oberfläche gekommen? Doch bei einem starken Erdbeben wären sie wie die Mauern umgefallen. Breislak schließt, dass die Säulen wohl aus einem älteren, jetzt unter Wasser liegenden Tempel stammten.

Erst Charles Lyell, der Begründer der modernen Geologie, deutet das Wunder richtig, als er die Säulen 1828 in Augenschein nimmt: Zuerst hat sich der Boden abgesenkt, anschließend gehoben. Nicht schnell, infolge von Erdbeben, sondern in *langsamen* Prozessen. Lyell lässt sogar eine Abbildung der Säulen auf die Titelseite seines Werkes *Principles of Geology* von 1830 setzen (*Grundsätze der Geologie*, 1841), weil er sie als besonders schöne Illustration für seine Theorie von der ungeheuren Ausdehnung geologischer Zeiträume empfindet. Aus seinen Erkenntnissen zieht er großzügig Rückschlüsse auf Vorgänge in anderen Weltregionen, doch heute weiß man, dass diese Form von Bradyseismus auf die Caldera der Phlegräischen Felder beschränkt ist. Die Unterwelt lebt, und hin und wieder drückt sie Pozzuoli ein Stück aufwärts, zum Schrecken der Einwohner.

Eigentlich sind wir schon früher auf die Folgen dieses Auf und Ab gestoßen. Es ist die Ursache dafür, dass Octavians und Agrippas Portus Iulius heute zwölf Meter unter der Meeresoberfläche liegt, dass der Kanal zwischen dem Lago d'Averno und dem Lago di Lucrino aufgegeben wurde und dass der kleine Tunnel mit dem roten Gittertor, die falsche Sibyllenhöhle am Lago d'Averno, unter Wasser steht. Es stammt nicht aus dem Styx, trotzdem ist die Unterwelt schuld.

*

Ganz so langsam, wie Lyell es sich vorstellte, verliefen die Prozesse aber nicht immer. Zwar hat sich der Boden nach der Römerzeit stetig um gut einen Zentimeter pro Jahr gesenkt, doch von 1503 an begann sich Pozzuoli plötzlich sehr schnell zu heben: in 35 Jahren um sieben Meter! Die Säulen des Macellums wuchsen feierlich höher und höher aus dem Meer, bis es im Jahr 1538 tatsächlich zu einer Eruption kam. Dabei entstand innerhalb einer Woche ein neuer, 100 Meter hoher Vulkankegel, der Monte Nuovo, gleich neben dem Lago d'Averno.

Diese Geschichte wird in William Hamiltons Standardwerk *Campi Phlegraei. Observations on the Volcanos of the Two Sicilies* aus den Jahren 1776–79 auf fesselnde Weise erzählt. Zwar wurde der Bericht knapp 240 Jahre nach den Ereignissen verfasst, er beruht aber auf Augenzeugenberichten von Marco Antonio delli Falconi (1538) und Pietro Giacomo da Toledo (1539). Sir William Hamilton war Diplomat, Seiner Britannischen Majestät außerordentlicher und bevollmächtigter Botschafter am Hof von Neapel, und sehr an Vulkanismus interessiert. Sein Buch besteht aus Briefen an die Royal Society; illustriert ist es mit Farbstichen des Künstlers Pietro Fabris, den schönsten Abbildungen von Neapel und Umgebung, die je entstanden sind. Sie stellen unter anderem den Vesuvausbruch des

Jahres 1767 dar, mit Lavaströmen, Aschewolken und einer schematischen Übersicht über die Ereignisse; außerdem gibt es Bilder von früheren Eruptionen, detaillierte Abbildungen der verschiedenen Vulkangesteine, der Solfatara, des Astroni-Kraters, des Lago d'Agnano – vor der Trockenlegung, aber ohne Hund –, unseres Lago d'Averno und des Kraters des Monte Nuovo.

> Am Sonntag, dem 29. September 1538, zur ersten Nachtstunde, waren nahe den warmen Bädern beim Dorf Tripergole plötzlich Flammen zu sehen, ein Feuer, das sich zum Dorf hin bewegte, bis es zu einem Hügel kam, der Il Pericolo hieß. Die Gefahr – das war der Weg, der zum Lago d'Averno führte und zu den warmen Bädern. In kurzer Zeit wuchs das Feuer gewaltig an, schließlich spaltete sich die Erde, und so viel Asche und Bimsstein, vermischt mit Wasser, traten aus, dass sie das Dorf zur Gänze bedeckten, während es in Neapel die ganze Nacht hindurch Asche und Wasser regnete. Am nächsten Morgen, es war Montag und der letzte Tag des Monats, verließen die armen Bewohner von Pozzuoli, entsetzt über den anhaltenden, schwarzen, schlammigen Regen, ihre Häuser, um dem Tod zu entkommen, der ihnen schon ins Gesicht geschrieben stand; manche mit ihren Kindern unter dem Arm, andere mit Säcken voller Habseligkeiten, wieder andere führten zitternde Verwandte auf Eseln mit; einige trugen große Mengen *Vögel von vielerlei Art, die zu Anfang des Ausbruchs verendet waren* [Kursivierung SK], andere ebenso viele Fische, die sie aufgelesen hatten, und immer noch sollten Fische in großer Zahl am Strand zurückgeblieben sein, denn das Meer hatte sich zurückgezogen.
> William Hamilton, *Observations on the Volcanos of the Two Sicilies.*

An den folgenden Tagen kam es zu weiteren Eruptionen, aber nach einer Woche war alles vorbei. Vor einigen Jahren haben Mauro di Vito, Claudia d'Oriano und weitere italienische Vulkanologen die Ereignisse im Zusammenhang mit dem Ausbruch des Monte Nuovo, des einzigen auf den Phlegräischen Feldern in historischer Zeit, genau rekonstruiert.

Sie konnten nachweisen, dass der Lago d'Averno vor dem Ausbruch wieder eine Verbindung zum Meer hatte, und zwar wegen genau jener Absenkung des Bodens, von der auch die Bohrmuscheln in Pozzuoli profitiert hatten. Erst nach der Eruption kehrte der See zu seinem abgeschiedenen Dasein zurück. Die schnelle Hebung des Bodens und die Ascheströme des Monte Nuovo hatten auch dies bewirkt.

Begonnen hatte der Ausbruch bei den Thermen von Tripergole. „Dieses Wasser ist sehr nützlich und vertreibt den Schweiß, der bei Schwäche aus dem Magen kommt", sagt der neapolitanische *Trattato dei Bagni* aus der Zeit um 1220 über den kleinen Kurort. Doch aus dem Magen der Erde kam noch wesentlich Stärkeres als nur Wasser. Vielleicht ist hier der „scharfe Dunst des Avernus" hervorgequollen, in dem Aeneas in die Unterwelt stieg? Hat Vergil eine kleine Eruption in der Nähe des Hügels erlebt, der Il Pericolo heißt? Ist der Eingang zur Unterwelt also heute unter der Asche des Monte Nuovo begraben?

Ich muss unbedingt diesen Neuen Berg besteigen, so viel ist klar. Der Wanderweg zum Gipfel beginnt am Lago d'Averno. Dorthin fahre ich auf derselben Straße wie beim ersten Mal, und erst jetzt fällt mir auf, dass der Tunnel, durch den man kommt, den Monte Nuovo durchschneidet. Die Römer bohrten sich durch die alten Tuffe, die Italiener durch die neuen. Beim Fahren werfe ich immer wieder einen Blick auf die Tunnelwände links und rechts, vielleicht ist irgendwo noch etwas vom scharf dünstenden Avernus, vom Hügel Il Pericolo, von den Bädern Tripergoles zu erahnen. Nein, alles zugemörtelt. Respekt vor der Geschichte der Unterwelt? Zu viel verlangt.

Ich parke den Wagen wieder bei der Bar Caronte und folge dem Fußweg aufwärts zwischen Pflaumenbäumen hindurch. Nichts verrät, dass es diesen Berg erst seit knapp 500 Jahren gibt. Auf halber Höhe drehe ich mich um und habe plötzlich Aussicht über den ganzen Lago d'Averno. Schön, lieblich, paradiesisch. Existiert selbst seit weniger als 4000 Jahren. Aber wie viel ist ihm und seinem Umland seit Vergil geschehen! Die Hänge entwaldet und kultiviert; zwei Tunnel und ein Kanal durch die Kraterwand gebahnt; der See zweimal mit dem Meer verbunden und durch Verlandung wieder von ihm getrennt; bradyseismisch abgesunken, sieben Meter gehoben und erneut gesunken; durch den Ausbruch des Monte Nuovo halb mit Asche aufgefüllt, wobei möglicherweise auch die Thermalquellen verloren gingen – wenn auch Rittmann noch 1950 Gasbläschen aus dem See aufsteigen sah. Kein Wunder, dass man den Eingang zur Hölle nicht mehr sieht.

Oben auf dem Monte Nuovo angekommen, blicke ich in einen schönen, tiefen, jungen Krater. Der Karte von Rosi und Sbrana zufolge steigen hier immer noch heiße Gase an die Oberfläche. Als Unterwelteingang hätte sich dieser Krater geradezu angeboten, nur gab es ihn zu Vergils Zeit noch nicht. Statt in ihn hinabzusteigen, umrunde ich ihn. An der Südseite des dicht bewachsenen Kraterrandes eröffnet sich plötzlich ein herrliches Panorama: Ich schaue auf die Bucht von Pozzuoli.

Dann fällt mir ein, dass ich erst jetzt in den eigentlichen Krater blicke, die gewaltige Campi-Flegrei-Caldera von zwölf Kilometern Durchmesser, deren Mittelpunkt in der Bucht liegt. Es spielt letztlich keine große Rolle, wo genau Aeneas die Unterwelt betrat, am Lago d'Averno, in der Solfatara, in der Hundsgrotte, im Astroni-Krater oder am Hügel Il Pericolo, denn unter allem liegt dieselbe Magmakammer. Alle Krater, Schlammtümpel, Fumarolen, Gasaustrittstellen sind nur kleine brodelnde Öffnungen eines einzigen gewaltigen Vulkans. Die Hölle ist mindestens eine Nummer größer, als Vergil geglaubt hat.

Der Vorhof

Grober Hagel, trübes Wasser und Schnee
ergießen sich durch die finstere Luft;
es stinkt die Erde, die das empfängt.
Dante Alighieri, *Die Hölle*, VI, 10–12

Meine Mutter liebte den Wald. Mein Vater wäre gern in die Berge gefahren, aber in meiner Kindheit setzte sich gewöhnlich meine Mutter durch, und so kehrten wir immer wieder zu einem schmalen Streifen Wald auf dem Brabantse Wal zurück, einem Höhenzug im Südwesten der Provinz Nordbrabant, nahe der belgischen Grenze. Die alte, auf Leinen geklebte topographische Karte meines Vaters bezeichnete das Wäldchen zwischen Hoogerheide und Ossendrecht als *Platluis*, Filzlaus. Zunächst wurden bei den sonntäglichen Ausflügen nur Picknicks veranstaltet, bei denen wir unsere Butterbrote auf dem ausgebauten Rücksitz der Ente verzehrten, um uns herum der federnde Boden aus Kiefernnadeln. Später erwarb meine Mutter sogar ein Stückchen Land bei Hoogerheide, auf dem sie zwischen windgebeugten Kiefern ein Holzhaus bauen ließ; von dort sah man am Ende des Tages die untergehende Sonne, die Umrisse einer Ziegelei und am Horizont das glitzernde Wasser der Schelde. Lipland nannte sie dieses Refugium, nach ihrem Bruder, meinem Onkel Lipke, der sich an der Finanzierung beteiligt hatte. Nun konnten wir das ganze Wochenende im Wald verbringen, nachmittags saßen wir draußen auf rot lackierten Küchenstühlen an einem langen Holztisch und aßen Rosinenbrötchen, abends speisten wir im Licht der qualmenden Petroleumlampe Nasigoreng aus der Dose, während im Kanonenofen Braunkohlenbriketts glühten. Auch nach einem guten halben Jahrhundert steht das Häuschen noch dort, versteckt im Wald, ein Fremdkörper unter den protzigen Villen, die seitdem ringsum errichtet wurden. Meine Mutter hat bis zuletzt darin gewohnt, das heißt, bis Alzheimer ihr Gedächtnis restlos leergefressen hatte.

In Lipland begannen meine Feldforschungen unter der Erde. Denn wenn es Zeit wurde, nach Hause zu fahren, versteckte ich mich, weil ich nicht fort wollte. Ich grub eine flache Mulde in den Sandboden, deckte sie halb mit Brettern und Sand ab und legte mich hinein, damit mich vom Haus aus niemand sah. Der Gedanke an Grab und Tod kam mir als Zehnjährigem nicht. Es war bunt in meiner Grube: In der oberen Schicht war der Sand schwarz, darunter wurde er bleigrau, dann rostbraun und hart mit feinen, bizarren Linien. Heute weiß ich, dass man diesen Bodentyp Podsol nennt, von russisch *pod* und *zola*, unter der Asche, was nichts mit eingeäscherten Toten oder Aschekästen russischer Kachelöfen, sondern nur mit der Aschefarbe der obersten Schicht zu tun hat. Damals achtete ich nicht besonders auf die Zusammensetzung des Bodens.

*

Fünfundzwanzig Jahre später war ich von Menschen umgeben, die dem Boden ihr Leben widmeten. An der Universität Wageningen mit ihrem Schwerpunkt Bio- und Agrarwissenschaften gab es Dozenten für Bodenbildung, Bodenfruchtbarkeit, Bodenmechanik, Bodenchemie, Bodenbiologie, Bodenklassifikation, Bodenschätzung und so weiter. Es gab sogar einen Geologen, der die Bedeutung des darunterliegenden Gesteins für die oberen Bodenschichten ergründen sollte: Das war ich.

Alle bodenkundliche Forschung beginnt in der Grube. Nicht in einer flachen wie der, in die ich mich bei Hoogerheide legte, sondern einer richtigen von etwa zweieinhalb Metern Tiefe. Es kommt nämlich darauf an, einen schönen senkrechten Schnitt durch den Bodenkörper herzustellen, ein Bodenprofil, das klar erkennen lässt, aus welchen Schichten, sogenannten Bodenhorizonten, der Boden aufgebaut ist. Eine solche Grube zu graben, ist eine Kunst für sich, weil bestimmte Bedingungen zu erfüllen sind. Zunächst einmal muss man sie ohne große Probleme betreten und verlassen können. Bei einer Tiefe von zweieinhalb Metern geht das nur mithilfe von Stufen. Sie muss wenigstens so breit sein, dass man mit dem Gesicht zur Wand bequem Beobachtungen anstellen und Proben nehmen und sich außerdem bücken kann, um auch die untersten Schichten zu betrachten. Die Wand muss teilweise mit dem Spaten glatt abgestochen werden, damit feine Farbunterschiede sichtbar werden, teilweise soll aber auch die natürliche Bodenstruktur erkennbar bleiben. Der Bodenkundler Jan Bokhorst schreibt über Exkursionen während seines Studiums: „Beeindruckend waren vor allem die riesigen Profilgruben, die man in Polen für uns ausgehoben hatte. Wir konnten zu mehreren darin stehen und wurden unmittelbar mit den Eigenschaften des Bodens konfrontiert, erkannten die Entfaltungsmöglichkeiten und -grenzen der Regenwürmer und Pflanzenwurzeln."

Generationen von Bodenkundlern haben in solchen Gruben mithilfe schwarzweißer Bestimmungskarten die Form, Größe und Struktur von Bodenpartikeln ermittelt und die Ergebnisse in großformatige Vordrucke eingetragen. Ein Bandmaß wird so an die Grubenwand gehängt, dass die Null an der Bodenoberkante anliegt; am besten sind die Bänder mit verschiedenfarbigen Dezimeterzonen, damit man auch auf dem unvermeidlichen Foto sofort die Lage und Mächtigkeit der Bodenhorizonte erkennen kann. Bodenkundler haben immer kleine Kellen oder Messer zum Pulen bei sich, eine Lupe zur Ermittlung der Feinstruktur, ein Fläschchen Salzsäure zur Feststellung des Kalkgehalts und ein Büchlein mit Munsell-Farbkarten zur Bestimmung der Bodenfarbe, benannt nach dem von

Palaver an der Grube, Turali, Dagestan

Albert Henry Munsell entwickelten Farbsystem. Unter jeder Farbfläche ist ein Loch in den harten grauen Karton gestanzt; zwängt man dort eine kleine Bodenprobe hinein, kann man ihre Farbe mit der auf der Tafel vergleichen. Das vielleicht Allerwichtigste ist die Textur, die Zusammensetzung des Bodens nach Korngrößen: wie viel Sand, wie viel Schluff oder Silt (mit bloßem Auge nicht mehr erkennbare, staubkorngroße Partikel), wie viel Ton (noch kleinere Partikel) enthält er. Erfahrene Bodenkundler rollen Bodenproben zwischen den Handtellern und zwischen Daumen und Fingern zu kleinen Würsten, um ihre Formbarkeit zu prüfen, stecken sie in den Mund, kauen aufmerksam darauf und sagen dann zum Beispiel: „leichter Sandboden, 15 Prozent Ton."

Und dann geht es erst richtig los, denn fast immer stehen mehrere Bodenkundler gleichzeitig an einer Grube. Man steigt abwechselnd hinein, pult in der Wand, schmeckt den Boden: „Meiner Ansicht nach ist das schwerer Sandboden, mindestens 20 Prozent Ton." Man ist unterschiedlicher Meinung über die Mächtigkeit des Humushorizonts oder über die Entstehung des Bodens: Wurde Eisen aus der bleigrauen Schicht in die braune Schicht darunter geschwemmt, oder ist das nur Humus, oder wurden Tonminerale eingeschwemmt, und wann und wie ist das geschehen – endlose Diskussionen auf der Grundlage subjektiver qualitativer Urteile, wobei das Fehlen quantitativer Untermauerung durch jahrelange Erfahrung in Hunderten von Profilgruben kompensiert wird. Manche nennen dieses Ritual Palaver an der Grube.

Irgendwann beginnt die eigentliche Probenentnahme, braune, doppelwandige Papiertüten werden mit Boden gefüllt, aus jedem Horizont mindestens eine

Probe – wem wird das Bodenlabor recht geben? Manchmal werden auch Aluminiumdöschen in die Wand gedrückt, um mikroskopische Präparate zu gewinnen, und im allerbesten Fall imprägniert man die Wand mit Polyesterlack, klebt senkrecht Streifen Verbandmull darauf, zieht den Mull samt daran haftendem Boden ab und fügt das Lackprofil in einen hölzernen Rahmen ein, um es ins Labor mitzunehmen. So erhält man ein Sedimenttransferpräparat, auch Bodenmonolith genannt. Im Bodenmuseum des International Soil Reference and Information Centre in Wageningen hängen Unmengen davon.

Nun kann man von einem Bauern nicht verlangen, dass er einen ganzen Acker für derartige Grabungen zur Verfügung stellt. Will man also die Variabilität des Bodens auf größeren Flächen untersuchen, muss man weniger invasiv vorgehen. Dazu dient der Edelman-Bohrer, ein Handbohrer mit einem Bohrkopf aus zwei parallelen, scharfen Klingen, die in einer gedrehten Spitze zusammenlaufen; am anderen Ende hat er zwei Handgriffe, mit denen man ihn in den Boden drehen kann. Einen Meter zwanzig, denn bis in diese Tiefe reicht für die Bodenkunde der Boden im engeren Sinne, als oberster Teil der Erdkruste, der von Pflanzenwurzeln durchdrungen wird. Der Wageninger Dozent Pieter Buringh, ein Schüler Edelmans, meint allerdings, die Länge des ersten Edelman-Bohrers von 1943 sei von der des VW-Käfer-Kofferraums bestimmt gewesen.

*

Eigentlich ist der Boden ein ganz besonderer Teil der Erde. Er ist die äußerste Schicht des Gobstoppers, die Schale, an der sich Erde, Luft, Wasser und Lebendiges so innig miteinander verbunden haben, dass etwas Autonomes entstanden ist, das schönste Beispiel für ein Ganzes, das mehr ist als die Summe seiner Teile. Ein Ökosystem für sich, in dem viel mehr Leben verborgen ist, als man vermuten würde. Das Organische ist wesentlich für den Boden. Mein damaliger Kollege Nico van Breemen hat in unserem Institutsflur einmal zwei selbst gemachte Bodenprofile zwischen vertikalen Plexiglasplatten aufgehängt; sie bestanden nur aus einer Schicht Ton und einer Schicht Blätter darüber. In das eine Profil brachte er Würmer ein, ins andere nicht. Der Unterschied war dramatisch. Innerhalb weniger Monate hatten die Würmer den Ton mit den Blätterbestandteilen durchmischt, sodass richtiger Humus entstand; im anderen Profil vollzog sich keine erkennbare Veränderung.

Manche Bodenkundler behaupten, in einer Handvoll Gartenerde sei die Biodiversität größer als im amazonischen Regenwald. Der Boden enthält fast dreimal so viel Kohlenstoff wie die gesamte Atmosphäre. Außerdem kann Kohlenstoff Tausende von Jahren im Boden gebunden bleiben, in stabilen Humusverbindungen.

Der Boden ist aber auch der Teil des planetaren Ökosystems, der vom Menschen am meisten verändert wurde und wird: durch Pflügen, Säen, Düngen, Bewässern, Entwässern, Ernten und Beweiden, durch Flurbereinigung und Einebnung, durch das Befahren mit schweren landwirtschaftlichen Maschinen und die Verschmutzung mit Schwermetallen – kaum ein Ort auf der Erde, an dem man den Boden noch unberührt von menschlichen Eingriffen findet. Darin liegt auch eine Tragik der Bodenkunde: Dank der Landwirtschaft hat diese Wissenschaft einen hohen Entwicklungsstand erreicht, gleichzeitig hat aber die Landwirtschaft den Boden unwiderruflich verändert.

Erst im späten 19. Jahrhundert wurde der Boden als besonderes Naturphänomen entdeckt. Keiner der großen Gelehrten der Antike, der Blütezeit der arabischen Kultur oder der Aufklärung hatte sich für die subtilen Farbabstufungen unmittelbar unter der Oberfläche interessiert. Doch im Jahr 1883 schuf der russische Geologe Wassili Wassiljewitsch Dokutschajew mit seiner Dissertation *Russische Schwarzerde* die Grundlage für die neue Disziplin. Er hatte erkannt, dass die Schwarzerde deshalb so humusreich ist, weil Würmer, Maulwürfe, Hamster und andere Tiere den kalkreichen Löss jahrhundertelang mit zersetztem und verdautem Wurzelmaterial der Steppenvegetation durchmischt haben. Die Schwarzerde sei kostbarer als die Bodenschätze Sibiriens, meinte Dokutschajew, denn sie sei die fruchtbarste Erde der Welt. Durch die Urbarmachung der Steppen gegen Ende des 19. Jahrhunderts wurde aber viel Humus der Luft ausgesetzt und oxidierte, die Fruchtbarkeit nahm ab und damit auch die Erträge. Das war der Anlass für seine Untersuchung.

Etwas scheinbar so Gewöhnliches wie die Erde, die jeder Bauer und jeder Totengräber täglich sieht, zu einem besonderen Naturphänomen zu erheben, ist schon eine beeindruckende Leistung. Dokutschajew fand auch heraus, dass der Bodentyp stark vom Klima abhängt. Reist man vom kalten Norden Russlands in den warmen Süden, stellt man fest, dass sich mit der Vegetation auch der Boden verändert. Auf der Pariser Weltausstellung von 1889 (der mit dem Eiffelturm) präsentierte Dokutschajew Bodenmonolithe mit Schwarzerde und mit anderen russischen Böden und gewann damit eine Goldmedaille. Der Schwarzerde-Monolith wurde 1968 beim Studentenaufstand an der Sorbonne teilweise zerstört; ein Stück davon ist noch im Pariser Institut National de la Recherche Agronomique zu sehen.

*

Kalmückien, Juli 1991. Die Sonne scheint schon unbarmherzig auf mein Sowjetzelt, dessen Plane mit den Logos der *Prawda*, *Iswestija* und *Trud*, aber auch *L'Unità*, *Libération*, *Morning Star* und sogar *De Waarheid* bedruckt ist. So wache ich jeden Morgen mit der kommunistischen Weltpresse auf. Ich schaue hinaus. Die grenzenlose, wellige Steppe, oder besser gesagt Halbwüste, die durchdringend nach blühendem Beifuß riecht. Mitten in der unermesslichen Einöde steht der *wagontschik*, der kleine, klobige Wohnwagen von Jewgeni Wassiljewitsch Tsutskin, dem bärtigen Archäologen, der uns hier von seinen Ausgrabungen berichten wird. Karl Ernst von Baer ist leiblich anwesend, die lang gestreckten „Baer-Hügel" am Horizont sehen aus wie hochgezogene Brauen über Augen, die kritisch Tsutskins Gruben betrachten. Zum Frühstück gibt es einen Eimer Ucha, klare russische Fischsuppe. Tsutskin hat sie für uns in der Kochecke seines Schuhkartons auf Rädern zubereitet, der eher an große Modellautos erinnert als an das, womit Niederländer zur Urlaubszeit über die Autobahnen in Richtung Süden zu düsen pflegen.

Mit siebenundzwanzig Studenten aus Wageningen und elf aus Russland folgen wir Dokutschajews Spuren von Moskau über das Kaspische Meer bis zum Kaukasus. Wir haben festgestellt, dass die Lössböden in jeder Klimazone andere sind – von podsolartigen Böden in den Nadelwäldern bis zur Schwarzerde in Dokutschajews Langgrassteppe. Wir haben die langen, schmalen, als Windschutz dienenden Wälder gesehen, die nach der großen Dürre von 1891 auf Dokutschajews Rat hin in der Steppe angepflanzt wurden, um das Verwehen der Ackerböden zu verhindern. Weil nach seiner Ansicht ein Teil der Steppe im ursprünglichen Zustand bleiben sollte, wurde 1892 aber auch das erste russische Naturschutzgebiet geschaffen, die Kamennaja-Steppe („Steinsteppe"); Tolstoi und Tschechow gehörten zu den Prominenten, die dafür Geld gesammelt haben. Auch nach einem Jahrhundert ist die Schwarzerde dort noch fast jungfräulich.

Jetzt sind wir wieder eine Klimazone weiter: Hier in der kalmückischen Halbwüste spült das Regenwasser keine Substanzen aus den oberen Horizonten in tiefere, wie es im Podsol geschieht, im Gegenteil, bei der Verdunstung steigt dank des Kapillareffekts Grundwasser nach oben und lagert Kalk, Gips, manchmal sogar Salz im Boden ab. Die Halbwüste ist Nomadenland, die meisten Kalmücken sind buddhistische Nomaden, die ursprünglich aus Tibet stammen. Im 17. Jahrhundert siedelten sie sich mit Erlaubnis des Zaren hier an – die letzte mongolische „Invasion" in Europa. Im Zweiten Weltkrieg ließ Stalin sie deportieren, später durften sie wieder zurückkehren. Doch was Tsutskin interessiert, sind nicht die Kalmücken, sondern die früheren Bewohner des Landes in der Zeit vor 4000 Jahren. Sie haben überall in der Halbwüste Grabhügel hinterlassen, die Kurgane. In seinem Grabungsschnitt innerhalb eines solchen Kurgans zeigt er uns, dass die Gräber *auf* dem jungfräulichen Boden angelegt wurden. Man wollte nicht in der Erde graben, meint er, weil man Mutter Erde dafür als zu wertvoll empfand. „Weißt du, warum türkische Schuhe diese aufgebogenen Spitzen haben?", fragt er und beantwortet die Frage gleich selbst: „Aus dem gleichen Grund – die Schuhspitzen können dann die Erde nicht beschädigen." Ich fand diesen Gedanken so reizvoll, dass er mir immer im Gedächtnis geblieben ist.

Doch wir haben uns nicht an solche schönen Grundsätze halten können. Durch die Nutzung des Bodens bringt sich der Mensch selbst immer wieder in schwierige Situationen. Zum Beispiel bildet sich bei der Urbarmachung sumpfiger Flussdeltas oft mehr Schwefelsäure im Boden, als die angebauten Nutzpflanzen vertragen können – für viele Reisbauern in den Tropen ein unlösbares Problem. Typisch für diese sogenannten sulfatsauren Böden sind gelbe, farblich an Katzenurin erinnernde Flecken.

Bei der Erschließung eines neuen Wohnbaugeländes in Baarlo südlich von Venlo wurden 1988 extrem hohe Arsenkonzentrationen im Boden gemessen, achtmal so hoch, wie gesetzlich erlaubt. Der Giftmüllskandal von 1980 im südholländischen Lekkerkerk, wo ein Wohnviertel auf Chemieabfällen errichtet worden war, hatte die Öffentlichkeit alarmiert. Damals wurden die Häuser geräumt und der verseuchte Boden aufwendig saniert. Welches Unternehmen hatte nun in Baarlo trotz verschärfter Gesetze illegal giftige Abfälle entsorgt? Doch es stellte sich heraus, dass die hohe Arsenkonzentration natürlichen Ursprungs war; das Arsen stammte aus Pyrit (Schwefelkies) in alten Sedimenten und war von Grundwasserströmungen zusammen mit Raseneisenstein im Boden abgelagert worden. Bricht die Natur also das Gesetz? Versuche mit „simulierter Magensäure" (verdünnter Salzsäure) haben dann angeblich gezeigt, dass der hohe Arsengehalt keine Gefahr für Menschen darstellte. Also wurde doch gebaut. Sonst hätte man in den Niederlanden nämlich noch 50 000 Hektar ähnlich stark belastete Böden abtragen müssen.

Der Boden rings um die aufgegebene Zinkmine im belgischen Moresnet, am Dreiländereck Belgien-Niederlande-Deutschland, hat einen unzulässig hohen Zinkgehalt. Eigentlich müsste man dagegen etwas unternehmen; nicht zufällig gedeiht aber das seltene Gelbe Galmeiveilchen dort ganz prächtig. Würde man den Boden sanieren, verschwände auch das dort endemische, weil an schwermetallhaltige Böden gebundene Veilchen, das streng geschützt ist. Welche Art von Naturschutz hat nun Vorrang?

Das bizarrste Beispiel für Bodenkontamination findet man in China. In einem Hügel nahe der Stadt Xi'an wurden extrem hohe Quecksilberkonzentrationen nachgewiesen. Der Hügel, der eine Fläche von zwei Quadratkilometern einnimmt, ist keine natürliche Erhebung, aber auch nicht die Abraumhalde einer Quecksilbermine, eine auf primitive Art ausgebeutete Goldlagerstätte oder ein Friedhof für ausgediente Thermometer. Nein, er ist die letzte Ruhestätte des ersten chinesischen Kaisers Qin Shihuangdi aus dem 3. Jahrhundert vor unserer Zeitrechnung. Das wird zumindest angenommen, denn bisher hat man den Grabhügel noch nicht geöffnet, die stark quecksilberhaltigen Bodenproben stammen aus Bohrungen.

Am Rand des Hügels wurde in den 1970er-Jahren einer der größten archäologischen Schätze der Welt entdeckt: die berühmte Terrakottaarmee. Im *Shiji* – „Aufzeichnungen des Historikers" – von dem Gelehrten Sima Qian (ungefähr 145–90 vor unserer Zeitrechnung) ist zu lesen, Kaiser Qin Shihuangdi habe in seiner aus Kupfer gegossenen Grabhalle sein gesamtes Reich in kleinem Maßstab nachbauen lassen, mit Modellpalästen, Modellpavillons und Modellamtsgebäuden. An einer hohen Decke als Himmelsgewölbe stellten unzählige Perlen und Edelsteine Sonne, Mond und Sterne dar. Zum Panorama des Reiches gehörten auch sämtliche großen Seen und Flüsse, wie der Huanghe und der Jangtsekiang, aus Quecksilber nachgebildet; ein Mechanismus halte das Quecksilber der

Flüsse, die in einen Quecksilberozean mündeten, in Bewegung. Gespannte Armbruste sollten automatisch schießen, wenn Grabräuber in die Halle einzubrechen versuchten.

Die Passage im *Shiji* ist die einzige Beschreibung dessen, was sich innerhalb des Hügels befinden könnte, und die außergewöhnlich hohen Quecksilberkonzentrationen deuten vielleicht darauf hin, dass die Beschreibung zutrifft. Bisher hat sich allerdings noch kein Archäologe an weitere Grabungen gewagt, nicht wegen des Quecksilbers, sondern aus Furcht, etwas Unersetzliches zu zerstören.

Die Bodenkunde beschäftigt sich heute fast nur noch mit der Sanierung von kontaminierten Böden. Dagegen ist die klassische Bodenkunde, die Feldforschung in der Grube, praktisch verschwunden. Inzwischen ist die ganze Welt bodenkundlich kartiert. Die in riesigen Datenbanken gespeicherten Informationen werden auch von der Agrarwissenschaft genutzt; moderne Landwirte können leicht herausfinden, wo sie was wann anbauen sollten. Und wie viele Bauern wissen noch, was Ranker, Dwog oder Plaggenesch sind? In den Niederlanden sind nur noch zwei Prozent aller Erwerbstätigen Landwirte, und diese wenigen können auf dem Traktor die Düngergabe automatisch an den Bodentyp anpassen, den ihnen die digitale Bodenkarte im GPS-Gerät anzeigt. Tausende Beamte erarbeiten Flächennutzungspläne und führen Umweltverträglichkeitsprüfungsverfahren (meine Finger stolpern beim Schreiben) auf der Grundlage der vorhandenen Daten durch, können aber Podsol nicht von Kleimarsch unterscheiden. Bodenkundler aus allen Erdteilen beklagen in einem eigens zu diesem Zweck herausgegebenen Büchlein, *The Future of Soil Science*, dass für ihre Forschungen kein Geld mehr da sei.

*

In Wageningen wurde die Erinnerung an den Podsol meiner Jugend wach. Wieder eine Grube, wieder Podsol, aber diesmal wurde ein Sarg hinabgelassen mit den sterblichen Überresten von Jacob Bennema, einem Wageninger Kollegen, der Bodenklassifikation und Bodenschätzung lehrte. Promoviert wurde er mit einer Arbeit über den Anstieg des Meeresspiegels, aber in seinen letzten Jahren beschäftigte er sich hauptsächlich mit Bodengüte. Ich empfand es als passend, dass ein Experte für Bodengüte in einem guten Boden begraben wurde. Andere Menschen möchten für ihre letzte Reise einen schönen Sarg, eine ordentliche Frisur, einen guten Anzug oder ein hübsches Kleid, schöne Ansprachen und schöne Musik, aber ich will in schöner Erde beerdigt werden. Ich habe auch schon an frisch ausgehobenen Gräbern in Kleimarsch gestanden – ein ziemlich langweiliger und düsterer Boden, und wenn der Klei auf den Sargdeckel fällt, klingt es so schwer. Podsole sind viel schöner, Sand klingt leichter, deshalb sprechen Bodenkundler auch von schwerem Klei- und leichtem Sandboden. Außerdem enthält sandiger Boden mehr Luft, man wird schneller zersetzt und deshalb früher mit der Erde vereinigt. Bestatter sollten mehr mit der Qualität des jeweiligen Bodens werben. Bennema hätte sie beraten könnten, aber dafür war es nun zu spät.

Der Boden, das ist die Hölle, die uns tatsächlich erwartet. Weiter als etwa anderthalb bis zwei Meter tief kommen wir nicht auf unserer Reise in Richtung Mittelpunkt der Erde. Wenn man selbst das fürchtet, kann man sich natürlich auch einäschern lassen. Dann wird man gleich zu CO_2 und verschwindet in die Atmosphäre. In diesem Fall kommt man also in den Himmel und ist für die Unterwelt verloren. Hoffentlich möchte dann irgendwo ein Baum die Kohlenstoffatome, die von einem übrig sind, für seine Photosynthese aufnehmen, denn genauso gut könnte man in einer Luftblase in der Eiskappe der Antarktis eingeschlossen und so für die kommenden paar Millionen Jahre aus dem Verkehr gezogen werden. Beim Verbrennen bleibt zwar auch ein Häuflein Asche übrig, aber viel ist das nicht. Manche Leute lassen ihre Asche zu einem Diamanten pressen. Das scheint Ewigkeit zu garantieren, birgt aber auch Risiken. Vielleicht lässt einen die eigene Tochter versehentlich in den Abfluss fallen!

Meine Eltern sind eingeäschert worden und ruhen jetzt in ihren Urnen, von einem Betonbehältnis umschlossen, auf dem Friedhof von Goes, in Kleimarsch. Kein Wald, keine Berge, kein Podsol. Aber so haben sie es gewollt, und das allein zählt.

Wenn man sich begraben lässt, dauert es noch Hunderte, wenn nicht Tausende von Jahren, bis man wieder zu CO_2 geworden ist. Man bekommt die gleiche Durchmischungsbehandlung wie die Wurzeln des Steppengrases: Langsam wird man wieder ein Teil der Erde. Diese Vorstellung gefällt mir – vorausgesetzt, das Grab wird nicht vorzeitig geräumt.

Wer dies auf jeden Fall bedauern würde, sind die Archäologen der Zukunft. Denn der unersetzliche Verstorbene verwandelt sich innerhalb weniger Jahrzehnte in ein unersetzliches archäologisches Studienobjekt. Auch Archäologen sind auf ihre Weise Bodenkundler. Auch sie heben Gruben aus, aber andere: Sie interessieren sich nicht nur für den vertikalen Aufbau, sondern auch und vor allem für den horizontalen. Wehe dem Bauern, auf dessen Land bedeutende Siedlungsspuren entdeckt werden, denn die Archäologen geben sich dann nicht mit ein paar Handbohrungen zufrieden. Hektargroße Ackerflächen werden sie zum Leidwesen des Bauern Zentimeter für Zentimeter abtragen, um zum Beispiel den Hof seines Vorgängers aus dem Mittelalter oder der Steinzeit möglichst genau zu rekonstruieren. Mit Drachenschnur an Holzpflöcken werden Rechtecke abgesteckt, in denen Dutzende von Freiwilligen monatelang mit Handbesen und Kehrblech, Kelle und Pinsel den Boden absuchen, um jede noch so kleine Tonscherbe und jeden Splitter Feuerstein sicherzustellen, zu vermessen, zu bestimmen und zuzuordnen, bis die ursprüngliche Funktion jedes Fundstücks ermittelt ist.

Während Bodenkundler das Zusammenspiel von Erde, Wasser, Luft und Leben in den Bodenprofilen rekonstruieren, interessiert die Archäologen das

Leben der Menschen in der Vergangenheit. Deshalb finden sie gern Gräber. Denn für die meisten Kulturen endet das Leben nicht mit dem Begräbnis im Boden. Das ist vielmehr nur der Beginn einer Reise in die jeweilige Unterwelt – der Boden selbst wird seltsamerweise nicht als Teil der Unterwelt gesehen. Man landet nicht unbedingt physisch in der Hölle, sondern als Seele, als Geist, vielleicht auch als CO_2, das allerdings früher noch nicht bekannt war. Dennoch scheint man dort vielerlei irdische Dinge zu benötigen. Warum sonst all die Grabbeigaben? Warum die kostbaren Gewänder, goldenen Masken, Amphoren, Gebrauchsgegenstände, warum dieses unwirkliche kupferne Mausoleum mit Quecksilbergewässern, Edelsteingestirnen und Terrakottasoldaten samt Pferden? Welche Vorstellungen machte man sich von der Unterwelt, wie hat sie konkret ausgesehen? Auf solche Fragen antworten Archäologen, ihre Ausgrabungen sind Fenster mit Aussicht auf die Hölle.

*

Das schönste Symbol für die Unterweltreise ist der Obolus. Er war eine billige Kupfermünze, die sowohl Griechen als auch Römer vom 5. Jahrhundert vor unserer Zeitrechnung bis tausend Jahre danach ihren geliebten Verstorbenen ins Grab mitgaben. Der Obolus wurde in den Mund gelegt, weil er der Seele am nächsten ist; die Seele verlässt den Körper durch ihn und wird vom Obolus an der Rückkehr gehindert. In zahllosen antiken Gräbern, nicht nur in Griechenland und Rom, sondern auch in Spanien und England, finden Archäologen in Schädeln Obolusse.

In der Unterwelt muss man sich nämlich mit der Fähre über den Acheron übersetzen lassen, und um den Fährmann Charon zu bezahlen, braucht man Geld. Ohne Obolus geht es nicht, worauf im 2. Jahrhundert auch der griechisch-syrische Satiriker Lukian in seiner Schrift *Peri pénthous* (*Über das Trauern um die Toten*) hinweist. Lukian bemerkt, „dass es viel klüger wäre, gar kein Fährgeld bei sich zu haben; denn so würde der Tote, wenn der Fährmann ihn nicht einnähme, zurückgeschickt und könnte wieder ins Leben heraufkommen". Zuvor schreibt er: „Vorn liegt der Achernische See, der die Herankommenden zuerst empfängt, über welchen übrigens ohne des Fährmanns Hülfe schlechterdings nicht zu kommen ist. Denn er ist zu tief, um hindurch zu waten, und zu breit, um hinüber zu schwimmen. Ja, nicht einmal die gestorbenen Vögel sind im Stande, über denselben zu fliegen" – eine eigenartige Darstellung, die ein wenig an den Lago d'Averno erinnert. Manche Tote haben sogar zwei Obolusse bei sich, vielleicht hofften sie auf eine Rückfahrkarte.

Eingefügt in Apuleius' hinreißenden erotischen Roman *Der goldene Esel*, aus der gleichen Epoche und schon in der Antike sehr populär, ist die Erzählung von Amor und Psyche. Cupido (Amor), Sohn der Venus, hat sich in die Königstochter Psyche verliebt. Psyche ist ein so wunderschönes Mädchen, dass Venus eifersüchtig auf sie wird. Rasend vor Zorn über die Verbindung ihres Sohnes mit der Kon-

Obolus (3. Jahrhundert vor unserer Zeitrechnung) aus Pantikapeion an der Straße von Kertsch zwischen Schwarzem und Asowschem Meer, für Karl Ernst von Baer Homers Eingang zur Unterwelt. Der Brauch, Verstorbenen eine Münze in den Mund zu legen, hielt sich in Kertsch bis ins 19. Jahrhundert.

kurrentin, entführt sie Cupido; ein Wiedersehen will sie nur unter der Bedingung erlauben, dass Psyche eine Reihe von – vermeintlich unausführbaren – Aufträgen erfüllt. So soll sie in der Unterwelt bei Proserpina ein wenig von deren Schönheit erbitten und in einer Büchse zu Venus bringen. Psyche verzweifelt und geht zu einem hohen Turm, um sich hinabzustürzen, doch plötzlich fängt der Turm an zu sprechen, macht ihr Mut und sagt ihr, was sie tun soll.

> Und bald darauf wirst du zum Totenfluss gelangen, dessen Ferge Charon gegen ein Entgelt auf seinem Binsenkahn die Ankommenden ans jenseitige Ufer übersetzt. – Denn auch unter den Toten herrscht die Habsucht, und weder Charon noch sein Vater Dis [Hades], der mächtige Gebieter, tun irgendetwas umsonst, und auch der Arme muss für das Wegegeld sorgen, wenn er stirbt; und wenn keine Münze zur Hand ist, kann er seinen Geist nicht aushauchen. – Gib dem schmutzigen Alten eine von deinen Münzen als Fährlohn, doch lass ihn sie dir mit eigener Hand aus deinem Munde nehmen.
>
> Apuleius, *Der goldene Esel* (*Metamorphosen*), VI. Buch

Der Turm warnt Psyche noch davor, jemals die Büchse zu öffnen und hineinzuschauen. Nicht schwer zu erraten, ob sie sich daran hält …

Das Tragische ist, dass die Toten, die mit einem Obolus im Mund in ihrem Grab gefunden werden, offenbar in der Warteschlange vor der Fähre stecken geblieben sind, denn sie haben das Geld für die Fahrkarte noch bei sich. Ihre Reise in die Unterwelt wurde ohne Angabe von Gründen gestrichen. Nur wer keinen Obolus in seinem Grab hat, ist vielleicht wirklich von Charon übergesetzt worden, und lediglich die sterbliche Hülle ist zurückgeblieben, um im Boden zu zerfallen. Vielleicht hat er aber auch Lukians guten Rat befolgt und gar keinen Obolus mitgenommen. Oder er ist ein Diebstahlsopfer bis in alle Ewigkeit: Niemand wusste besser als Grabräuber, dass Grabbeigaben nicht physisch mit in die Unterwelt reisen.

Problematisch sind Fahrplan und Beförderungsbedingungen von Charons Fährbetrieb: In langen Reihen warten die Abgeschiedenen darauf, von ihm übergesetzt zu werden. Manche dürfen vorläufig gar nicht auf die andere Seite: Es sind diejenigen, die noch kein Grab haben, erklärt Vergil, zum Beispiel Aeneas' ertrunkener Steuermann Palinurus. Sie bleiben im Vorhof der Unterwelt, bis jemand ihre Gebeine zur Ruhe bettet. Vergil erwähnt zwar keine Münzen, aber es versteht sich von selbst, dass Ertrunkene, solange sie nicht begraben werden, auch keinen Obolus für die Fähre bei sich haben.

Wer das andere Ufer erreicht, ist zwar in der Unterwelt, aber deshalb noch nicht in der Hölle. Warum auch sollte man einem geliebten Verstorbenen eine Münze für die Fähre mitgeben, wenn er darauf nur zur Hölle fahren könnte? Die Hinterbliebenen wussten, dass nach der Überfahrt noch alles gut werden konnte. Erst am anderen Ufer gabelt sich der Weg: Die Bösen müssen nach links zum Tartaros, die Guten dagegen dürfen nach rechts zu den Elysischen Gefilden. Im Altertum lag auch das Paradies unter der Erde, es kam nur darauf an, richtig abzubiegen.

Der gute Aeneas steigt darum ebenso wenig in den Tartaros hinab wie vor ihm Odysseus. Als die Sibylle und er auf das mächtige Eingangstor des Tartaros blicken, erklärt ihm seine Begleiterin, welch schreckliche Qualen die Sünder dahinter erleiden, doch Aeneas selbst bekommt nichts davon zu sehen. Von Vergil erfahren wir herzlich wenig über die Geographie des Tartaros. Aeneas nimmt an der Gabelung den Weg nach rechts, den Weg der Guten und Weisen, zu den Elysischen Gefilden. Den Champs Élysées!

> Erst als sie dieses getan und das Opfer der Göttin gebracht war,
> Kamen sie hin zu den Orten der Freude, in glücklicher Wälder
> Lieblich grünende Fluren, zum seligen Sitze der Frommen.
> Reichlicher hüllt der Äther in Purpurlicht die Gefilde,
> Eine eigene Sonne erkennen sie, eigene Sterne.
> Einige üben im Kampf auf blumigem Rasen die Glieder,
> Kämpfen im Spiel miteinander und ringen auf gelblichem Sande,
> Andere tanzen im Reigen umher und sprechen Gedichte.
> [...]
> Siehe, noch andre bemerkt er, die links und rechts auf dem Rasen
> Schmausend genießen und singen im Chor das fröhliche Danklied,
> Mitten im duftenden Lorbeerhain, von wo sich nach oben
> Durch den Wald die Fluten des breiten Eridanus wälzen.
> Vergil, *Aeneis*, VI, 637–644, 656–659

Wer hätte erwartet, ein solches Paradies unter der Erde zu finden! Dafür entrichtet man doch gern einen Obolus. Lieblich grünende Fluren und gelblicher Sand! Wald! Schmausen auf dem Rasen! Es erinnert ein wenig an das Wäldchen meiner Mutter.

> Da erblickte Aeneas im Hintergrunde des Tales
> Einen gesonderten Hain mit raunenden Büschen im Walde.
> Sah der Lethe Strom, der an friedlichen Sitzen vorbeifließt.
> Vergil, *Aeneis*, VI, 704–706

Aus dem Lethe-Strom trinken die geläuterten Seelen „kummerstillende Flut und langes Vergessen“:

> Wenn dann das Rad der Zeiten an tausend Jahre gelaufen,
> Ruft sie in mächtigen Scharen ein Gott zum Strome der Lethe,
> Dass sie erinnerungslos aufs neu das Gewölbe des Himmels
> Schaun und wieder zurück in Körper zu wandern beginnen.
> Vergil, *Aeneis*, VI, 748–751

Faszinierend ist, dass Vergil selbst aus dem Lethestrom eines Jahrtausends Geschichte auftaucht, in einer neuen Rolle: als Begleiter Dantes auf dessen Weg

Die Reihen der Wartenden: Wer sind sie? (Holzstich von Gustave Doré)

durch die Hölle der *Göttlichen Komödie*. Denn Vergil ist Dantes dichterisches Rollenmodell, wie Homer Vergils Rollenmodell war.

Topographie und Population des Vorhofs, des Bereichs vor Charons Fähre, haben sich allerdings bis zu Dantes Zeit entscheidend gewandelt.

> Dort erschollen Seufzer, Weinen und lautes Geheul
> in der Luft ohne Sterne,
> weshalb ich am Anfang darüber Tränen vergoss.
> Fremde Sprachen, grauenvolle Laute,
> Worte des Schmerzes, Ausbrüche des Zorns,
> laute und erstickte Rufe und Klatschen von Händen dazu
> schufen ein Getöse, welches unentwegt
> in dieser zeitlos finsteren Luft wirbelt
> wie Sand, wenn der Sturm bläst.
> Dante Alighieri, *Die Hölle*, III, 22–30

Seltsamerweise wundert sich Vergil nicht darüber. Der Vorhof ist nicht mehr Sammelplatz für unbestattete Ertrunkene und für die Verstorbenen, die zunächst das Boot verpasst haben. Hier ist niemand mehr aus freiem Willen, keinem hier haben Angehörige einen Obolus mitgegeben, es sei denn, dass sie ihn wirklich von Herzen in die Hölle wünschten. Denn hier drängen sich nur Verdammte, die entweder ihrer Bestrafung in der Hölle entgegensehen oder dazu verurteilt sind, ewig an der Anlegestelle auszuharren. Die Trennung zwischen Gut und Böse hat nämlich schon vorher stattgefunden. Die frohe Erwartung, die im Vorhof von Vergils Unterwelt herrschte, ist verschwunden, wie die eigene Sonne und die eigenen Sterne, die Luft ist finster, das unaufhörliche Getöse vergleicht Dante mit einem Sandsturm.

Und warum die Seufzer, das Weinen, der Schmerz und Zorn? Welche Menschen sind es, die in der Unterwelt diesseits des Acheron bleiben müssen? Es sind die Feigen, die Unentschiedenen, die nicht zwischen Gott und Satan wählen konnten. Vielen Kommentatoren erscheint die Strafe ein wenig zu schwer für das Vergehen. Vielleicht hat Dante am Anfang seiner Dichtung einen allzu großen Vorschuss auf die Schrecken genommen, die er später noch schildern musste.

*

Ich empfinde Sympathie für Menschen, die sich nicht entscheiden können. Mein Vater war ein Liberaler, meine Mutter Sozialistin, beide waren Parteimitglieder, und vor Wahlen hingen bei uns Plakate von beiden Parteien in den Fenstern. Mein Vater war jüdischer Herkunft, meine Mutter Protestantin. Mein Vater liebte die Berge, meine Mutter den Wald. So habe ich früh gelernt, mir alle Optionen offenzuhalten. Begrabt mich bitte im Vorhof, im Boden bei Hoogerheide, die Unterwelt dort kenne ich schon, und mir bleiben Entscheidungen erspart. Aber einen Obolus hätte ich doch gern im Mund, für alle Fälle.

Charons Fähre

Und er zu mir: „Die Dinge werden dir deutlich sein,
wenn wir unsere Schritte an dem traurigen Fluss
Acheron anhalten werden."
Dante Alighieri, *Die Hölle*, III, 76–78

Ja, und dann sitzt man in Charons Boot, den Obolus hat man abgegeben – aber über welchen Fluss wird man eigentlich übergesetzt? Die griechischen Dichter nennen ihn Acheron, bei den Römern und bei neueren Dichtern heißt er Styx – was ist nun richtig? Wo entspringt er, wo mündet er? Warum fließt er überhaupt unter der Erde? Für jemanden wie mich, der in einem Delta lebt, ist das schwer verständlich. Natürlich gibt es dort Grundwasser, aber das bildet keine schiffbaren Flüsse.

Fangen wir doch am Anfang an. Homer, acht Jahrhunderte vor unserer Zeitrechnung, erwähnt Charon nicht, sein Odysseus setzt auch nicht über, sondern kommt von See her: „Dort wo zum Ácheron der Pyriphlégeton und der Kokytos / Strömen, welcher ein Abfluss ist des stygischen Wassers, / Ist ein Fels, wo die beiden brausenden Ströme sich einen" (*Odyssee*, X, 513–515). Dass der Kokytos ein Nebenfluss sowohl des Acheron als auch des Styx sein soll, leuchtet nicht unmittelbar ein, aber der Acheron ist eindeutig der Hauptfluss.

Auch die beiden maßgebenden griechischen Geschichtsschreiber Herodot und Thukydides aus dem 5. Jahrhundert vor unserer Zeitrechnung, im Grunde die ersten wirklichen Historiker der westlichen Kultur, erwähnen den Acheron, und zwar nicht in einem mythologischen Kontext, sondern in ‚Tatsachenberichten', in denen die Landschaft Thesprotia in der Region Epirus an der Westküste des griechischen Festlandes vorkommt. Von Charon ist darin nicht die Rede, dennoch besteht eine gedankliche Verbindung zum Tod: Herodot erwähnt die Befragung des Nekromanteion, eines Totenorakels im Tal des Flusses Acheron. Wie wir sehen werden, sind Überreste der Kultstätte vielleicht noch heute dort zu finden. Dass es tatsächlich einen Fluss Acheron gibt, hat Karl Ernst von Baer der Einfachheit halber übersehen, aber schließlich kann man auch nicht überall gewesen sein.

In Aristophanes' Komödie *Die Frösche* aus dem Jahr 405 vor unserer Zeitrechnung tritt Charon in einer komischen Szene als Fährmann auf, von dem sich Dionysos über den Acheron bringen lässt. Dionysos will in die Unterwelt hinab-

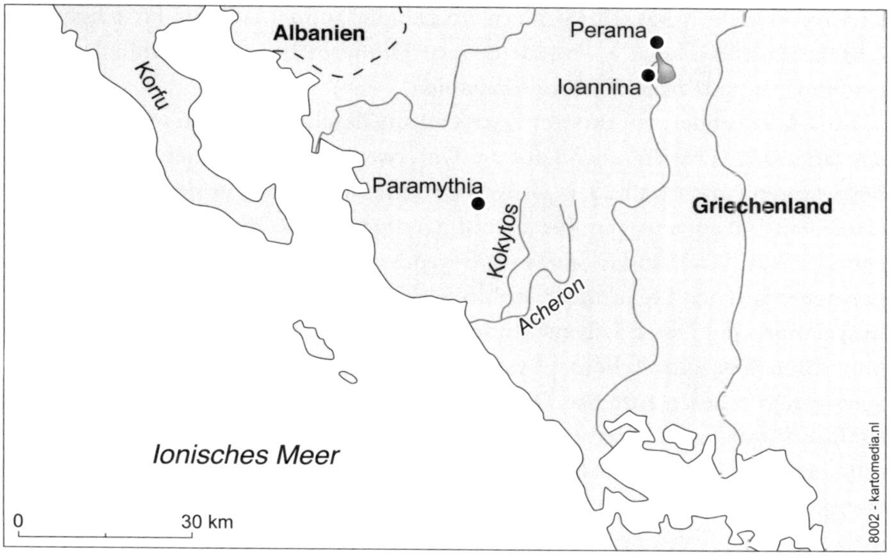

Acheron und Kokytos in Epirus, Westgriechenland

steigen, um den im Jahr 406 verstorbenen Dramatiker Euripides zurückzuholen, und fragt seinen Bruder Herakles, der schon dort war, nach dem Weg. Herakles rät Dionysos, sich umzubringen, weil er dann ja von selbst in die Unterwelt komme. Doch das ist nicht in Dionysos' Sinn. Er will den gleichen Weg gehen wie einst Herakles. Das sei eine weite Fahrt, entgegnet der. „Da kommst du gleich zu einem großen See, / Entsetzlich tief." Auf die Frage, wie der zu überqueren sei, antwortet Herakles: „In einem winz'gen Kahne setzt dich über / Der alte Fährmann für zwei Obolen!" Dionysos werde Schlangen und unzählige scheußliche Ungeheuer sehen, dann Moor, Sumpf und Menschenkot, in denen sich Frevler wälzen müssen.

Dionysos lässt sich nicht abschrecken und begibt sich mit seinem Diener Xanthias in die Unterwelt. Die beiden erreichen den See und begrüßen Charon, der gerade mit seinem Nachen anlegt.

> Charon: Wer will zur Ruhe nach des Lebens Müh'n,
> Zum Lethe, ins Schlaraffenland, zum Geier,
> Zum Tainaron, ins Land der Kerberer?
> Dionysos: Ich!
> Charon: Schnell herein!
> Dionysos: Wo fahren wir denn hin? Zum Geier? Wirklich?
> Charon: Ja, weil du es bist! Steig ein!
> Aristophanes, *Die Frösche*, 1. Szene

Charon lässt Dionysos selbst rudern, im Takt des immer lauteren Froschgesangs („Brekekex, koax, koax“). Trotzdem muss Dionysos bei der Ankunft das Fährgeld in Höhe von zwei Obolussen bezahlen.

Im 4. Jahrhundert vor unserer Zeitrechnung beschreibt Platon im Dialog *Phaidon* ein wenig verworren den Lauf der Unterweltflüsse. Er ordnet sie nicht einer bestimmten Landschaft zu, in einigen Einzelheiten scheint er sich aber sicher zu sein. Dem Okeanos „gegenüber strömt in entgegengesetzter Richtung der Acheron, der erst durch andere einsame Gegenden zieht, dann aber unterirdisch in den acherusischen See mündet, wohin auch die Seelen der meisten Gestorbenen hingelangen [...] Deren Lebenswandel als mittelmäßig befunden wird, die nehmen ihren Weg zum Acheron, besteigen die Schiffe, die für sie bereit sind, und gelangen mit diesen zum See. Dort wohnen sie, und wenn sie sich gereinigt und für ihre Sünden gebüßt haben, werden sie erlöst“ (*Phaidon*, 61). Styx und Kokytos scheinen Namen für denselben Fluss an unterschiedlichen Abschnitten zu sein, er ergießt sich in den Tartaros. Das tut auch der siedend heiße Pyriphlegethon, der dem Fluss Styx oder Kokytos entgegenströmt. Den Fährmann Charon erwähnt Platon nicht.

Auch für griechische Autoren der römischen Zeit bleibt der Acheron der wichtigste Unterweltstrom. Im 2. Jahrhundert sagt Pausanias in seinem unschätzbaren Werk *Reisen in Griechenland*, gern auch als „erster Baedeker“ bezeichnet:

> Im Thesproterlande gibt es auch andere Sehenswürdigkeiten, ein Heiligtum des Zeus in Dodona und die heilige Eiche des Gottes dort. Bei Kichyros liegt der sogenannte Acherousische See und der Fluss Acheron. Es fließt dort der Kokytos, ein ganz und gar unangenehmes Gewässer. Homer scheint mir dies gesehen und es in anderen Gedichten gewagt zu haben, unter den Flüssen des Hades auch die Flussnamen der Thesproter einzutragen.
>
> Pausanias, *Reisen in Griechenland*, I, 17, 5

Für Pausanias ist der Fluss Acheron in Thesprotia identisch mit dem mythologischen Fluss gleichen Namens. In seinem Baedeker beschreibt er nämlich auch ein Bild des Künstlers Polygnotos, das Odysseus' Reise in die Unterwelt darstellt: „Wasser scheint einen Fluss darzustellen, den Acheron natürlich [...] Und ein Schiff befindet sich auf dem Fluss und der Fährmann an den Rudern“ (X, 28, 1); diesen Fährmann nennt er später Charon. Der Fluss, den man überqueren muss, um weiter in die Unterwelt vorzudringen, ist also in der Vorstellung der Griechen der Acheron.

Doch was ist dann der Styx? Er gibt nur einen einzigen modernen Fluss dieses Namens, laut Karte 300 Kilometer von Thesprotia entfernt in der Landschaft Achaia im Norden des Peloponnes (in der Antike noch zu Arkadien gezählt). Im 8. oder 7. Jahrhundert vor unserer Zeitrechnung erwähnt Hesiod in der *Theogonie*, diesem Mahlstrom von Göttergeschlechtern, das Wasser des Styx,

wie es eisig herabfließt vom unersteigbaren Felsen,
eidbekräftigend. Weit ist der Weg, den es unter der Erde
hinströmt vom heiligen Fluss durch schwarzes, nächtliches Dunkel,
als des Okeanos Arm. Ein Zehntel ist ihm beschieden,
alle neun anderen fallen, nachdem sie in silbernen Wirbeln
Erde umrundet und Rücken des breiten Meers, in die Salzflut.
Einzig die Styx entströmt dem Felsen [...]
Hesiod, *Theogonie*, 786–792.

Das Wasser des Styx stürzt also von einem Felsen, fließt teilweise unterirdisch und ergießt sich schließlich ins Meer. Unser Gewährsmann Herodot schreibt im 5. Jahrhundert:

> [...] in dieser Stadt [Nonakris], so erzählen die Arkader, fließt das Wasser der Styx. Tatsächlich findet man dort auch ein kleines Gewässer, das vom Felsen in eine Schlucht hinabtropft, die von einer Dornhecke umgeben ist. Nonakris, wo sich diese Quelle findet, ist eine Stadt in Arkadien und liegt in der Nähe von Pheneos.
> Herodot, *Historien*, VI, 74

Auch hier stimmt alles! Pheneos liegt etwa zehn Kilometer südöstlich des Flusses Styx. Vier Jahrhunderte später berichtet Strabon ganz ähnlich: „Bei Pheneos ist auch das sogenannte Styxwasser, eine als heilig betrachtete Tröpfelquelle mit tödlichem Wasser" (*Geographika*, VIII, 8, 4). Homer bezeichnet das Wasser des

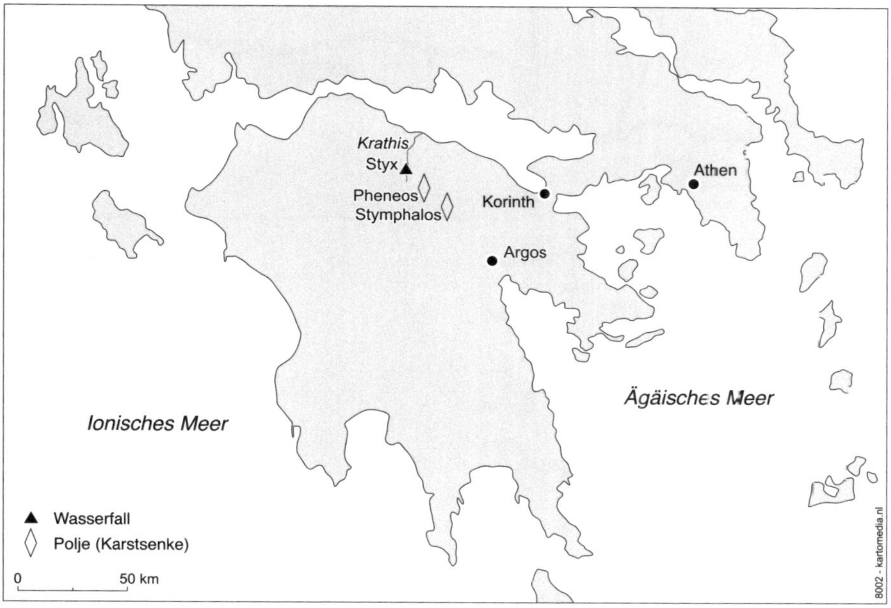

Peloponnes und Styx

Styx in *Ilias* und *Odyssee* als „stürzend", und noch etwa ein Jahrtausend später finden sich in Pausanias' Reiseführer ähnliche Formulierungen. Nicht ein einziger Grieche lässt Charon über den Styx fahren, was bei einem steil herabstürzenden Gewässer auch kaum möglich wäre; Charon steuert seinen Nachen über den Acheron. Beim Wasser des Styx wird geschworen, Achilleus wird darin gebadet, doch schiffbar ist der Fluss nicht.

Aber bei den römischen Autoren verschwimmen die Unterschiede zwischen den Flüssen, ihre Namen geraten allmählich durcheinander, und schuld daran scheint Vergil zu sein. Als die Sibylle Aeneas den Weg in die Unterwelt beschreibt, ist vom zweimaligen Durchschwimmen des „stygischen Sees" die Rede (VI, 134), doch als die beiden irgendwo am scharf dünstenden Avernus die Unterwelt betreten haben, führt der Weg zum Tartarosstrom Acheron, der dort aufbrandet und schließlich „allen Sand hinab zum Kokytus" speit (VI, 297) - obwohl der Kokytos in Wirklichkeit ein Nebenfluss des Acheron ist. Vollends verwirrend wird das Ganze, wenn die Sibylle erklärt: „Ringsum erblickst du den See des Kokytus, die stygischen Sümpfe" (VI, 322); schließlich, während sie und Aeneas sich

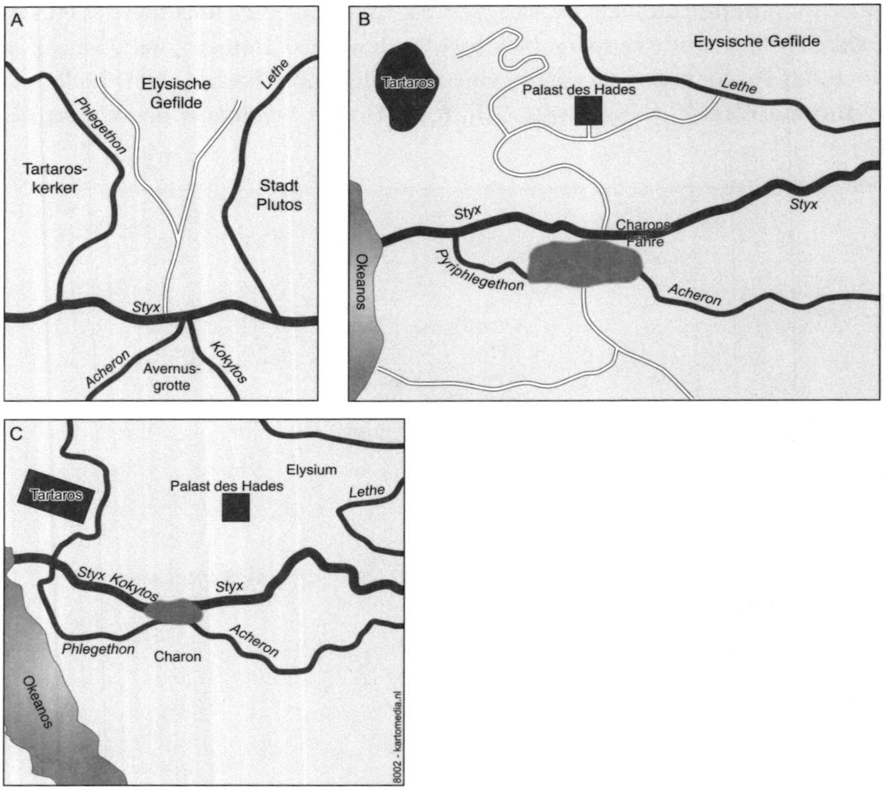

Drei Rekonstruktionen der unterirdischen Landschaft Vergils

„dem Flusse“ nähern, erblickt Charon sie von seinem Kahn „auf der stygischen Welle“ aus (VI, 384–385).

Kein Wunder, dass die Versuche moderner Autoren, Vergils unterirdische Flusslandschaft aus der *Aeneis* zu kartieren, von einiger Konfusion zeugen. Niemand wagt mehr anzugeben, in welcher Richtung die Flüsse fließen oder welcher Fluss ein Nebenfluss welches anderen ist; es gibt sogar eine Rekonstruktion, in der sich der Styx und der Pyriphlegethon kreuzen!

Auch bei anderen römischen Autoren gerät alles durcheinander. In den *Metamorphosen* des Vergil-Zeitgenossen Ovid ist der Styx kein steiler Wasserfall mehr, sondern ein träger, schwarzer, in Dunst gehüllter Strom, über den der Fährmann den verzweifelten Orpheus kein zweites Mal übersetzen will, nachdem er Eurydike beim ersten Versuch nicht retten konnte. In Senecas Tragödie *Hercules Furens* sind die Fluss-Rollen sogar vertauscht: Dort ist der Styx ein ruhiger Fluss, der Acheron dagegen ein wilder, tosender Strom, der Steine rollen lässt; Herakles überwältigt Charon, damit er ihn über den Styx setzt.

Es ist aber leicht zu verstehen, wie es zu dieser Verwirrung kommen konnte. Da Vergil, um der Erzählung willen, den Eingang zur Unterwelt nach Italien verlegt, in die Gegend des Lago d'Averno, wäre es inkonsequent gewesen, die Unterweltflüsse weiterhin in Griechenland zu belassen. So bleibt es zwar bei den griechischen Namen, sie stehen aber außerhalb ihres geographischen Zusammenhangs und sind allegorisch geworden.

Das hatte weitreichende Auswirkungen. Bei Plinius dem Älteren und auch bei Strabon erhält der heutige Lago di Fusaro bei Cuma den Namen des vom Acheron gebildeten Acherusischen Sees. Strabon sagt außerdem, der Sage nach hätten die geheimnisvollen Kimmerier am Lago d'Averno gelebt: das Volk, das laut Herodot die Krim bewohnte (wir erinnern uns, dass einige Forscher sogar die Bezeichnung dieser Halbinsel auf die Kimmerier zurückführen wollten). Die „Hin- und Herziehenden“ wären demnach mit nach Italien ausgewandert.

So ist auch zu erklären, dass noch im 19. Jahrhundert der neapolitanische Antiquar und Archäologe Andrea de Jorio auf einer Karte zu Aeneas' Abstieg in die Unterwelt den Gewässern rings um den Lago d'Averno griechische Namen gab: Nicht nur heißt der Lago Fusaro hier Acherusia Palus, also Acherusischer See, zwei Sümpfe in der Nähe werden Cocytus und Lethe genannt! Der Lago di Lucrino, zur Zeit Octavians und Agrippas durch den bekannten kleinen Tunnel mit dem Lago d'Averno verbunden, heißt hier Styx. Ich ahnte es doch, als ich den Tunnel unter Wasser stehen sah.

Wahrscheinlich hat Vergil sogar unseren erfahrenen Reiseführer Pausanias verwirrt, der zwei Jahrhunderte nach ihm lebte. In dessen *Reisen in Griechenland* heißt es nämlich, Orpheus habe nach Eurydikes Tod das Totenorakel *Aornos* in Thesprotia aufgesucht. Und Strabon behauptet: „Vier Stunden von dort [Myus] liegt das karische Dorf Thymbria, bei dem sich eine vogellose heilige Grotte, Charonion genannt, befindet, die tödliche Ausdünstungen enthält“ (*Geographika*,

Griechische Unterweltgewässer rings um den Lago d'Averno, Stich von Andrea de Jorio

XIV, 1, 12). Ein vogelloser Ort! Tödliche Dämpfe! Nur existieren solche Orte in Thesprotia nicht. Als vogellos, *aornos*, hat Vergil den Lago d'Averno bezeichnet. Thesprotia kann zwar mit einem Orakel aufwarten, dem erwähnten Nekromanteion, aber dort dünstet nichts aus. Weit und breit gibt es keinen Vulkan. So wurden also griechische Flüsse nach Italien verlegt und italienische vogellose Seen nach Griechenland.

Als „das Rad der Zeiten an tausend Jahre gelaufen" ist, genau genommen sogar erst nach gut dreizehn Jahrhunderten, bekommt Vergil eine zweite Chance: Als Führer Dantes durch die Hölle darf er erläutern, was es mit den unterirdischen Flüssen auf sich hat. Das beginnt mit einer allegorischen Erzählung über Gewässer, die im kretischen Idagebirge entspringen. Vergil erklärt dazu:

> Ihr Lauf kommt über die Felsen herab in dieses Tal;
> sie bilden Acheron, Styx und Phlegethon;
> dann fließen sie abwärts in dieser schmalen Rinne
> bis dort, wo es nicht weiter hinabgeht; sie bilden den Kokytos;
> und welcher Art dieser Pfuhl ist,
> das wirst du sehen [...]
> Dante Alighieri, *Die Hölle*, XIV, 115–120

Die drei genannten Flüsse kommen also aus dem Idamassiv, teilen sich, verschwinden irgendwo unter der Erde und vereinigen sich schließlich im Kokytos, der im untersten Teil der Hölle zu finden ist, wie wir noch sehen werden. Eine nicht einmal annähernd plausible Geschichte, möchte man einwenden, denn

Flüsse teilen und vereinigen sich nicht auf diese Weise; Übereinstimmungen mit der Darstellung der griechischen Autoren sind nicht mehr zu erkennen. Eigentlich beschämend für Dante, der doch das Verhalten von Flüssen kennt. Immerhin schreibt er im IX. Gesang: „Wie in Arles, wo die Rhône sich staut" (112), dürfte also wissen, dass sich die Rhône bei Arles deshalb in mehrere Arme teilt – der Anfang des Mündungsdeltas –, weil ihr Gefälle zu gering wird.

Die ganze Verwirrung geht wohl auf Vergils Konto. Er selbst ist dafür verantwortlich, dass der Name Styx heute fast gleichbedeutend mit „Unterwelt" ist: Der Acheron ist weit weniger bekannt.

*

Nun bleibt noch die Frage zu klären, ob Acheron und Styx auch tatsächlich unterirdisch fließen. Ich starre auf meine Karten, auf Satellitenbilder, finde aber keine Antwort. Also werde ich wohl selbst nachsehen müssen.

Charon ist ein braun gebrannter junger Mann. Er vermietet Schlauchboote, Wasserfahrzeuge mit festem Boden und wulstförmigem Rand, eine Art schwimmende Pizza mit Platz für etwa sechs Personen. *Acheron Rafting* heißt seine Firma, und am Ufer des Acheron warten in einer schier endlosen Schlange Touristen auf ihre Fahrt: eine halbe Stunde hilfloses Gepaddel stromabwärts bis zur Brücke, denn die Paddel können nur das Anstoßen ans Ufer verhindern – alles Übrige erledigt der Fluss selbst.

Dieser Abschnitt des Ufers wirkt leicht chaotisch, kreuz und quer sind Autos geparkt, möglichst unter einer der staubigen Platanen, damit sie auch bei der Rückkehr von der Raftingtour noch im Schatten stehen. Dazwischen drei Verkaufsstände: Erfrischungsgetränke, Schaschlik und Honig. Der Honigverkäufer bietet außerdem Bücher feil, ein Regalbrett voll. Bücher an diesem Ort! Es sind lokale Ausgaben eines einzigen Autors, Spýros Mouselímis. Auf dem spritzfleckigen Umschlag von *The ancient underworld and the oracle for Necromancy at Ephyra* ist der Name des Autors rührend hyperkorrekt ins Englische transkribiert: SRYROS MOYSELIMIS – das griechische Π ist unser P, das griechische P aber unser R, deshalb SRYROS; das OY ist auf etwas andere Weise falsch. Spýros Mouselímis selbst kann es nicht mehr gesehen haben, die englische Übersetzung ist erst 1989 erschienen, fünf Jahre nach seinem Tod. Er war ein historischer Autodidakt, das Büchlein ist eine Sammlung von Zeitungsartikeln, die er für verschiedene Lokalzeitungen geschrieben hatte. Ich mag solche Bücher sehr, sie enthalten in der Regel Details, die man nirgendwo sonst findet, und sie sind im Geist eines nicht unsympathischen Regionalpatriotismus geschrieben. Wie gern würde ich es gleich lesen. Aber zuerst möchte ich selbst auf den Fluss.

Das Gelände, auf dem Charon seine Boote vermietet, heißt übersetzt Quellen des Acheron, neben der Parkfläche gibt es einen Campingplatz, einen Ponyhof und ein Ausflugslokal *Paradeisiakós*. Die Quellen des Acheron liegen zwar gar nicht hier, sondern viel weiter stromaufwärts, aber der Name klingt gut, und schon etliche Kilometer entfernt locken die Wegweiser. An dieser Stelle kommt der Acheron aus einer tiefen Schlucht hervor und freut sich offenbar so über die wiedergewonnene Freiheit, dass er sich zur Küstenebene hin breit ausfächert.

Ich will aber nicht stromabwärts paddeln, ich will stromaufwärts in die Schlucht. Dort ist es noch am wahrscheinlichsten, dass der Acheron unterirdisch fließt und damit seinem Ruf als Unterweltfluss wenigstens ein kleines bisschen Ehre macht. Also frage ich Charon, ob er mich auch durch die Schlucht aufwärts oder von oberhalb der Schlucht abwärts fahren kann. Er lacht. Sechs Stunden würde es ihn kosten, das Boot an den Anfang der Schlucht zu transportieren, wenn ich von dort stromabwärts fahren wollte, und stromaufwärts gehe gar nichts, weil die Strömung viel zu stark sei. „Wenn du stromaufwärts willst, musst du durchs Wasser waten, und wo es zu tief wird, schwimmen."

Gut, dann eben waten und schwimmen, so leicht lasse ich mich nicht von meinem Plan abbringen. Die klammartige Schlucht flößt Respekt ein, links und rechts 50 Meter hohe, senkrechte Wände aus massivem, schneeweißem Jurakalk: die Pantokrator-Formation, verrät mir die geologische Karte. Über meinem Kopf hängen lose Felsbrocken, dünne Bäumchen klammern sich verzweifelt an die kleinsten Vorsprünge, und aus großen dunklen Rissen gurgelt Wasser in den Fluss. Mir fallen Dantes Worte ein:

> Das Bachbett und beiderseits die Böschung
> bestanden aus Stein, auch die Ränder daneben;
> daraus erkannte ich, dass dort der Weg war.
> Dante Alighieri, *Die Hölle*, XIV, 82–84

Aber tief ist das Wasser nicht, es reicht mir nur bis an die Knie. Und es ist kristallklar. Das Flussbett liegt voller Geröll, ich sehe flache Kalksteine, ebenso weiß wie die Wände, hier und da auch dunkelgrünen Flyschsandstein – aus dem Oberlauf. Kohlendioxidbläschen steigen zwischen den Steinen auf.

Ein abenteuerlustiges Paar aus Hamburg geht mit mir, sie stämmig und forsch, er hager und still, einen besorgten Ausdruck im beflaumten Gesicht; seine Hand umklammert einen Kunststoffbeutel mit einem winzigen Fotoapparat. Irgendwann wird das Wasser tiefer, die Felswände berühren sich nun fast, und der Fluss will trotzdem hindurch. Sie möchte weiter, schwimmt kräftig gegen den Strom durch den Spalt, das habe sie schon öfter gemacht, sagt sie. Er traut sich nicht, hat Angst um seinen Fotoapparat oder sich selbst. Auf den wenigen Vorsprüngen über dem Wasser versucht er das Ende der Engstelle zu erreichen, gibt aber auf, als die Wand keinen Halt mehr bietet. Also zurück, die Frau ist enttäuscht, der Mann erleichtert. Hauptsache wieder heil nach Hamburg.

Ich schwimme durch den Spalt, die Strömung ist stark, aber schon bald weitet sich die Schlucht, und ich kann wieder waten. Ein zweiter Schwimmabschnitt bei entrindeten Stämmen, die der Fluss irgendwann mit großer Kraft gegen einen herabgestürzten Felsbrocken geworfen hat. Doch der freie Blick in den Himmel

Die Tore des Hades: Der Acheron fließt von links unten nach rechts oben in die Schlucht; die Kreidekalkschichten fallen zum Betrachter hin ein, gegen die Fließrichtung.

ärgert mich, nicht ein einziges Mal vereinigen sich die steilen Wände über mir zu einem Felsdach. Und auch nirgendwo eine Spur von einer eingestürzten Decke, nichts hier erinnert an die Unterwelt, alles ist weiß und hell.

Dann ein Zusammenfluss, eine alte Steinbrücke neben der Ruine einer Wassermühle und so tiefe Strudellöcher im Kalk, dass ich den Fluss auf der Brücke überqueren muss. Weiter stromaufwärts geht der massive Kalk in feinschichtigen Kreidekalk mit schwarzen Feuersteinbänken über, die Vigla-Formation. Die Ufer sind bald weniger steil und mit Buchen und Platanen bewachsen, das Bett wird breiter, ist teilweise sogar lehmig. Jetzt kommt bestimmt kein unterirdischer Flussabschnitt mehr, bei dieser Art von Kalken ist das ausgeschlossen. Ich gehe noch bis zu einer großen Biegung weiter und kehre dann um. Kein Unterweltfluss, schade.

Vielleicht aber jenseits der Schlucht stromaufwärts? Waten ist nicht nötig, es gibt eine Straße, Wegweiser kündigen die *Gates of Hades* an. Nichts wie hin. Es ist schön dort, diesmal sind es Kreidekalksteine, die eine Schlucht bilden. Aber auch jetzt keine Spur von einem unterirdischen Fluss. Außerdem leuchtet es ohnehin nicht ein, dass gerade hier der Eingang zur Unterwelt sein soll – warum die Verstorbenen erst auf einem großen Umweg stromaufwärts bringen, um sie anschließend wieder stromabwärts zu verfrachten?

Einen kleinen Trost gibt es: Die Schichten neigen sich stromaufwärts. Es ist ein Detail, auf das nur wenige Nichtgeologen achten würden: In welche Richtung fallen geneigte Schichten ab, stromauf- oder stromabwärts? Wenn sie sich wie hier stromaufwärts neigen, bedeutet es, dass ich immer älteren Schichten begegnen werde, je weiter ich mich stromabwärts bewege. Ich befinde mich mitten in einer Synklinale, einer konkaven Struktur, dem nach unten gerichteten Teil einer durch seitlichen Druck entstandenen Falte oder Mulde mit dem jüngsten Gestein im Zentrum. Das Gegenteil sind Antiklinalen, durch Faltungen entstandene Aufwölbungen, konvexe Strukturen mit dem ältesten Gestein im Zentrum.

Die Abbildung ist ein Querschnitt durch jene Bergkette, durch die auch der Acheron fließt, nur etwas weiter nördlich nahe der Ortschaft Paramythia. In der Mitte ist die Botsárasynklinale, links und rechts sind kleine Antiklinalen zu

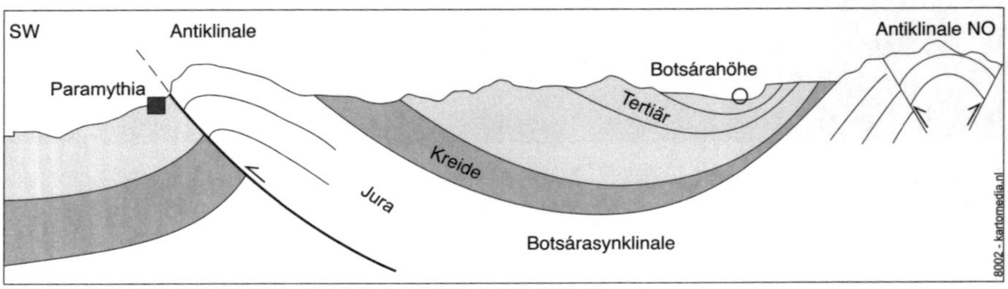

Geologisches Profil des Gebiets nördlich des Acheron bei Paramythia, Thesprotia

Der Glykýs Limén (Süßer Hafen), rechts die Mündung des Acheron. Kein See zu sehen, aber Homers Beschreibung des Lästrygonenhafens könnte auch auf diese Bucht passen.

sehen. Die Kreidekalke und jüngere Schichten sind in der Zeichnung dunkel- und hellgrau, die älteren Jurakalke weiß. Wenn man sich den Anfang der Schlucht nahe dem Zentrum der Botsárasynklinale vorstellt, bei der Botsárahöhe, und sich nach links in südwestlicher Richtung bewegt, das heißt stromabwärts, begegnet man immer älteren Schichten. In diesem Sinne gelangt man sozusagen immer tiefer in die Erdkruste, tiefer in die Unterwelt. Der Fluss will zwar nicht unterirdisch fließen, dennoch strömt er von den Toren des Hades an tiefer in die Erdkruste – dank der Plattentektonik, die zu der Auffaltung geführt hat.

Ich muss auch zur Mündung des Acheron, denn bei Homer erreicht Odysseus den Acheron vom Okeanos her, vom Meer. Doch der Historiker Thukydides berichtet im 5. Jahrhundert vor unserer Zeitrechnung, dass der Acheron gar nicht direkt, sondern über einen See, den Acherusischen, ins Meer abfließt: „[...] in der thesprotischen Elaiatis liegt die Stadt Ephyre; daneben ergießt sich der Acherusische See ins Meer; in diesen mündet, durch Thesprotien fließend, der Acheron, nach dem er auch seinen Namen hat.“ Platon und viel später Strabon, Plinius und Pausanias erwähnen ebenfalls den See. Vielleicht war es ja so, dass man von Charon über diesen See gefahren werden musste, bevor man zum Acheron kam. Das wäre auch plausibler als das Übergesetztwerden über einen Fluss, den man einfach durchwaten und auf dem man allenfalls auf- oder abwärts fahren kann. Wie verhält es sich nun wirklich?

Diesmal fahre ich von dort, wo der Fluss die Schlucht verlässt – bei *Acheron Rafting* –, stromabwärts durch eine weite Niederung und erreiche schließlich eine runde Bucht, genannt Glykýs Limén, Süßer Hafen. Merkwürdig, ich habe keinen See gesehen, und die antiken Autoren kannten doch durchaus den Unterschied zwischen einem Süßwassersee und einer Meeresbucht. Der Acheron mündet an der Südseite der Bucht direkt ins Meer, entlang einer Pier aus großen unbehauenen Kalksteinblöcken.

Am schmalen Strand des Küstenortes Ammoudia stehen Dutzende von Wohnwagen und Wohnmobilen aus ganz Europa. Die Saison ist vorbei, hauptsächlich Rentner überwintern hier in ihren transportablen Heimen. Die Hotels sind leer, die Boote am Ufer des Acheron warten vergeblich auf Fahrgäste. Was wird hier eigentlich angeboten? *Boat trip to Gates of Hades*. Wieder ein Rätsel. Bei den Toren des Hades bin ich doch eben erst gewesen, weit stromaufwärts, dort kommt man mit dem Boot gar nicht hin, wie mir der gebräunte Charon versichert hat. Wohin also fahren diese Boote? Ein anderer Charon, mit weißer Basketballmütze und rotkariertem Hemd, zeigt in Richtung offene See: Die annähernd kreisförmige Bucht ist halb von zwei felsigen Landzungen umschlossen, die nur eine relativ schmale Öffnung zum Meer lassen. Das sind die Tore des Hades, sagt Charon. Hat Homer mit dem schroffen Felsen, der ringsum den Hafen umgibt, diese Landzungen gemeint? Ist der Acherusische See also bloße Fiktion? Aber jemand wie Thukydides saugt sich seine Beschreibungen doch wohl kaum aus den Fingern!

Der amerikanische Geograph Mark Besonen von der University of Minnesota hat genau diesem Problem seine Dissertation gewidmet. Er hat alle antiken Quellen studiert, dazu eine Vielzahl von alten Karten; vor allem aber hat er achtundzwanzig Bohrungen in der Acheron-Niederung ausgeführt, Muscheln, Pollen und andere Mikrofossilien gezählt, Altersbestimmungen mit der Radiokarbonmethode vorgenommen und seine Ergebnisse in acht paläogeographischen Karten festgehalten.

Besonen nimmt an, dass der Acherusische See noch nicht existiert habe, als Homer Odysseus an Land gehen ließ, denn Homer erwähne den See nicht. Nun ist das Fehlen von Evidenz bekanntlich noch keine negative Evidenz; Besonen balanciert also ebenso auf der Grenze zwischen Mythos und Wissenschaft wie ich. Er stellt zunächst fest, dass der Glykýs Limén früher viel größer gewesen sein muss; das lässt auch die Landschaft erkennen, denn landeinwärts liegt eine Gruppe wunderbar konzentrischer, kreissegmentförmiger Strandwälle, die genau dem Umriss der heutigen Bucht folgen. Je weiter landeinwärts der Strandwall, desto größer und älter ist er, und so können wir anhand der Konturen gut rekonstruieren, dass die Bucht im Lauf der Zeit allmählich kleiner geworden ist. Das Strandwallgebiet ist überall sumpfig, aber weit vom jetzigen Acheronlauf entfernt und insofern kein überzeugender Kandidat für den Titel Acherusischer See. Besonen führt auch historische Argumente an: Mindestens dreimal diente die Bucht als Nothafen für eine Kriegsflotte aus Hunderten von Schiffen; die heutige kleine Bucht hätte so viele sicher nicht aufnehmen können, sie müsse also größer gewesen sein. Mir kommen allerdings Zweifel an diesem Argument, wenn ich sehe, wie vielen Hundert Wohnmobilen die Ufer Platz bieten.

Wie man an den parallel zum Ufer verlaufenden Strandwällen sieht, muss die Glykýs-Limén-Bucht einmal viel größer gewesen und dann verschlammt sein.

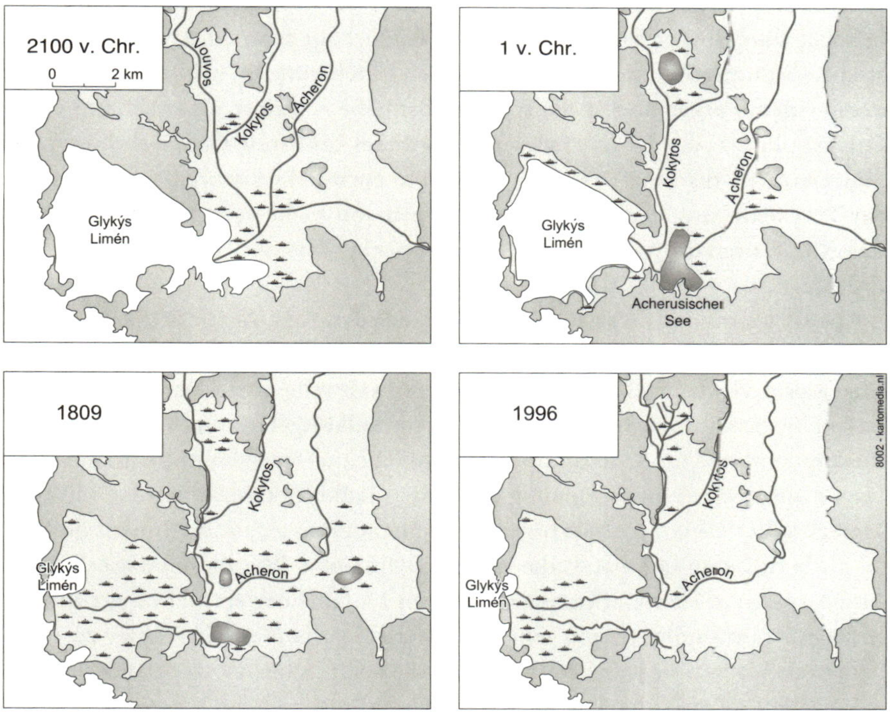

Vier Abschnitte in der Geschichte des Acherusischen Sees

Der Acherusische See habe aber wirklich existiert, schreibt Besonen, und die Ursache für sein Verschwinden sei höchst prosaischer Art: Trockenlegung der letzten sumpfigen Überreste für landwirtschaftliche Zwecke, und zwar während des Ersten Weltkriegs. Nach Besonens Rekonstruktion mündete der Acheron vor vier Jahrtausenden zunächst direkt in die Bucht, die wesentlich größer als heute war. Das Delta des Acheron lag sechs Kilometer östlich der heutigen Küste in der Niederung, an einer Verengung zwischen den Dörfern Tsouknída und Mesopotamon. Später, nach Homers Zeit, aber vor Thukydides, also zwischen dem 8. und dem 5. Jahrhundert vor unserer Zeitrechnung, verschloss sich die Verengung, und durch Aufstauung entstand der Acherusische See. Wegen der ständigen Zufuhr von Schlamm wurde der See immer flacher, und auch die Bucht wurde allmählich aufgefüllt. Dennoch war man mindestens bis zum Mittelalter auf Charons Dienste angewiesen, wollte man über den See den Acheron erreichen.

Es ist wie beim Lago d'Averno: Vier Jahrtausende sind eine lange Zeit, in der sich eine Landschaft dramatisch verändern kann. Ohne die geologische Geschichte lässt sich auch die Geschichte der Menschen und ihrer Vorstellungen nicht rekonstruieren.

*

In dem bespritzten Büchlein vom Honigstand bei *Acheron Rafting* berichtet der unschätzbare Spýros Mouselímis, im Frühjahr habe man einst in den Acherusischen Sümpfen ein unterirdisches Brüllen hören können, wie von einem Stier, der in einem Kerker eingesperrt sei. Er selbst habe es gehört, als er Lehrer in dem Ort Tsouknída war. Es sei erwiesen, dass dieses brüllende Geräusch durch das Fließen unterirdischen Wassers hervorgerufen worden sei, schreibt er, doch nach der Trockenlegung der Sümpfe habe es niemand mehr gehört. Jedenfalls habe dieses Geräusch die Menschen glauben gemacht, dass der Hades hier unter der Erde liege.

Spýros Mouselímis war auch derjenige, der den Anstoß zur Entdeckung des Orakels von Nekromanteion oder Nekyomanteion gegeben hat, des Aornos von Thesprotia. Noch ein *Gate of Hades*, die Unterwelt scheint ein Dachsbau zu sein. Es ist eine beeindruckende Anlage auf einem Kalkhügel inmitten der Ebene, am Zusammenfluss von Acheron und Kokytos. Die meterdicken Außenmauern bestehen aus riesigen, unregelmäßig geformten Kalkblöcken; sie wurden mit dem Meißel so bearbeitet, dass sie fugenlos aneinanderpassen, und erinnern deshalb an die berühmten Inkabauwerke von Sacsayhuamán. Wie alles in dieser Region ist die Anlage heute vor allem eine Ruine; im 17. Jahrhundert hielten es Christen leider für notwendig, sie mit einem Kloster für Johannes den Täufer zu überbauen, als wollten sie jede Erinnerung an die heidnischen Götter auslöschen.

Vor den 1950er-Jahren wusste niemand, was unterhalb des Klosters lag. Jahrelang hatte Spýros das Gelände erkundet und davon geträumt, hier Ausgrabungen durchzuführen; er vermutete unter dem Kloster ein Königsgrab, wandte sich an eine ganze Reihe von Archäologen und konnte 1958 endlich Sotiros Dákaris, Professor für Archäologie an der Universität von Ioannina, für seine Ideen gewinnen. Was Dákaris dann ausgrub, war sensationell: Statt eines Königsgrabes entdeckte er eine Orakelstätte. Dazu gehörte ein Kultsaal, in dem wahrscheinlich das Orakel selbst wohnte; in sechs angrenzenden Kammern standen große Tongefäße mit Weizen, Gerste, Kichererbsen, Honig, Tonstatuetten, Steinhauerwerkzeug, Eisenbröckchen, die als Münzen dienten, Öllämpchen und Kreidestücken. All dies war erhalten geblieben, als die Kultstätte von Römern in Brand gesteckt wurde und einstürzte. Außerdem gab es Eisenwerkzeug, Nägel, einen Marmorsockel, einen kleinen Kupfertopf, zwei Feuersteinknollen, die von feindlichen Katapulten verschossen worden waren, Speere und viele Teller und Krüge. In zwei Kammern fand sich eine große Menge „verbrannter Schwefel", in einer anderen ein Stück reiner Schwefel. Vielleicht hatte ja Schwefel hier Vögel tot vom Himmel fallen lassen.

Doch die größte Entdeckung machten die Ausgräber in einer tieferen Schicht: ein in den Fels gehauenes, völlig intaktes Gewölbe, das sie „Haus des Hades" tauften. Es scheint mir aus dem Kalkstein zu bestehen, aus dem auch die Orakelstätte errichtet wurde; demnach hätte das Gewölbe als unterirdischer Steinbruch gedient. Dákaris' Deutungen sind unter heutigen Wissenschaftlern umstritten; böse Zungen behaupten, bei dem Gewölbe handle es sich um eine Zisterne und bei der angeblichen Orakelstätte in Wirklichkeit um das Hauptgebäude eines befestigten Landgutes aus dem 3. Jahrhundert vor unserer Zeitrechnung, zu jung

Das unterirdische Gewölbe des Nekromanteion

also, um als Orakel für Odysseus infrage zu kommen – aber möchte man diesen Einwänden Glauben schenken?

Wie es den oberirdisch fließenden Acheron und den Acherusischen See in die Unterwelt verschlagen hat, wissen wir also immer noch nicht.

*

Wir lassen die Frage auch noch eine Weile offen, denn zuerst möchte ich zum Styx, vielleicht werden wir dann schlauer. Auf nach Arkadien also. Und dort zeigt sich, dass der Fluss Styx – wie der Acheron – den Menschen von heute keine Furcht mehr einflößt. Im Gegenteil, das bergige Gebiet ist bei griechischen Wintersportlern sehr beliebt, und der höchste Punkt der Skipiste heißt Stygós. Ski fahren auf dem Styx! Darauf wäre ich nicht gekommen. Jetzt, im September, liegt allerdings noch kein Schnee. Ich folge einem ordentlich angelegten Wanderweg, der Tessera Elata, zu den Ydata Stygós, den Wassern des Styx. Der Weg ist mit roten, gelben und weißen Farbstrichen markiert, man kann sich seine Lieblingstrauerfarbe aussuchen. Er beginnt auf 1000 Metern Höhe bei dem Dorf Mesorougi, doch bevor man das erreicht, muss man neun Haarnadelkurven nehmen – Hesiods neun Gewässer fallen mir ein, die in Wirbeln die Erde umrunden.

Unterwegs achte ich auf die verschiedenen Gesteinsarten. Am Anfang sind es Phyllite, schieferartige Gesteine mit schönem Seidenglanz, die im Sonnenlicht funkeln. Sie bilden das undurchlässige Grundgebirge des Peloponnes. Wasser läuft in Rinnsalen aus einem Walnussbaumgarten über den Weg. Dann folgt ab etwa 1300 Metern Höhe Kalk, von Wasser ist nichts mehr zu sehen. Ich schaue nach oben und sehe die Ehrfurcht gebietende, wie mit einem Messer abgeschnittene Steilwand des Massivs, das Aroania oder Chelmos genannt wird – 1000 Meter horizontal geschichteter, weißer Kreidekalk. Ich bin noch lange nicht am Ziel. Der Weg führt steil aufwärts, teils durch Wald, teils wieder durch trockene Schluchten, die in den Kalk eingeschnitten sind: drei, die meine Karte als Tabouri bezeichnet, und es gibt noch mehr davon. Es sind tiefe Klüfte, auf deren Grund man große Kalkblöcke und Kalkgrus sieht. Aber kein Wasser, nicht einen Tropfen; alles ist trocken wie Zunder. Wie können hier die Wasser des Styx sein, frage ich mich. Weiter geht es, der Weg ist teilweise so schmal, dass man sich an einem im Fels verankerten Drahtseil festhalten muss. Unten liegen riesige Schuttkegel mit haushohen Blöcken darin, irgendwann müssen an den instabilen Wänden gewaltige Steinmassen abgerutscht sein. An manchen Stellen gibt es noch ein wenig Grün, und im Talgrund erkenne ich Strudellöcher, die von fließendem Wasser in den Stein geschliffen wurden, aber jetzt ist alles völlig trocken. Allmählich zweifle ich am Sinn meines Vorhabens.

Und plötzlich, als ich auf etwa 1700 Metern Höhe zu einer Biegung komme, sehe ich ihn: einen wunderschönen Wasserfall von einem hohen Kamm, die Tropfen funkeln silbern im späten Sonnenlicht. Doch das bisschen Wasser zerstäubt, bevor es den Boden erreicht – viel zu wenig, um einen Menschen einzutauchen, wie Thetis es mit ihrem Sohn Achilleus getan haben soll, um ihn unverwundbar zu machen, wobei sie ihn an der Ferse festhielt; es hätte nicht einmal für die Ferse allein gereicht.

Außerdem ist das Wasser nicht schwarz, sondern kristallklar, es hinterlässt lediglich ein senkrechtes dunkles Band aus Feuchtigkeit und Moos auf den waagerechten weißen Kalkschichten. Nur deshalb heißt der Berg Mavroneri, Schwarzwasser. Parallel zu der schwarzen Spur verläuft eine weitere, rötliche, wahrscheinlich stürzte das Wasser früher dort hinab oder tut es noch heute im Winter, wenn es mehr Niederschläge gibt.

Ein erstaunliches Phänomen, dieser Wasserfall. Das Wasser stürzt sich einfach vom Rand in die Tiefe, obwohl gleich nebenan ein trockener Einschnitt liegt, den der Fluss jedoch verschmäht. Und er ist offenbar so jung, dass er noch keine eigene Schlucht hat auswaschen können. Was aber vor allem erstaunt, ist seine bloße Existenz, die Tatsache, dass es in diesem staubtrockenen Gebiet, in dem jeder Regenschauer sofort in den Spalten des porösen Kalks verschwindet, überhaupt einen Wasserfall gibt. Vielleicht war es dieses Rätsel, dem der Fluss Styx seine besondere Bedeutung in der Mythologie verdankt.

Plötzlich wird mir klar, wie wunderbar zutreffend die alten Beschreibungen von Hesiod, Herodot und Pausanias sind. Und natürlich ist der Fluss Styx nicht befahrbar. Charon hat hier nichts zu suchen. Je länger ich den Wasserfall betrachte, desto seltsamer kommt es mir vor, dass ausgerechnet dieser Wasserlauf, das einzige oberirdische Gewässer weit und breit, in der Mythologie zu dem Unterweltfluss schlechthin werden konnte.

Wusste man in der Antike denn nichts von wirklichen unterirdischen Flüssen? Aber sicher wusste man davon. Fünf Kilometer südwestlich vom Styx-Wasserfall liegt eine Höhle, die Spílaio ton Limnón (Seenhöhle), die schon in der Steinzeit bewohnt war. Vorfahren der Hellenen nutzten sie als Vorratskammer, und man hat in ihr gut dreißig verschiedene Arten von Vasen gefunden, außerdem Werkzeuge – und die Skelette von dreizehn Mädchen.

Die Spílaio ton Limnón ist eine sehr hohe Tropfsteinhöhle in steilen Kalkschichten, mit fantastischen Stalaktiten und Sinterleisten, -fahnen und -vorhängen an der Decke und grotesken, riesenhaften Stalagmiten auf dem Boden. Die Höhle hat die Form eines unterirdischen Flusslaufs, und das ist sie ursprünglich auch gewesen. Heute steht sie mit den vorhandenen Wasserläufen nicht mehr in Verbindung, sie liegt 80 Meter unter der Erdoberfläche, aber im Winter steht der größte Teil unter Wasser und ist befahrbar. Die alten Griechen kannten vermutlich nur den ersten Abschnitt, der Rest wurde erst im 20. Jahrhundert entdeckt.

Diese Höhle ist aber nicht die einzige ihrer Art in Griechenland, es gibt noch Dutzende weitere, und alle sind alte Flussläufe; bei einigen liegen sogar mehrere Etagen übereinander, oder sie haben mehrere Seitenäste. Wie Anna Petrocheilou in ihrem Buch *Die Höhlen Griechenlands* berichtet, hat die Griechische Speläologische Gesellschaft mehr als siebentausend Höhlen untersucht. Und natürlich

Der wirkliche Fluss Styx

Charon setzt über den Styx, Gemälde von Joachim Patenier, um 1520

kannten auch die alten Griechen unterirdische Flussläufe, in ihren Mythen kommen ja zahllose Höhlen vor.

Außerdem beschreibt schon Herodot, wie ein Fluss in der Erde verschwindet und anderswo wieder zum Vorschein kommt: „[der] Erasinos [...], der aus dem Stymphalischen See fließen soll – dieser See ergießt sich angeblich in eine unter-

Auf dem unterirdischen Fluss in der Spílaio ton Limnòn (Seenhöhle), 5 km vom Styx entfernt

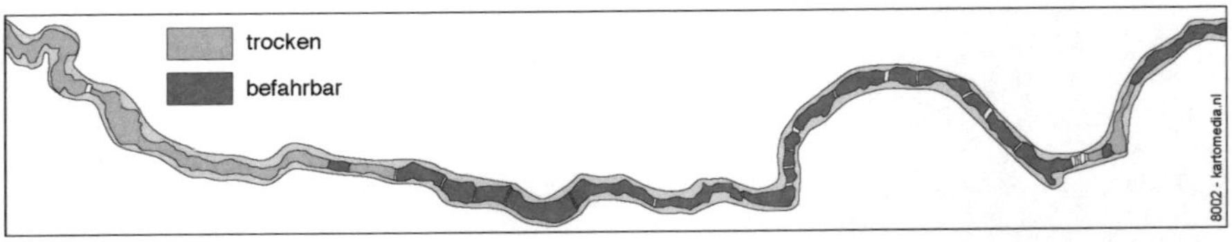

Der Verlauf der Seenhöhle: eindeutig ein unterirdischer Flusslauf

irdische Schlucht und tritt in Argos wieder ans Tageslicht; von dort an nennen die Argeier das Gewässer Erasinos" (*Historien*, VI, 76). Ovid, Strabon und Pausanias erwähnen denselben, auch Stymphalos genannten See. Dass daraus das Wasser des Erasinos stammt, habe man wohl festgestellt, als man schwimmfähige Gegenstände in den See warf, vermutete im 19. Jahrhundert der Entdeckungsreisende William Martin Leake: Die Griechen warfen gern Honigkuchen, Kränze, menschliches Haar und anderes als Opfergaben für die Wassergötter in Seen und Flüsse, und diese Dinge kamen vielleicht im Erasinos, 40 Kilometer weiter südlich, wieder zum Vorschein. Leakes Zeitgenossen versuchten es mit Kiefernzapfen, die sie dann ebenfalls im Erasinos treibend wiederfanden.

*

Weitere neun Haarnadelkurven und vier Bergpässe später erreiche ich mein nächstes Ziel. Das steile, steinige Flusstal mit mageren Bäumchen erweitert sich allmählich und geht dann in die heute Stymfalia genannte Hochebene mit ihren ordentlichen, rechteckigen Maisäckern über. Finde ich wirklich hier, was ich suche?, frage ich mich, denn durch eine trockene Senke bin ich schon einmal gekommen, soeben bei Pheneos. Aber in der Mitte der Ebene gibt es tatsächlich noch ein stehendes Gewässer, einen kleinen, flachen, von Schilf gesäumten See. Man sieht ihm nicht an, welch wichtige Rolle er im Mythos spielte. Hier lebten nämlich die Stymphalischen Vögel, schreckliche, menschenfressende Vogelungeheuer mit bronzenen Schnäbeln, Klauen und Flügeln, gegen die selbst Helme und Rüstungen keinen Schutz boten. Glücklicherweise wurden sie von Herakles vertrieben oder ausgerottet – es war eine seiner zwölf „Arbeiten". Heute ist Stymfalia ein Naturschutzgebiet, Teil des Natura-2000-Netzes der EU, und weiter oben am Hang steht ein großartiges, modernes „Umweltmuseum". Durch das fest installierte Fernglas auf der Terrasse halte ich Ausschau nach Stymphalischen Vögeln, kann aber keinen einzigen entdecken. Auch andere Vögel nicht. Herakles hat gründlich gearbeitet, vielleicht allzu gründlich.

Lange nach Herakles' Heldentat hat Kaiser Hadrian ein Aquädukt vom Stymphalischen See nach Korinth zur Bewässerung der küstennahen Felder errichten lassen, über eine Entfernung von 70 Kilometern also – auch das ein besonderes Kunststück. Überreste des Aquädukts sind hier und da noch sichtbar.

Aber wegen all dieser Dinge bin ich ja nicht gekommen. Ich wollte sehen, was es mit dem unterirdischen Fluss auf sich hat. Denn irgendwo hier muss es eine

Das Stymphalische Schluckloch

Stelle geben, an der das Wasser in der Erde verschwindet, wie Herodot und nach ihm noch viele andere antike Autoren es beschreiben: *Katavothra* nennt man ein solches Loch im Griechischen; der wissenschaftliche Ausdruck lautet Ponor, der gebräuchlichste deutsche Schluckloch. Es handelt sich um eine Öffnung, durch die ein Fluss oder ein stehendes Gewässer teilweise oder ganz in einen unterirdischen Hohlraum ab- und dort weiterfließt; es kann dann anderswo wieder an die Oberfläche kommen, in diesem Fall mehr als 40 Kilometer weiter südlich. Und nichts erscheint mir plausibler, als dass die Unterwelt an einem Schluckloch beginnt.

Das Stymphalische Schluckloch ist berühmt. Strabon zufolge wollte der athenische Feldherr Iphikrates es im 4. Jahrhundert vor unserer Zeitrechnung mit einer großen Menge von Schwämmen verstopfen lassen, damit der See über die Ufer trat und die Stadt Stymphalos überflutete; auf diese Weise wollte Iphikrates ihre Übergabe erzwingen. Erst auf Zeus' Warnung hin sah er davon ab. Und Pausanias erzählt, dass einmal ein Baumstamm in dem Ponor stecken geblieben sei, das Wasser deshalb nicht mehr abfließen konnte und der Seespiegel stark anstieg. In diesem Augenblick – glaubt jedenfalls die amerikanische „Hydromythologin" Cindy Clendenon, Pausanias lässt das offen – in diesem Augenblick also verfolgte ein Jäger vor dem Ponor einen Hirsch bis in den See. Doch inzwischen war der Baumstamm wieder in Bewegung gekommen, das Wasser konnte plötzlich abfließen, es entstand ein gewaltiger Sog, ein Strudel, der Hirsch und Jäger in das Schluckloch riss, in die Unterwelt.

Genau diesen Ponor wollte ich sehen. Und da haben wir ihn. An der südöstlichen Seite des Sees bildet der Kalk einen halbrunden, steilen Rand, ein stilles Gewässer fließt darauf zu und verschwindet in einer Öffnung, die das Schluckloch sein soll. Der eigentliche Ponor ist allerdings hinter einem Gitter verborgen, dessen sehr eng stehende, schlanke Stäbe an die Barten eines Wals erinnern. Wenigstens kann so niemand mehr in die Unterwelt gesaugt werden.

*

Unterirdische Flüsse sind eigentlich nichts Besonderes, man findet sie weltweit, wo es Kalke gibt, manchmal auch in Gips, in Salz, sogar in Eis. Ein kleines bisschen Chemie, um das zu erklären – ja, da müssen wir durch, schließlich geht es hier um den Kohlenstoffzyklus, ein Thema, das in diesem Buch immer wieder an die Oberfläche kommt wie in Wasser aufsteigende Bläschen. Kalkstein besteht überwiegend aus Calciumcarbonat, $CaCO_3$, umgangssprachlich auch kohlensaurer Kalk genannt. Im Gegensatz zu den meisten anderen Gesteinen löst sich Kalkstein relativ leicht in Wasser. Nicht ganz so leicht in reinem Wasser, wohl aber in Regenwasser. Regenwasser enthält nämlich immer ein wenig CO_2, das es in der Atmosphäre aufgenommen hat. Es macht das Wasser etwas sauer – daher auch die gängige, aber ungenaue Bezeichnung Kohlensäure für Kohlendioxid. Wasser ist H_2O, zwei Wasserstoffatome und ein Sauerstoffatom. Ein CO_2-Mole-

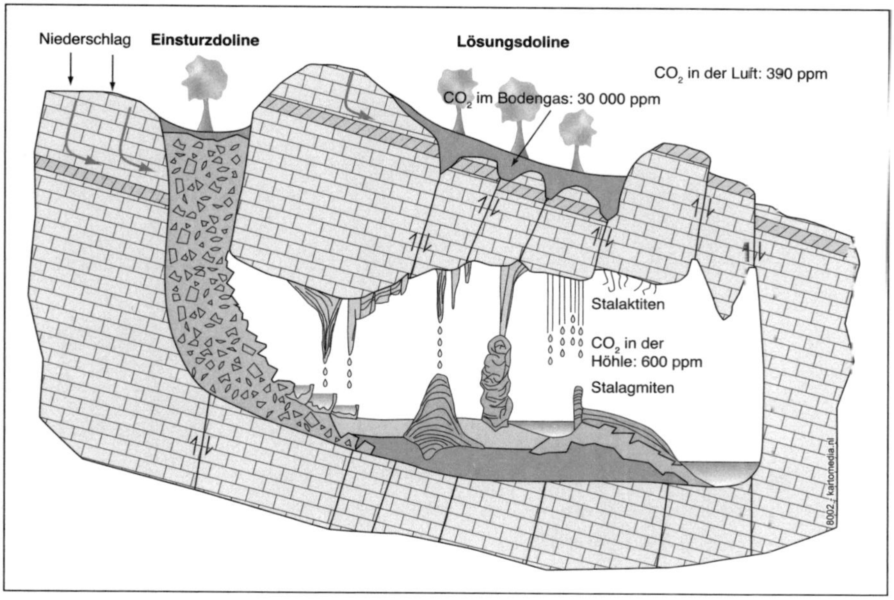

Bildung von Stalaktiten und Stalagmiten in einer Höhle und die Rolle des CO_2

kül kann ein Wasserstoffatom und ein Sauerstoffatom des Wassers an sich binden, dabei entsteht HCO_3^-, das Bicarbonation oder Hydrogencarbonation (Ion, weil es – negativ – geladen ist, dafür steht das hochgestellte Minuszeichen). Das andere, übrig bleibende Ion, H^+, ist dann frei, und seine Konzentration bestimmt den Säuregrad des Wassers. Wenn das so angesäuerte Regenwasser mit Kalkstein in Berührung kommt, begegnen die Bicarbonationen sozusagen Blutsverwandten, denn Kalkstein ist ja Calcium*carbonat*. Die Wasserstoffionen aus dem Regenwasser können die Carbonationen aus dem Kalk lösen, sodass beide zusammen HCO_3^- bilden, eben jenes Bicarbonation, das wir aus dem Niederschlagswasser kennen. Und dieses Ion ist sehr leicht löslich, wie das übrig gebliebene Ca-Ion, weshalb sich der Kalkstein insgesamt aufzulösen beginnt: $CaCO_3 + H_2O + CO_2 = Ca^{2+} + 2HCO_3^-$. Beide Ionen gelangen mit dem Grundwasser in Flüsse und schließlich ins Meer. Was dort mit ihnen geschieht, werden wir später erfahren.

Die Auflösung des Kalks schreitet nicht kontinuierlich von oben nach unten fort. Das Niederschlagswasser konzentriert sich zunächst im porösen Boden. Dort bildet sich oft Humus, die CO_2-Konzentration ist dann um ein Vielfaches höher als in der Luft, wodurch sich die Auflösung des darunterliegenden Kalksteins beschleunigt. Das angesäuerte Wasser sucht seinen Weg abwärts durch Risse im Gestein; entlang dieser Risse wird ebenfalls Kalkstein aufgelöst, sodass sie sich ständig weiten. Bei fortschreitender Auflösung des Gesteins können richtige Höhlen mit fantastischen Tropfsteinformationen entstehen, Stalaktiten und Stalagmiten. In der Luft innerhalb der Höhlen ist die CO_2-Konzentration

Durchgesägte Stalagmiten in der Peramahöhle, Griechenland

wieder niedriger als im Boden, weshalb der Kalk erneut auskristallisiert. Jeder Tropfen an einem Stalaktiten bildet einen hauchzarten Calcitkristall, und so wächst in Tausenden von Jahren langsam ein von der Decke herabhängender Kalkzapfen, bis er sich vielleicht irgendwann mit seinem vom Boden emporwachsenden Gegenstück, dem Stalagmiten, zu einer Tropfsteinsäule, dem Stalagnaten, vereinigt.

Ich gehe durch die Peramahöhle, eine wunderschöne, ebenfalls flusslaufförmige Tropfsteinhöhle bei Ioannina, einem der Hauptorte der nordgriechischen Region Epirus, 30 Kilometer nördlich der Acheronschlucht. Die Höhle wurde 1940 zufällig von einem Schüler entdeckt, der in einer Zeit heftiger Bombenangriffe einen sicheren Zufluchtsort für die Einheimischen suchte. Plötzlich fällt mein Blick auf den Boden des Weges, der durch die Höhle führt, und ich sehe zu meiner Überraschung ein regelrechtes Mosaik von durchgesägten Gobstoppern.

Im nächsten Moment ist mir klar, dass es natürlich keine Gobstopper, sondern Stalagmiten waren, die hier quer durchgeschnitten wurden. Das war notwendig, um einen Weg durch die Höhle anzulegen. Aber warum haben sie diese Muster aus konzentrischen Ringen? Warum hat sich in einem Stalagmiten mal weißer, mal gelblicher und mal grauer Kalk abgelagert? Das liegt daran, dass die CO_2-Konzentration in der Atmosphäre und im Niederschlagswasser von der Temperatur abhängt. Wenn es kälter wird, löst sich mehr Kalk, wenn es wärmer wird, kristallisiert mehr. Dies sorgt zusammen mit kleinen Verunreinigungen für Farbunterschiede. Die Speläotheme, wie die Ablagerungen auch genannt werden, spiegeln bestimmte Zyklen wider. Aus der Konzentration der Sauerstoffisotope im abgelagerten Kalk lässt sich auch auf Schwankungen der Niederschlagsmenge schließen. Wenn man mit einem Zahnarztbohrer sehr sorgfältig alle Schichten eines Stalagmiten gesondert anbohrt und das Material analysiert, erhält man eine wunderbare Übersicht über klimatische Veränderungen auf der Erde. In Speläothemen aus den Soreq- und Peqiin-Höhlen in Israel, aus jenem Kreidekalk gebildet, aus dem auch Jerusalem erbaut wurde, sind die beiden letzten Eiszeitzyklen registriert, von der Zeit vor 250 000 Jahren bis heute. Sie zeigen, dass der östliche Mittelmeerraum während der Kaltzeiten wesentlich trockener war als in Warmzeiten wie der jetzigen. So bieten Stalagmiten einen hervorragenden Einblick in die Geschichte unseres Klimas.

Fast alle Höhlen dieser Art sind Teil eines unterirdischen Flusslaufs. Ein Fluss löst auch Kalkstein aus seinem Bett, sodass irgendwann ein erheblicher Teil seines Laufs durch ein Schluckloch unter der Erde verschwinden kann. Oberirdisch entsteht dann ein trockenes Tal. Einige unterirdische Flüsse münden sogar unterseeisch ins Meer. In Höhlen wie der Perama und der Spílaio ton Limnón gibt es keinen Fluss mehr, die Verbindung zum ursprünglichen Fließgewässer ist abgebrochen. Das geschieht, wenn das Gebirge weiter gehoben wird. In einigen Fällen haben sich auf diese Weise bis zu vier „Etagen" gebildet: Immer wenn sich das Gebirge ein Stück hebt, sucht sich der Fluss seinen Weg weiter unten. Manchmal findet er aber auch einen kürzeren Weg in Richtung Meer und verlässt das Höhlensystem.

Löst sich unterirdisch so viel Kalk, dass die darüberliegenden Gesteinsschichten ihren Halt verlieren, entstehen Karsttrichter, sogenannte Dolinen, oft auch an Stellen, an denen es niemand erwartet hätte.

Die Gesteinsdecke über einem unterirdischen Flusslauf kann sogar auf ganzer Länge einstürzen, wobei Senken wie das Bett des Stymphalischen Sees und die nahe gelegene Pheneos-Ebene entstehen. Für solche Karstsenken hat der serbische Geomorphologie-Pionier Jovan Cvijić den heute international gebräuchlichen Begriff Polje eingeführt; das Wort bedeutet im Slowenischen, Kroatischen und Serbischen „Feld". Alle Geländeformen, die durch Lösung und Verwitterung von Kalkgestein entstanden sind, werden unter dem Namen Karst zusammengefasst, abgeleitet von der slowenischen Berglandschaft Kras oder Karst am nördlichen Ende jener Gebirgskette, deren südliche Ausläufer wir in Griechenland antreffen.

Die antiken griechischen Autoren wussten über all diese Dinge im Prinzip gut Bescheid. Umso größer das Rätsel: Wie ist es zu erklären, dass in diesem Land mit seinen vielen Höhlen und unterirdischen Flüssen gerade Acheron und Styx in der Unterwelt lokalisiert wurden, reale Flüsse, die in Wirklichkeit nicht unterirdisch fließen? Warum betrieb Charon seine Fähre nicht dort, wo es tatsächlich unterirdische Flüsse gab?

Doline (Cenote) an einer Kreuzung in Guatemala-Stadt, Durchmesser 20 m, Tiefe 30 m, 2. Juni 2010; das dreistöckige Gebäude einer Textilfabrik ist darin verschwunden, zum Glück eine Stunde nach Feierabend.

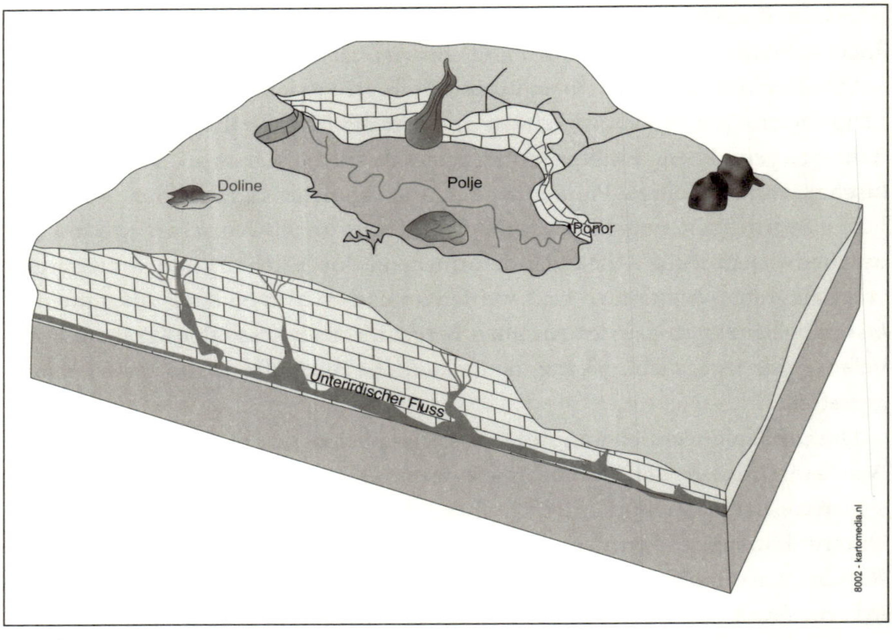

Polje

Kalk, Kalk, überall Kalk, zwei Drittel von Griechenland bestehen aus Kalk, ganz Jerusalem besteht aus Kalk, überall Höhlen, Auswaschungen, Karsttrichter, unterirdische Flussläufe. Weiße Kalkküsten auf allen Prospekten, die für billigen Sonnen-Urlaub am Mittelmeer werben, denn wo Kalk ist, ist schönes blaues Meerwasser, und das lockt.

*

Meine Liebe zur Geologie erwachte im Nationalmuseum für Geologie und Mineralogie am Leidener Garenmarkt. Gleich nebenan war das Naturgeschichtliche Nationalmuseum am Raamsteeg. Dort arbeitete mein schon erwähnter Onkel Lipke Holthuis, der klügste Biologe der Welt, denn er kannte sämtliche Großkrebse, Krabben, Garnelen und Asseln, ja, sogar alle Wasserflöhe persönlich beim Namen. Wenn er bei uns auf Gut Lipland logierte, das ja nach ihm benannt war, brachte er mir bei, die Rüsselkäfer und Schnellkäfer zu bestimmen, die mich in meiner Sandgrube besuchten. Er wohnte bei Opa und Oma in Oegstgeest, einem Vorort von Leiden, und wenn ich dort übernachtete, nahm er mich am nächsten Tag in sein Museum mit. Schon es zu betreten, zwischen zwei Elefantenskeletten, war immer ein Erlebnis, auf halber Treppe starrte einen dann der *Pithecanthropus* an, den mein Onkel respektlos Piet nannte, und in den endlosen Fluren mit ihren Terrazzo-Böden und Vitrinenschränken voll totem Leben roch es schwach nach Formaldehyd, Alkohol und Wissenschaft. An den Wänden seines Arbeitszimmers standen ringsum Bücherregale; grüne Filzborten, am jeweils höheren Brett befestigt, schützten die sorgsam aufgereihten Bände vor Staub. Darwin hatte er auch, aber nur zwei Bücher über Seepocken. „Seine besten Arbeiten", behauptete mein Onkel, denn er hatte für Evolution nichts übrig, Arten durften sich nicht ineinander transformieren, weil das die Klassifikationsschemata in Unordnung brachte. Es war die geistige Einseitigkeit eines besessenen Taxonomen, der nicht an Evolution und Ökologie interessiert war. Doch das wurde mir erst viel später klar.

Wenn sich die Gelegenheit ergab, schlüpfte ich aber rasch aus dem Haus und ins Nachbargebäude am Garenmarkt, um mir Minerale anzusehen, denn die waren meine wirkliche Leidenschaft. Stundenlang konnte ich diese erstaunlichen geometrischen Formen anstarren, die von der Natur selbst geschaffen worden waren. Kuben, Prismen, Tetraeder, Oktaeder, Rhomboeder, die aus seltenen Elementen bestanden und in herrlichen Farben schimmerten; sie förderten auch mein erwachendes Interesse für Chemie. Der riesige Rauchtopas König Wilhelms I. war das Prunkstück der Sammlung. Noch heute liebe ich geometrische Muster, nicht nur in der Natur, sondern auch in der Musik von Bach oder in byzantinischen und maurischen Mosaiken, bestimmt gibt es Psychologen, die das deuten könnten. Von Onkel Lipke bekam ich außer Berend Eschers Geologiebuch auch einen Bildband über Minerale und Edelsteine, den eine Versicherung herausgegeben hatte. Darin zu blättern war für mich, als würde ich von

Nur in dieser Form gefällt mir Kalk: doppelbrechender Calcitkristall (Isländer Doppelspat), École des Mines, Paris

einem Juwelier in die Edelsteinkunde eingeführt. Auch diese Leidenschaft ist mir geblieben; obwohl sich mein geologisches Arbeitsgebiet im Lauf der Zeit stark erweitert hat, habe ich immer noch eine besondere Schwäche für seltene Minerale und kristalline Gesteine.

Kalkstein gehört nicht zu meinen Lieblingen. Er besteht nur aus einem einzigen chemischen Stoff, Calciumcarbonat in Form des Minerals Calcit, manchmal noch mit ein wenig Aragonit, einer anderen Form der gleichen Verbindung. Calcit entwickelt zwar recht viele verschiedene Kristallformen, doch aus chemischer Sicht ist es langweilig. Die Hälfte aller Erdöllagerstätten der Welt befindet sich in Kalkstein, und meine Delfter Studenten hätten gern etwas mehr darüber gehört, aber ich habe immer einen Bogen um das Thema gemacht. Theoretisch hätte ich gerade durch das Studium von Kalkstein eine schöne Brücke von „meiner" Geologie zu Onkel Lipkes Biologie schlagen können. Seine Abneigung gegen die Evolution brachte es allerdings mit sich, dass er sich auch nur wenig für Fossilien interessierte. Jedenfalls habe ich die Brücke nie gebaut.

Nur der Leidener Geologe Peter Westbroek hat mit seinem großartigen Buch *Life as a Geological Force* mein Vorurteil gegen Kalk ein wenig mildern können. Kalkstein sei eigentlich etwas ganz Einzigartiges, weil er ein Produkt des Lebens selbst ist, argumentiert Westbroek. Und natürlich hat er recht.

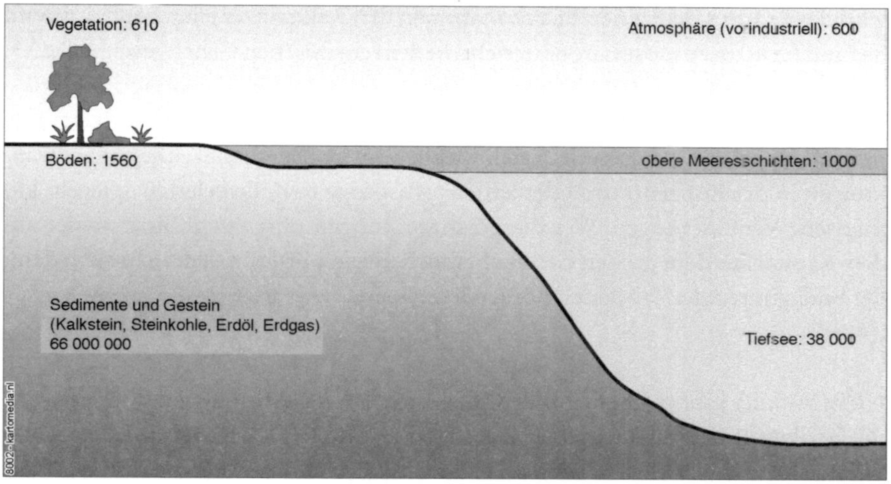

Kohlenstoffreservoire der Erde in Gigatonnen (Gt; 1 Gt = 10^{15} Gramm)

Möglicherweise bestand die primitive Atmosphäre der Erde zu 90 Prozent aus CO_2. Im Verlauf der Erdgeschichte hat das Leben aber der Atmosphäre fast das gesamte CO_2 entzogen und in Kalkstein eingelagert, sodass von den 90 Prozent nur noch ein Viertelpromille übrig ist. In Kalkstein ist vierzigtausendmal so viel CO_2 gespeichert wie in den Ozeanen, der Atmosphäre und allem Lebendigen unserer Biosphäre zusammen. Und wenn man die raffinierten Strategien kennt, die das Leben für die Nutzung des Kalks ersonnen hat, und die fantastische Vielfalt etwa der hauchzarten Kalkskelette, die in den Ozeanen schweben, empfindet man höchste Achtung vor all diesen Organismen.

Zur Erinnerung: Wird in Karstgebieten Kalkstein gelöst, transportiert das Wasser sowohl das Calcium als auch das Carbonat in Form des Bicarbonations über Flüsse ins Meer. Auch wenn Silikatgesteine wie Granit und Basalt unter Einwirkung von angesäuertem Regenwasser verwittern, gelangt Bicarbonat ins Meer. Allerdings im Verhältnis viel weniger, denn diese Gesteine enthalten selbst wenig oder kein Carbonat, und die Silikate in ihnen, wie Feldspat und Glimmer, werden nicht gelöst, sondern in andere Minerale umgewandelt, vor allem in Tonminerale. Quarz bleibt sogar beinahe unangetastet.

Sind das Calcium und das Bicarbonat aus Kalkstein im Meer angekommen, stellen sie fest, dass es mit Calciumcarbonat schon geradezu gesättigt ist. Organismen wie Muscheln machen sich diesen Umstand zunutze: Sie konstruieren einen Kalkpanzer, um sich vor Fressfeinden zu schützen. Um erneut Calcit herzustellen, braucht ein Calciumion zwei Bicarbonationen. Und zwar, weil das H aus HCO_3^- wieder Wasser werden muss, H_2O, und dafür werden zwei Wasserstoffionen benötigt, also auch zwei Bicarbonationen, denn jedes Bicarbonation enthält nur ein Wasserstoffion. Der Calcit braucht jedoch nur ein einziges Carbonation. Darum wird das CO_2 aus dem einen Bicarbonation in den Kalkpanzer eingebaut, während das andere in die Atmosphäre entweicht. In dem chemischen Gleichgewicht $CaCO_3 + H_2O + CO_2 = Ca^{2+} + 2HCO_3^-$ kommt es dann zu einer Verschiebung nach links. Bei der Bildung von Kalk aus Meerwasser wird also Kohlendioxid freigesetzt! Das mag überraschen, aber es verhält sich wirklich so. Und auch die winzigen Schwankungen in der Konzentration der Sauerstoffisotope in Kalkskeletten spiegeln klimatische Veränderungen: Wer diese Schwankungen untersucht, liest wieder andere Kapitel aus dem großen Geschichtsbuch unserer Erde, in dem man auch dank der Stalagmiten der Tropfsteinhöhlen lesen kann.

*

Nicht zufällig gibt es gerade in den Regionen um das Mittelmeer, in denen sich die antiken Kulturen entwickelt haben, so viel Kalk. Das hängt mit der geologischen Vergangenheit zusammen, genauer gesagt mit dem Klima und der Plattentektonik. Denn Kalk bildet sich unter ganz bestimmten Bedingungen. Der weitaus meiste Kalk entsteht in tropischen Klimaten, und zwar in Form von Korallenriffen, in klarem, warmem, sauerstoffreichem Wasser ohne Schlamm. Schlickküsten mit reinen Kalkschlämmen entwickeln sich, wenn bestimmte Organismen zusammen mit ihrem Schleim Kalk aus Meerwasser ablagern, oder bei der Erosion alter Riffe. Zurzeit geschieht das nur an wenigen Orten, weil das Weltklima zu kalt dafür ist: Wir befinden uns in einer von Kaltzeiten bestimmten Epoche. Kalkschlammküsten finden wir im Persischen Golf und auf den Bahama-Bänken, Korallen in den tropischen Ozeanen, solange nicht Flüsse in der Nähe ihren Schlamm ins Meer befördern.

Doch in dem Erdzeitalter, das vor etwa 250 Millionen Jahren begann und vor 66 Millionen Jahren endete, dem Mesozoikum, war das Klima fast überall tropisch oder subtropisch, vom Äquator bis zu den Polen. Vor allem während Jura und Kreide herrschten warme Temperaturen, und auch der CO_2-Gehalt der Atmosphäre war viel höher, vielleicht fünf- bis zwanzigmal so hoch wie in der Gegenwart. Außerdem war der Meeresspiegel 200 Meter höher als heute, weil die Pole keine Eiskappen besaßen. Damals lagen 60 Prozent der heutigen Landoberflächen unter Wasser. Es war eine Treibhauserde.

Zu jener Zeit war der Okeanos der antiken Autoren tatsächlich ein Ozean: die Tethys. Damals drifteten Europa und Afrika auseinander wie heute Europa und Nordamerika – ein kleines Puzzleteil in Alfred Wegeners großem Entwurf, dem Auseinanderbrechen des Superkontinents Pangaea. Auf dem Boden des Tethysmeeres lag ein Spreizungsrücken, vergleichbar dem heutigen Mittelatlantischen Rücken, auf dem zum Beispiel Island und die Azoren liegen. In den flachen Randmeeren der Tethys wurden im mesozoischen Treibhausklima gigantische Kalksteinpakete abgelagert.

Allerdings hat diese Phase des Auseinanderdriftens nach geologischen Maßstäben nicht sehr lange gedauert, nur etwa 100 Millionen Jahre. Sie begann im

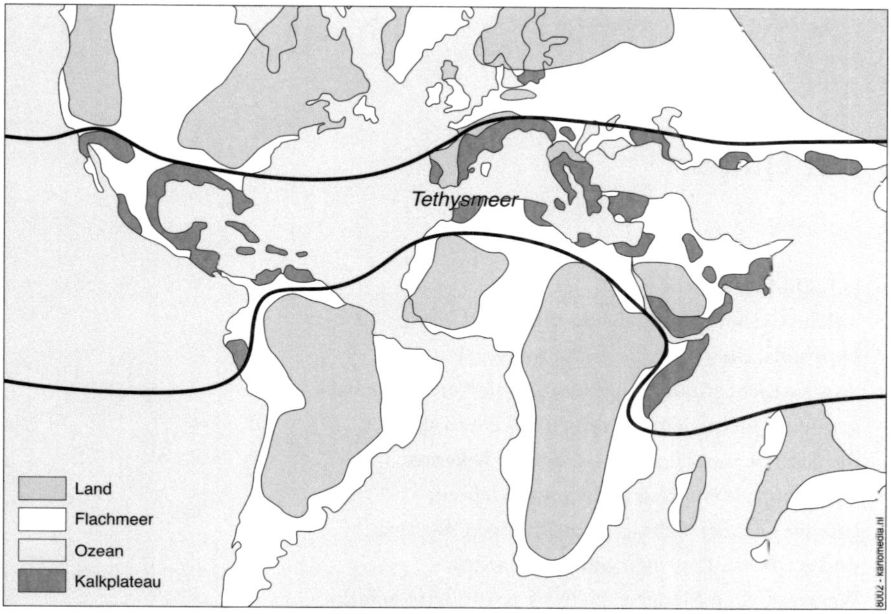

Kalkplateaus des Tethysmeeres in Jura und Kreide

frühen Jura und endete in der späten Kreide oder danach. Europa und Afrika bewegten sich wieder aufeinander zu und kollidierten schließlich. Wenn man etwas vom Boden des Tethysmeeres sehen möchte, muss man ins Troodosgebirge auf Zypern, denn dort ist er bei der Kollision an die Oberfläche gekommen. Die Alpen, der Apennin, die griechischen Gebirge, die Karpaten und der Kaukasus, die Gebirge der Türkei, des Irans und Afghanistans, ja, sogar der Himalaja sind entstanden, weil Kontinentalplatten kollidierten, wodurch sich das Tethysmeer geschlossen hat. Noch ist dieser Vorgang nicht vollständig abgeschlossen, das Mittelmeer ist im Grunde ein letztes Überbleibsel der Tethys, aber in 50 Millionen Jahren werden Europa und Afrika wieder eine Einheit bilden. Dann werden das Mittelmeer, das Schwarze Meer und das Kaspische Meer verschwunden sein; übrig bleiben wird von ihnen nur eine tiefe Schweißnaht in der Cordillera Mediterránea des Superkontinents Afrika-Eurasien.

Als sich das Tethysmeer zu schließen begann, gerieten die Kalkpakete unter Druck, wurden aufgefaltet, übereinandergeschoben und aus dem Wasser gehoben, weshalb wir sie heute auf dem Land sehen. Dank der Auffaltung können wir in den Zentren der Antiklinalen tiefer in die Erde blicken, als wir es könnten, wenn Okeanos sich weiter geöffnet hätte. Außerdem finden wir wegen der fortschreitenden Hebung überall im Mittelmeerraum ganze Stapel von Karsthöhlen, die von unterirdischen Flüssen gebildet wurden.

Vielleicht sähe die Unterwelt ja völlig anders aus, hätte sich die antike Kultur um die Nordsee herum entwickelt.

Der Limbus

[...] „Du fragst nicht,
welche Geister es sind, die du hier siehst.
Nun sollst du wissen, bevor du weitergehst,
dass sie nicht sündigten; und wenn sie Verdienste haben,
genügt es nicht, denn sie erhielten keine Taufe,
die das Tor zum Glauben ist, den du bekennst.
Und wenn sie vor dem Christentum lebten,
beteten sie Gott nicht in der schuldigen Weise an;
und zu diesen Personen gehöre ich selbst.
Wegen solchen Mangels, nicht wegen anderer Schuld,
sind wir verloren und nur damit gequält,
dass wir ohne Hoffnung in der Sehnsucht leben."
Ein großer Schmerz griff mir ans Herz,
als ich ihn verstand, da ich Menschen von hohem Wert
erkannte, die in diesem Vorhof im Ungewissen harrten.
Dante Alighieri, *Die Hölle*, IV, 31–45

Wir haben immer noch nicht sehr viel über die Struktur unseres Gobstoppers erfahren. Man kann die Unterwelt am Lago d'Averno betreten, an der Straße von Kertsch, am Acheron, am Nekromanteion, und man kann sich dort vom Fährmann Charon übersetzen lassen – doch was dann? Unter dem Reich des Hades liegt der Tartaros, lesen wir bei Homer, aber es wäre natürlich ein wenig zu simpel, sich die Erdkugel zweischichtig vorzustellen. Schon das Bodenprofil unserer letzten Ruhestätte enthält mehr Schichten, und dann sind wir erst in einer Tiefe von einem Meter zwanzig.

Die Christen ließen sich zunächst vom Weltgericht in der *Offenbarung des Johannes* inspirieren und bildeten die Unterwelt mit Feuer, Schädeln, Würmern und aufgefressenen Sündern ab, aber ohne erkennbare Geographie. Wie die Hölle aussah, interessierte sie weniger als zum Beispiel die Frage, ob sie nach dem Weltende weiterbestehen würde.

Und dann, zwei Jahrtausende nach Homer, präsentiert plötzlich Dante eine genaue Darstellung der Hölle, mit neun konzentrischen Kreisen, voneinander getrennt durch unterirdische Flüsse, Abhänge, Mauern, Stufen, Dämme, Gräben: eine wundersame Verschmelzung von unterirdischer Natur und moderner

Renaissance-Architektur. Jeder Kreis hat seine besonderen Sünder und Strafen. Während der erste Kreis, auch Limbus genannt, der Aufenthaltsort derjenigen ist, die zwar keine Schuld auf sich geladen haben, aber als Ungetaufte oder Heiden nicht auf die Gemeinschaft mit Gott hoffen dürfen, büßen im zweiten bis vierten Kreis Sünder aus Maßlosigkeit: die Wollüstigen, die Schlemmer, die Verschwender und Geizhälse. Im fünften Kreis werden die Zornigen und Verdrossenen bestraft, auch sie Sünder aus Maßlosigkeit. Dahinter umgibt der Styx wie ein Wassergraben die innere Höllenstadt, die Stadt des Dis mit ihrer Befestigungsmauer. Im sechsten Kreis leiden Ketzer in glühenden Steinsärgen. Der siebte Kreis mit dem kochenden Blutstrom Phlegethon ist in drei Ringe unterteilt, in denen Gewalttätige dreier verschiedener Klassen getrennt bestraft werden. Der achte Kreis, *Malebolge* (so viel wie „Gräben des Bösen"), hat die komplexeste Gliederung: Er besteht aus zehn Gräben (*bolgie*); in jedem von ihnen erleiden Betrüger jeweils einer bestimmten Kategorie die schrecklichsten Strafen.

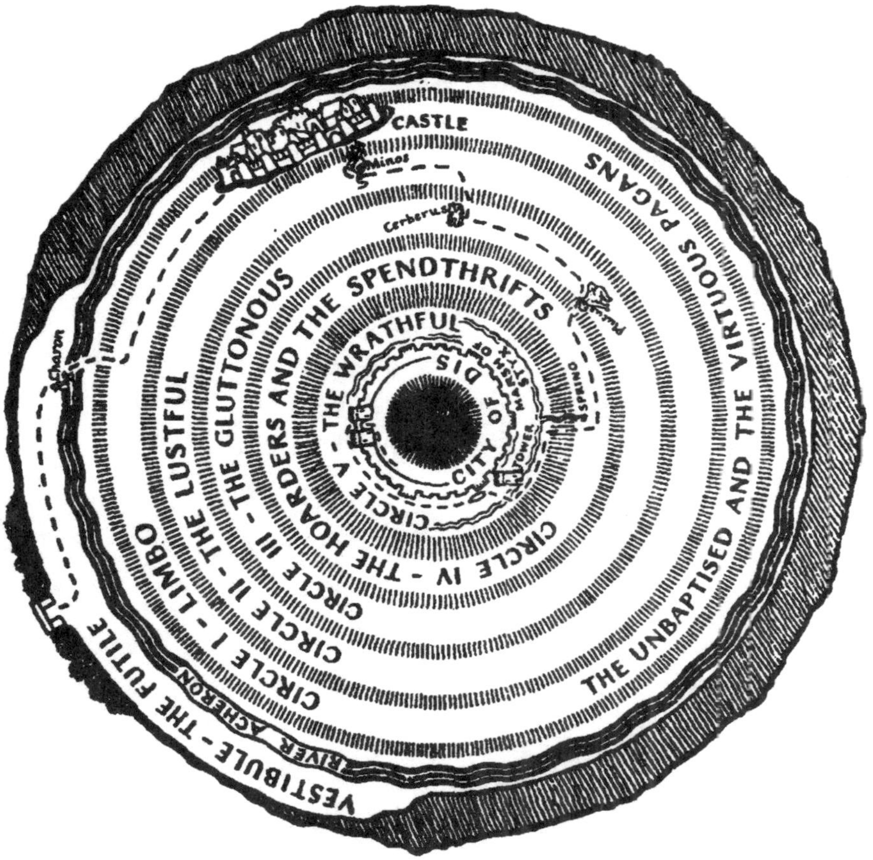

Dantes Hölle als Gobstopper. Zeichnung von C. W. Scott-Giles, etwa 1949

Im neunten und tiefsten Kreis sind Verräter in einer Eisfläche festgefroren. Ganz unten, im Mittelpunkt der Erde, residiert Luzifer im Eis des Kokytos.

Diese Hölle ist das Konstrukt eines Menschen, der Zahlen liebte. *Hölle, Fegefeuer, Paradies* – eine Dreiheit, und jeder Teil besteht aus dreiunddreißig Gesängen, dazu kommt der erste Gesang der *Hölle*, der die Einleitung in das Ganze bildet, womit sich zusammen genau hundert ergeben. Eine strenge Form, die Terzinen, Strophen aus drei jambischen Versen, die durch Kettenreim (aba bcb cdc) miteinander verbunden sind – ich wusste das nicht, als mein Italienisch-Abiturprüfer mich danach fragte, und ich habe die Schande nie vergessen. Die richtige Antwort danach aber auch nicht mehr.

Wir haben ja schon einmal kurz in Dantes Hölle hineingeschaut, in den Vorhof, und Charons Acheron-Fährbetrieb kennengelernt. Aber Dante bietet uns so viele Einzelheiten, so viel Sehenswertes, so viel Geologie und Landschaftsbeschreibung, Wüste und Wasser, Pech, Feuer und Eis, dass wir ihm in diesem Buch folgen werden. Einen besseren Unterweltreiseführer als den von Dante kann man sich gar nicht wünschen, und obwohl er vor 700 Jahren geschrieben wurde, gibt es bis heute nichts, was an ihn heranreicht. Dennoch ist es ratsam, eine Karte dabeizuhaben.

Eine reizvolle Vorstellung, Dantes Hölle als Gobstopper, aber unzutreffend: Es handelt sich eher um einen trichterförmigen Abgrund, der sich mit jedem Kreis verengt und im Zentrum der Erde in eine Spitze ausläuft, den Sitz Luzifers: im Grunde eine Art Negativ des Turms von Babel.

Sandro Botticelli, *Dantes Hölle* (zwischen 1480 und 1495): ein konisch zulaufender Trichter

Aitik-Kupfermine, Gällivare, Schweden

Und dann sah ich, was ich vorher nicht sah,
dass wir niedergingen und kreisten zwischen großen Übeln,
die von verschiedenen Seiten näher kamen.
Die Hölle, XVII, 124–126

Es gibt zahllose Abbildungen dieses gestuften Trichters; die schönste stammt von Botticelli, der die erste gedruckte florentinische Ausgabe der *Divina Comme-*

dia von 1481 für die Medici mit zweiundneunzig Zeichnungen illustriert hat. Der moderne Tagebau scheint von Dante gelernt zu haben.

Doch bevor wir weiter hinabsteigen, ist es sinnvoll, uns zu fragen, wo Dante sich die Anregungen zu seiner Darstellung geholt hat. Hinsichtlich der philosophischen und literarischen Aspekte wissen wir das ziemlich genau. Experten haben auf Einflüsse von Aristoteles, Boethius, Cicero, Ovid, Horaz, Statius, Livius und selbstverständlich Vergil hingewiesen – Dante war belesen –, und neben der heidnischen Antike und christlichen Denkern war natürlich die Bibel eine wichtige Quelle. Was den höchst originellen Aufbau seiner Unterwelt angeht, hat Dante aber auf keinen der genannten Autoren zurückgreifen können. Die Weltbilder von Aristoteles und Platon spielen im Hintergrund eine Rolle, doch nichts deutet darauf hin, dass sie irgendwie die fantastische Trichterstruktur, die Dante uns präsentiert, beeinflusst haben. Hat er sich sie also ganz allein ausgedacht?

Bis ins 20. Jahrhundert hinein wurde das angenommen. Doch dann erschien 1919 in Madrid das Buch *La escatología musulmana en la Divina Commedia* von dem spanischen Geistlichen Miguel Asín Palacios, das im Grunde das Selbstbild der christlichen Welt infrage stellte. Asín Palacios weist nämlich nach, dass zahlreiche Einzelheiten der *Göttlichen Komödie* aus islamischen Quellen stammen, hauptsächlich aus arabischen Legenden des 9. Jahrhunderts. Die *Göttliche Komödie*, dieses Symbol der Christenheit, das Werk, das wie kein anderes unsere Vorstellungen sowohl von den Herrlichkeiten des Paradieses als auch von den Schrecken der Hölle geprägt hat – vom Islam beeinflusst? Das war doch unmöglich! Asín Palacios war auf diese Reaktion vorbereitet. In seinem Vorwort schreibt er:

> „Hier in aller Kürze die These meiner Abhandlung, die für manche Ohren vielleicht nach künstlerischer Blasphemie klingen oder ein ironisches Lächeln auf den Lippen der vielen hervorlocken wird, die noch glauben, die Inspiration des Dichters sei etwas Übernatürliches, unabhängig von allen fremden Vorbildern.“

Das Vorbild, das Asín Palacios meint, besteht aus zwei Teilen, *Kitāb al-isrā'* und *Kitāb al-mi'rāj*. Im *isrā'* reist Mohammed in einer Nacht zur Fernen Kultstätte (Jerusalem). Von dort geht es auf einer funkelnden Leiter aus Smaragden, Rubinen und Perlen in die Himmel hinauf: Das ist der *mi'rāj* (eigentlich Leiter, Treppe), die Himmelfahrt Mohammeds. Nach Jerusalem trägt ihn das geflügelte, pferdeartige Reittier Burāq, der Engel Gabriel begleitet ihn beim Aufstieg in die Himmel. Die Entfernung zwischen den einzelnen Himmeln beträgt 500 Jahresreisen (zu Fuß). Der erste Himmel besteht aus Eisen. Dort angekommen, bittet Gabriel um Einlass. Auf die Frage: „Wer ist das denn?“, antwortet er: „Das ist Mohammed, der Gesandte unseres Gottes.“ Die nächste Frage, „Wurde er denn schon gesandt?“, wird von Gabriel bejaht. Daraufhin heißt man die beiden willkommen. Sie begegnen Ysa Ibni Mariem (Jesus) und Yohanna Ibni Zacharia (Johannes). Am Tor jedes Himmels wiederholt sich das Frage-Antwort-Ritual. Im zweiten, der aus Kupfer ist, begegnen Mohammed und Gabriel Josef, im dritten,

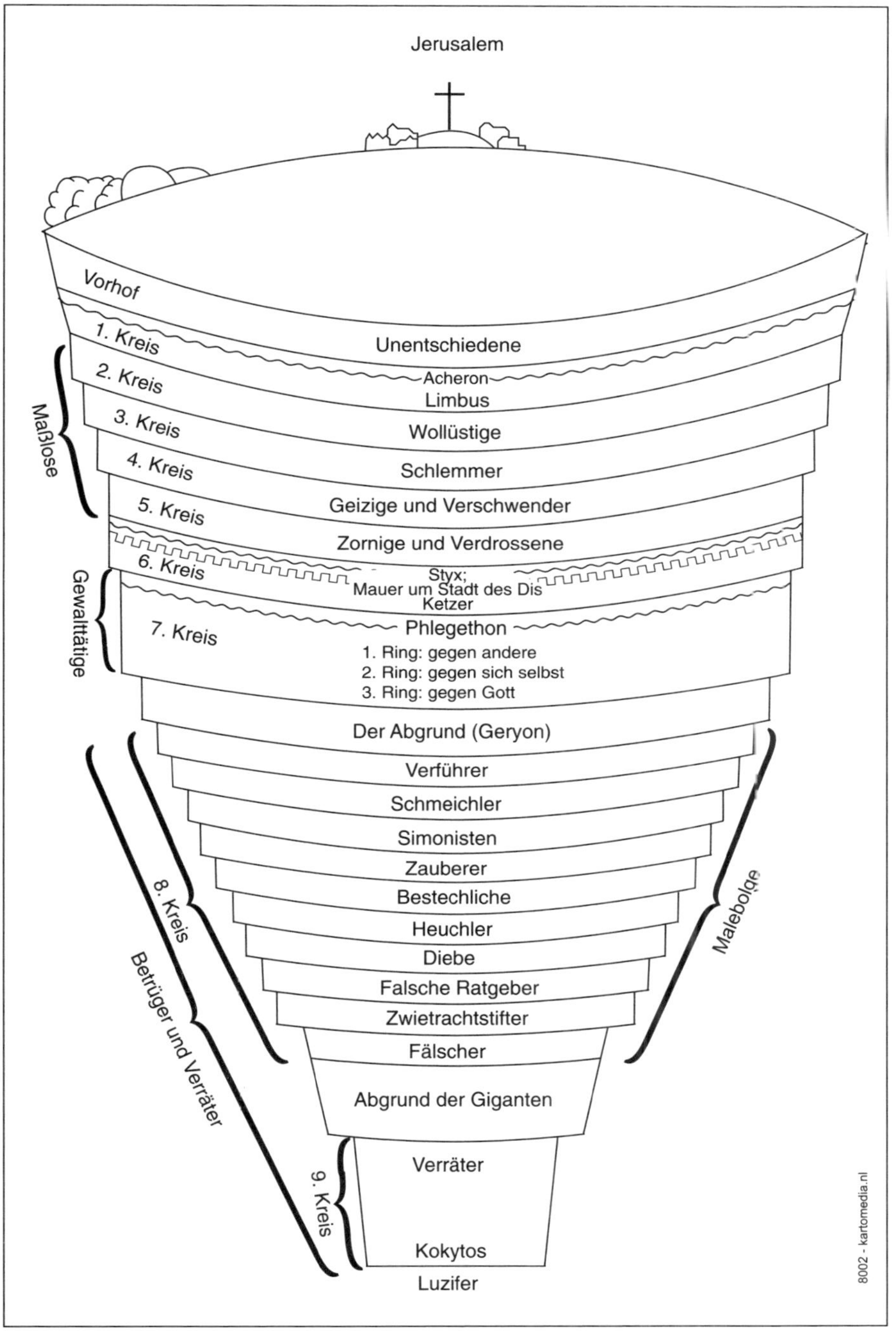

Einteilung von Dantes Hölle

silbernen, Enoch und Elia, im vierten, goldenen, Aaron, im fünften, der aus Perlen besteht, Moses, im sechsten, smaragdenen, Abraham und im siebten, aus Rubinen, Adam. Im achten Himmel, aus Topas, vernimmt Mohammed hinter einem Vorhang die Stimme Gottes, der von den Menschen verlangt, sechzig Tage im Jahr zu fasten und fünfzigmal am Tag zu beten. Das erscheint Mohammed zu viel; dank seines geschickten Verhandelns gibt sich Gott schließlich mit dreißig Tagen Fasten und fünf Gebeten täglich zufrieden. Dann führt Gabriel Mohammed durchs Paradies.

Schließlich verkündet Gabriel, Gott wolle, dass Mohammed auch die Hölle sehe und den Menschen davon berichte, so sehr liebe er ihn. Gabriel selbst beschreibt die Unterwelt folgendermaßen: Unter der Erde gibt es eine andere Erde, die aus Feuer besteht, mit einem Meer aus Feuer und Fischen aus Feuer. Nicht weit davon liegt eine weitere Erde aus Feuer, mit Menschen und Fischen aus Feuer; insgesamt erwähnt Gabriel sieben solche Erden. Auf der ersten weht ein so starker Wind, dass er die ganze Welt zerstören kann, was am Tag des Gerichts auch geschehen wird. An jenem Tag wird der Wind alle Sünder häuten und mit Feuer verbrennen.

Auf der zweiten Erde, Halgelada, gibt es mauleselgroße Skorpione, deren Gift die Welt vernichten kann. Die Skorpione packen die Sünder bei den Haaren, häuten sie und trennen mit ihrem Gift das Fleisch, die Knochen und die Nerven voneinander. Die dritte Erde, Arka, ist von Unterweltbestien bewohnt, so groß wie die größten Berge, aus Erde und Feuer gemacht und schwärzer als die schwärzeste Nacht, mit einem starken Gift, das noch furchtbarer brennt als das große Höllenfeuer. Diese Bestien ergreifen die Sünder, zermalmen sie unter sich und bespritzen sie mit dem Gift aus ihren Rachen, sodass sie zerfließen.

Auf der vierten Erde, Alhurba, hausen schwarze Höllenschlangen mit achtzehntausend Zähnen, jeder so groß wie eine Palme. Und jeder Zahn hat ein so starkes Gift, dass es sogar das Feuer der Hölle anfachen kann. Mit dem Gift eines einzigen ihrer Zähne kann eine Schlange die Welt vernichten. Wenn eine Schlange einen Sünder findet, beißt sie ihn und gibt dabei ein wenig Gift ab, wonach sein Körper zerfällt und seine Knochen und Gelenke brechen, vom Kopf bis zu den Zehennägeln.

Die fünfte Erde heißt Malta (oder Malca), sie ist bedeckt mit Schwefelsteinen aus der Hölle. „Es sind dies diejenigen Steine, von denen Gott im Koran sagt: ‚Wir haben in der Hölle Steine bereitet, um die Sünder zu verbrennen und zu quälen.'" Die Höllenengel binden jedem Sünder einen solchen Stein um den Hals und bringen ihn zum Feuer. Dort entzündet sich der Schwefel, und eine unvorstellbar hohe Flamme verschlingt das Gesicht des Sünders.

Auf der sechsten Erde, Zahikika, bewahrt Gott die Bücher und Schriften auf, in denen alle von den Menschen bis zum Tag des Gerichts begangenen Sünden verzeichnet sind. Darin stehen die Namen und die Sünden jedes Einzelnen, das Wie, Wo und Warum. In diesem Land gibt es außerdem Meere mit dem bittersten

Wasser, die auf arabisch Halmochale heißen. Selbst die Höllenbestien verabscheuen dieses Wasser. Es ist so bitter, dass sich ein Stein von der Größe eines Berges, wenn man ihn hineintaucht, sofort auflöst, sodass nichts von ihm übrig bleibt. In diesem Wasser baden die Sünder, und wenn sie von ihm trinken, zerfallen sie auf der Stelle, und ihr Körper wird vernichtet.

Die siebte Erde, Hagib, ist das Reich des Teufels mit seinen Heerscharen und Menschen. Doch er ist mit eisernen Ketten an die Erde gefesselt, die eine Hand vorn und die andere hinten, die Füße in gleicher Weise. Wegen seiner ungeheuren Größe berührt er dennoch mit dem Kopf die Erde, auf der wir wohnen, seine beiden Hörner bohren Löcher hinein. Und die Zeit wird kommen, in der er losgemacht und in die Welt geschickt wird.

Gabriel führt Mohammed zu einem Ort, von dem aus er alle sieben Erden der Hölle sehen kann. Sie hat sieben Tore übereinander, alle sind glühend heiß. Die Entfernung zwischen den Höllentoren beträgt 70 000 Jahresreisen. Und an jedem Tor steht eine gewaltige Menge von Teufeln und von Menschen, die höllische Qualen erleiden. Mohammed fragt, wie Gott die Sünder auf die verschiedenen Tore verteilt. Gabriel erklärt: Durch das erste Tor, Gehenne, gehen Menschen, die Bildwerke aus Holz oder Metall verehren. Durch das zweite, Lada, müssen diejenigen, die einmal an die rechte Lehre Gottes geglaubt, sich aber von ihr abgekehrt haben. Das dritte Tor, Halhatina, ist für die Menschen, die auf üble Weise Reichtum gesammelt haben, und für die Völker, die Gog und Magog genannt werden. Das vierte, Halzahir, ist für Würfler und andere Spieler, die Gott fluchen, wenn sie wütend sind. Durch das fünfte Tor, Zakahar, müssen alle die gehen, die nicht die rechten Gebete sprechen und den Armen keine Almosen geben. Das sechste, Halgahym, ist für Menschen bestimmt, die nicht an Gottes Engel und Boten glauben, sie wie Lügner abkanzeln und ihnen widersprechen. Das siebte Tor, Halkehuya, ist für die Betrüger und die Fälscher von Gewichten und Maßen.

Asín Palacios findet verblüffende Übereinstimmungen zwischen dem *mi'rāj* und der *Göttlichen Komödie*: In beiden Büchern sei die Hölle in Kreise auf unterschiedlichen Stufen unterteilt, und je schwerer die Sünden, desto tiefer die Abgründe. In beiden Büchern seien die untersten Ebenen für die Betrüger und Verräter bestimmt, und auch die Ungeheuer ähnelten einander. In beiden Büchern dauere die Höllenfahrt vierundzwanzig Stunden. Die Höllenwächter des *mi'rāj* entsprächen Charon, und zahllose Einzelheiten in diesem Buch glichen auffallend denen in Dantes Werk.

Die Ablehnung, auf die Asín Palacios mit seinen Thesen stieß, war nicht bloße Empörung über die vermeintliche Leugnung von Dantes Originalität oder über eine angebliche Herabwürdigung christlicher Werte; sie war auch darin begründet, dass Asín Palacios einen entscheidenden Nachweis schuldig blieb: dass Dante den *mi'rāj* überhaupt kennen konnte. Doch dann wurden 1949, fünf Jahre nach Asín Palacios' Tod, fast gleichzeitig zwei Manuskripte eines Buches mit dem Titel *Liber Scale Machometi* (Buch der Leiter Mohammeds) entdeckt, ein lateinisches im Vatikan und ein altfranzösisches in Oxford, mit den schönsten und vollständigsten Versionen des *isrā'* und des *mi'rāj*, die man bis dahin kannte. In der Vorrede beider Manuskripte ist zu lesen, das Buch sei zunächst im Auftrag König Alfons' X. von dem jüdischen Arzt Abraham (Alfaquím) aus dem Arabischen ins Spanische übersetzt worden; von dieser Übersetzung wiederum habe der Sekretär des Königs, Bonaventura de Siena, eine lateinische und französische Übertragung anfertigen lassen. Der Entdecker des lateinischen Manuskripts, Enrico Cerulli, konnte nachweisen, dass es schon vor dem Jahr 1247 nach Italien gelangt ist; deshalb ist es sehr gut möglich, dass Dante es gekannt hat, als er kurz nach 1300 die *Göttliche Komödie* schrieb. Das arabische Original und die altspanische Übersetzung sind nicht erhalten. Das 12. und 13. Jahrhundert waren eine Zeit des intensiven Austauschs zwischen der arabischen und westlichen Kultur und Wissenschaft, wie auch der Wissenschaftshistoriker Floris Cohen in seinem Buch *Die zweite Erschaffung der Welt* eingehend dargestellt hat.

Meine Wiedergabe der Geschichte des Manuskripts und seiner Rezeption folgt größtenteils dem sehr ausführlichen Kommentar von Carlo Saccone zur italienischen Übersetzung von Roberto Rossi Testa. Saccone meint, die Geschichte des *mi'rāj* reiche möglicherweise noch weiter als bis ins 9. Jahrhundert zurück; er entdeckt Anspielungen auf eine entsprechende Erzählung im Koran, in der ebenfalls von den sieben Toren der Hölle die Rede ist, und vermutet tiefere Wurzeln in der iranischen und indischen Mythologie. Dantes wunderbarer Entwurf stammt also offenbar aus dem Orient.

Doch dankbar ist Dante zumindest Mohammed nicht: Die Schilderung von Mohammeds Strafe für die „Spaltung", die er unter den Menschen verursacht hat, indem er eine neue Religion begründete, gehört zu den grässlichsten in der *Hölle*:

> Ein Fass, wenn es Boden oder Dauben verliert, ist nicht,
> wie ich einen sah, so durchlöchert, der vom Kinn an
> aufgeschlitzt war bis dorthin, wo man furzt;
> zwischen die Beine hing ihm das Gedärm;
> das Geschlinge war zu sehen und der widerliche Beutel,
> der Scheiße macht aus dem, was man hinunterwürgt.
> *Die Hölle*, XXVIII, 22–27

Wesentlich freundlicher geht Dante mit arabischen Gelehrten um; er empfand nämlich große Verehrung für die Wissenschaft. Wenn man von Charon übergesetzt worden ist, gelangt man in den ersten Höllenkreis, den Limbus. Dort residiert eine recht elitäre Gesellschaft von Verstorbenen, die zwar keine Schuld auf sich geladen haben, leider aber nicht getauft sind. Sie haben das Pech, vor Christus gelebt zu haben oder mit der falschen Religion geboren worden zu sein. Nur alttestamentarische Größen wie Abel, Noah, Moses, David, Abraham, Jakob,

Rahel und viele andere sind inzwischen nicht mehr hier, denn Christus hat sie am Ende seiner Höllenfahrt ins Paradies geführt, wie das Nikodemusevangelium es schildert. Zu den Anwesenden gehören die bedeutenden Dichter der griechisch-römischen Antike, darunter Homer, Horaz, Ovid und Lucanus, die großen Philosophen wie Heraklit, Thales, Empedokles, Demokrit, Sokrates, Platon, Aristoteles und die Gelehrten Ptolemäus, Euklid, Hippokrates und Galen, außerdem aber auch die mittelalterlichen islamischen Denker Avicenna und Averroës. Avicenna (Ibn Sina, 981–1037), ein berühmter Arzt, Philosoph, Dichter, Astronom und Mathematiker persischer Herkunft, wirkte in der Blütezeit der islamischen Wissenschaft; sein *Kanon der Medizin* blieb über Jahrhunderte ein Standardwerk. Averroës (Ibn Ruschd, 1126–1198) war ein einflussreicher Philosoph und Astronom in Al-Andalus, dem maurischen Spanien. Dante war offenbar über die islamische Wissenschaft auf dem Laufenden; das macht es wahrscheinlich, dass er auch das *Liber Scale Machometi* kannte.

In seiner unvollendet gebliebenen philosophischen Abhandlung *Convivio* (*Das Gastmahl*) zitiert Dante den persisch-arabischen Astronomen Alfraganus (Farghani) mit der Aussage, der Durchmesser der Erde betrage 6500 Meilen. Die gleiche Zahl nennt er auch in einer anderen Passage dieses Textes und im *Paradies*. Es ist nicht klar, ob dabei die römische (1473,38 Meter), die florentinische (1890 Meter) oder die arabische Meile (1978 Meter) gemeint ist, aber dass Dante überhaupt eine solche Zahl erwähnt hat, lässt vermuten, dass er sich eine genaue Vorstellung von der Größe der Hölle machte.

*

Dante war keineswegs der Erste, der Hinweise auf den Umfang der Unterwelt gegeben hat. Berühmt sind die Verse Hesiods aus dem 8. oder 7. Jahrhundert vor unserer Zeitrechnung:

> So besiegte die Kraft ihrer Arme den Trotz der Titanen,
> bannte sie ebenso tief, wie der Himmel hoch ist, hinunter,
> ebenso weit von der Erde entfernt in des Tartaros Dunkel.
> Denn neun Nächte und Tage fällt ein eherner Amboss,
> bis er am zehnten Tag vom Himmel zur Erde herabkommt.
> Und auch neun Nächte und Tage fällt ein eherner Amboss,
> bis er am zehnten Tag von der Erde im Tartaros ankommt.
> [...]
> jener widrige, modrige Schlund, vor dem auch die Götter
> Grausen ergreift, und selbst im vollendeten Lauf eines Jahres
> fasste nicht Boden und Grund, wer einmal den Eingang durchschritten.
> Hesiod, *Theogonie*, 719–725, 739–741

Die Philologen sind sich nicht darüber einig, ob das erste und zweite Zitat einander widersprechen oder ob mit dem „Schlund“ ein weiterer Abgrund innerhalb des Tartaros gemeint ist. Vielleicht wurde die zweite Passage auch später hinzugefügt.

Der amerikanische Mathematiker Andrew Simoson hat dem Amboss Hesiods ein ganzes Buch gewidmet: *Hesiod's Anvil.* Wer mathematisch und physikalisch nicht sattelfest ist, dem dürfte bei der Lektüre bald der Kopf schwirren, andererseits ist Simosons Darstellung witzig geschrieben und steckt voll augenzwinkernder Anspielungen auf *Alice im Wunderland*, *Pu der Bär*, *Der kleine Prinz* und viele andere populäre Bücher. Auf der Grundlage der Gravitationsgesetze berechnet Simoson, aus welcher Entfernung sich der Amboss aus dem All auf die Erde zubewegen müsste, um in neun Tagen die Erdoberfläche zu erreichen: Es ist das Anderthalbfache des Abstands Mond-Erde, wenn der Amboss in gerader Linie auf die Erde zustürzt. Käme er von der Umlaufbahn des Saturn her – des fernsten in der Antike bekannten Planeten –, würde er fast 9000 Jahre brauchen, weil die Anziehungskraft der Erde auf eine solche Entfernung sehr gering ist. Rechnet man mit der Anziehungskraft der Sonne statt der Erde, dauert der Fall gut 15 Jahre, immer noch unter der Annahme, dass der Amboss in gerader Linie fällt. Komplizierter wird es, wenn er schon zu Anfang von der Geraden abweicht, zum Beispiel, weil er aus der Saturn-Umlaufbahn herausgeschleudert wird, denn dann wird er mit größerer Wahrscheinlichkeit in einem Erd-Orbit enden, als jemals auf die Erde zu stürzen.

Der Fall des Ambosses von der Erdoberfläche auf den Grund des Tartaros ist noch schwieriger zu berechnen, weil der Widerstand der Gesteine mit einbezogen werden muss; außerdem dreht sich die Erde während des Falls weiter, und bei der Annäherung an den Erdkern verändert sich die Schwerkraft. Wenn man annimmt, dass der Erdmantel eine größere Dichte als die Erdkruste besitzt und dass die Schwerkraft in der Erdkruste zunimmt, vom Erdmantel zum Erdkern hin aber wieder geringer wird, liegt man mit einer Schätzung von neun Tagen gar nicht schlecht, meint Simoson. Alle Achtung, Hesiod!

Vergil ist sehr viel bescheidener: In seiner Vorstellung ist der Tartaros zweimal so tief, wie das Olymp-Gebirge hoch ist, also 2 x 2917 = 5834 Meter – selbst an den „dünnsten" Stellen der Kontinente ist man in dieser Tiefe noch weit von der Mitte der Erdkruste entfernt. Nur unter den Ozeanen hat die Erdkruste lediglich eine Dicke von fünf bis zehn Kilometern. Immerhin ist Vergils Tartaros zweimal so tief wie der tiefste bis heute entdeckte unterirdische Wasserlauf, die Voronya-Höhle in Abchasien: Sie hat eine gemessene Tiefe von fast 2200 Metern.

Der *mi'rāj* wiederum übertreibt in der anderen Richtung. Mohammed fragt Gabriel nach den Abmessungen der sieben Erden der Unterwelt, und Gabriel antwortet, jede von ihnen sei 1000 Jahresreisen breit und 1000 Jahresreisen lang. Als Höhe nennt er jeweils 500 Jahresreisen. Eine Wegstunde entspricht vier Kilometern, eine Jahresreise also 35 040 Kilometern, das ist nicht sehr viel weniger als der Erdumfang. Tausend Jahresreisen sind gut 35 Millionen Kilometer, demnach würde sich die Hölle vom Erdmittelpunkt aus schon ein gutes Stück in den

Weltraum hineinerstrecken. Wenn man außerdem berücksichtigt, dass laut dem *mi'rāj* zwischen jedem Höllentor 70 000 Jahresreisen liegen sollen, knapp zweieinhalb Milliarden Kilometer, wäre die Hölle sogar größer als unser gesamtes Sonnensystem bis jenseits des Saturn. Für den Geologen keine schlechte Perspektive: So triumphieren wir doch noch über die Astronomen. Auch die arabische Mythologie hält mit der Wissenschaft ihrer Zeit und Kultur nicht Schritt.

*

Wenn man annimmt, dass Dante die genannten Quellen kannte, ist es sicher kein Zufall, dass er selbst Größenangaben gemacht hat, und zwar im 29. und

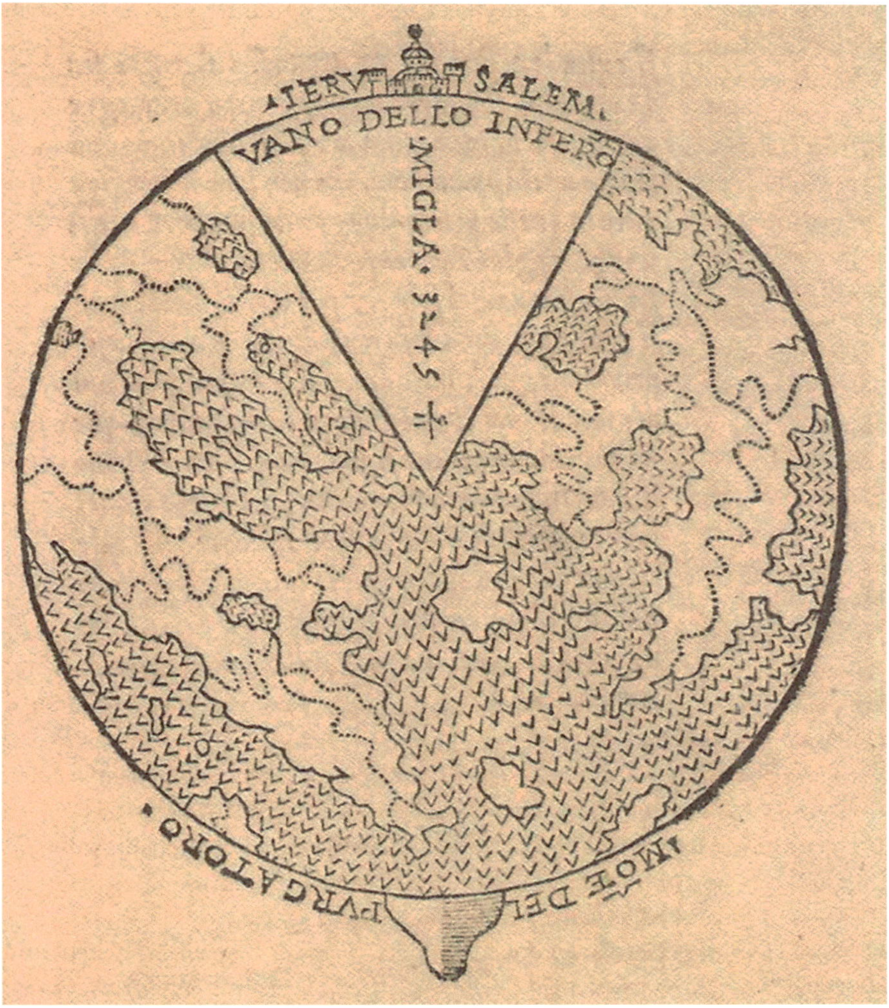

Der Höllentrichter nach Antonio Manetti (1504). Der Erdradius ist mit 3245 Meilen angegeben. Jerusalem liegt oben, der Läuterungsberg auf der südlichen Halbkugel.

30. Gesang, zu zwei der Malebolge-Gräben: Der neunte misst zweiundzwanzig Meilen im Umfang, der zehnte elf, während die Breite eine halbe Meile beträgt. Kein Geringerer als Galileo Galilei hat in einem Jugendwerk aufgrund dieser Angaben die Topographie von Dantes Hölle rekonstruiert. Im Jahr 1587, er war dreiundzwanzig, beauftragte ihn die Accademia Fiorentina mit der Untersuchung der Frage, welche der früheren Rekonstruktionen richtig sei: die des Florentiners Antonio Manetti von 1504 oder die 1544 veröffentlichte von Alessandro Vellutello aus Lucca. Es wurde behauptet, Galilei habe von vornherein seinen Landsmann Manetti bevorzugt; die französische Galilei-Forscherin Lucette Degryse meint jedoch, damit tue man ihm unrecht. Der Auftrag war ehrenvoll, und Galilei hoffte, sich mit seiner Arbeit für eine Anstellung an der Universität von Bologna zu empfehlen – vergeblich, aber zwei Jahre später wurde er als Lektor für Mathematik nach Pisa berufen.

Dante geht noch vom alten geozentrischen Weltbild des Aristoteles und Ptolemäus aus: Die Erde steht still im Zentrum des Universums, umrundet von Mond, Sonne, Planeten und Sternen. Auch Galilei hat sich 1587 noch nicht davon gelöst, möglicherweise war aber die Beschäftigung mit Dante ein Schritt auf dem Weg zu seinem späteren, radikalen Umdenken auf diesem Gebiet.

Galilei beschreibt zunächst die Form des Höllenkegels: Schlägt man um Jerusalem einen Kreis, dessen Radius einem Zwölftel des Erdumfangs entspricht, erhält man die oben liegende Grundfläche des Kegels. Die Spitze des Kegels liegt im Mittelpunkt der Erde. Anschließend berechnet Galilei nach den bekannten geometrischen Prinzipien des Archimedes das Volumen der Hölle: etwas weniger als ein Vierzehntel des Gesamtvolumens der Erde. Allerdings liegt die Grundfläche des Kegels nicht an der Erdoberfläche, denn die Hölle hat eine Decke, deren Mächtigkeit ein Achtel des Erdradius beträgt.

Der senkrechte Abstand zwischen den ersten fünf Kreisen dieser kegelförmigen Hölle entspricht jeweils einem Achtel des Erdradius von 3245 Meilen, erklärt Galilei nach dem Vorbild Manettis. Kreis fünf und sechs liegen auf gleicher Ebene, zwischen dem sechsten und siebten ist der Abstand wieder so groß wie zwischen den ersten fünf. Der achte, der Malebolge-Kreis, ist dagegen in die bekannten zehn Gräben unterteilt. Auf der Grundlage der von Dante genannten Umfänge des neunten und zehnten Grabens rechnet Galilei mit mathematischem Scharfsinn aus, dass der erste Graben des achten Kreises vom siebten Kreis 81 3/22 Meilen entfernt sein muss. Das ist auch der Abstand zwischen den übrigen Gräben und zwischen dem untersten Graben und Luzifers Eisgrube.

*

Dass die Hölle eine Gesteinsdecke hat, erklärt die in ihr herrschende Finsternis, lässt sich aber schwer mit der Geschichte von ihrem Ursprung vereinbaren. Luzifer ist der Erzengel, der von Gott verstoßen wurde und zum tiefsten Punkt des Weltalls hinabstürzte, das heißt nach traditioneller Vorstellung: zum Mittel-

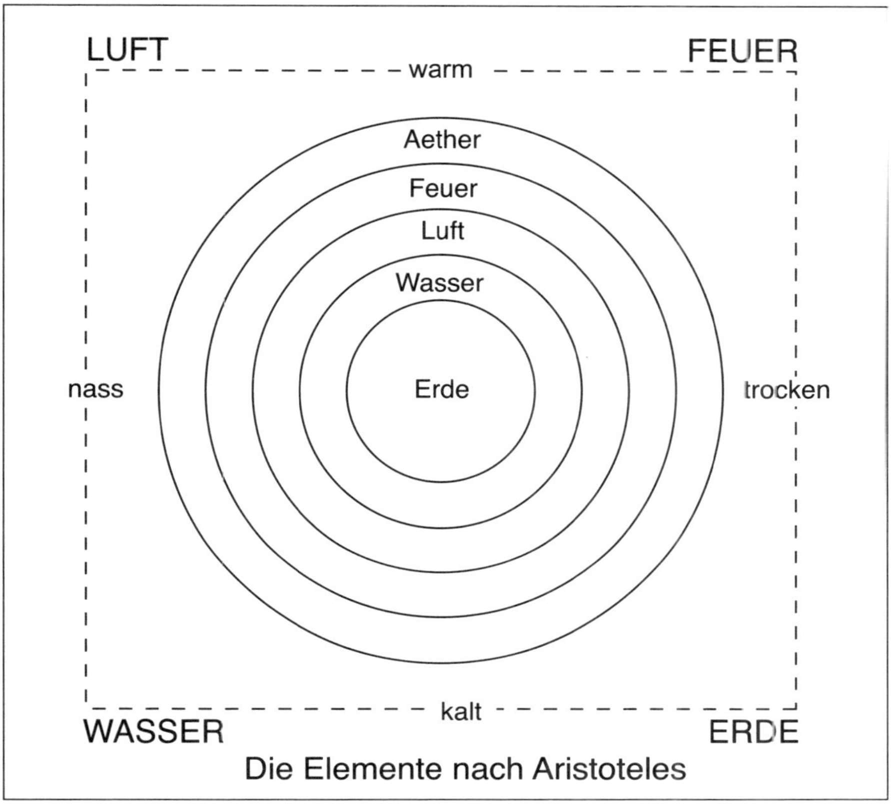

Das aristotelische Weltbild

punkt der Erde. Durch seinen Fall entstand der Abgrund, der seitdem die Hölle ist. Sie ist also ein Einschlagkrater. Durch den Einschlag verschobenes Material bildet eine Aufwölbung auf der Südhalbkugel: den Läuterungsberg, das *Purgatorio*. Doch wie die Hölle dann zu ihrer Decke gekommen ist, bleibt rätselhaft. Einschlagkrater haben nun einmal keine.

Der französische Physiker Jean-Marc Lévy-Leblond hat Galileis Berechnungen überprüft. Das Volumen der Hölle habe Galilei in Anlehnung an Manettis Angaben korrekt berechnet, schreibt er. Allerdings sei die Decke nicht stark genug, um ihr eigenes Gewicht zu tragen. So bricht eine reizvolle Symbiose von Mythos und Wissenschaft wieder in sich zusammen. Vielleicht hätte sich Galilei ein wenig länger mit Geologie als mit Astronomie beschäftigen sollen, als er einmal so schön in Schwung war.

Es ist doch seltsam, dass all die im Limbus von Dantes Hölle versammelten Philosophen zu Lebzeiten so wenig über das Innere der Erde nachgedacht haben, noch weniger als die Dichter vielleicht, die dort seufzend ihr Schicksal teilen. In einer Hinsicht waren diese Philosophen Naturwissenschaftler: Sie versuchten die

Welt durch Beobachtung zu verstehen, ohne die Erscheinungen mit göttlichem Eingreifen zu erklären. Sie sahen die Himmelskörper, registrierten die stetige Veränderung ihrer Positionen am Firmament und entwickelten Theorien über den Aufbau des Kosmos. Aristoteles ordnete Empedokles' Elemente Wasser, Luft und Feuer in Sphären rund um die still stehende Erde an und fügte als fünftes Element den *aither*, lateinisch Aether, in einer weiteren Sphäre hinzu. Der Himmel war in seiner Vorstellung aus fünfundfünfzig kristallenen Sphären aufgebaut, an die wiederum die Sonne, der Mond, die Planeten und die Sternbilder angeheftet waren. Dieses Weltbild hatte im Wesentlichen fast 2000 Jahre Bestand, bis Kopernikus, Galilei und Kepler es widerlegen konnten.

Im kleinasiatischen Milet, an der Westküste der heutigen Türkei, entstand schon im 6. Jahrhundert vor unserer Zeitrechnung eine philosophische Schule, die über die Gestalt der Erde nachdachte. Was wir von den Vorstellungen dieser Naturphilosophen wissen, stammt nicht unmittelbar aus den wenigen erhaltenen Fragmenten ihrer Schriften, sondern aus Aristoteles' Abhandlung *Peri ouranou (Über den Himmel)*. Nach Ansicht des Thales von Milet, eines von Dantes Limbus-Bewohnern, treibt die Erde im Wasser – dass Thales sie für eine flache Scheibe gehalten habe, wird zwar oft behauptet, ist aber durch keine antike Quelle belegt; einige Experten leiten aus Aristoteles' Darstellung sogar ab, dass Thales sich die Erde durchaus als Kugel vorstellte. Milesische Schüler des Thales hatten allerdings recht eigenwillige Ideen. Anaximander stellte sich die Erde als eine Art Säulenstumpf vor, als Zylinder, dreimal so breit wie lang, der bewegungslos im Raum steht. Die bewohnte Welt liegt an der Oberseite des Zylinders, umspült von Okeanos. Anaximenes, ein Schüler Anaximanders, meinte dagegen, die Erde habe die Form einer Scheibe, Leukipp stellte sie sich als Trommel vor, und der Thraker Demokrit, dem das Atom seinen Namen verdankt und der ebenfalls in Dantes Limbus anwesend ist, hielt im 5. Jahrhundert vor unserer Zeitrechnung die Erde für einen hohlen Ring – eine Art Autoreifen also.

Doch bereits im 3. Jahrhundert vor unserer Zeitrechnung konnte Eratosthenes den Umfang der Erdkugel erstaunlich genau berechnen, und schon für Aristoteles, gut ein Jahrhundert vor Eratosthenes geboren, stand die Kugelgestalt der Erde ganz außer Frage. Er schreibt etwas noch viel Interessanteres über die Entstehung der Erde: „Eben deshalb behaupten alle, die den Himmel entstanden sein lassen, die Erde habe sich im Zentrum zusammengeballt [...] Denn jeder [ihrer] Teile besitzt so lange ein Gewicht, bis er zum Mittelpunkt gelangt [...] so trifft ein [Teil] auf den anderen, bis sie das Zentrum erreichen [...] Wenn [die Erde] also entstanden ist, dann muss sie auf diese Weise entstanden sein, woraus deutlich folgt, *dass sie in Kugelgestalt entstanden ist*" (*Über den Himmel*, II, 13, 295 a; II, 14, 297 a und b. Kursivierung SK). Im Zentrum zusammengeballt, in Kugelgestalt entstanden! Unser Gobstopper! Wie gern hätte ich Aristoteles noch ein wenig ausgequetscht, um zu erfahren, wie er das eigentlich gemeint hat.

Aristoteles' Lehrer Platon lässt Sokrates im Dialog *Phaidon* über die Erde sagen:

In ihrem Inneren aber finden sich, entsprechend ihren Vertiefungen [auf der Oberfläche] rings um sie herum, zahlreiche Örtlichkeiten. [...] Diese alle aber sind unter der Erde vielfach durch bald engere, bald weitere Gänge miteinander verbunden und haben Durchlässe, durch die vom einen zum andern viel Wasser fließt wie in Mischkrüge. Und gewaltige, nie versiegende Ströme fließen unter der Erde, bald mit warmem, bald mit kaltem Wasser, und viel Feuer und mächtige Feuerströme. Und in großer Zahl auch solche, die flüssigen Schlamm, teils reineren, teils wieder schmutzigeren mit sich führen, wie die Schlammströme, die in Sizilien der Lava vorangehen und wie die Lava selbst. Durch diese werden dann jeweils die Räume ausgefüllt, zu welchen sie der Kreislauf gerade bringt [...] unter den Schlünden der Erde ist einer, der größte von allen, der ganz durch sie hindurch geht [...] In diesen Schlund fließen alle Ströme zusammen, und ihm entströmen sie auch wieder, und alle nehmen die Beschaffenheit des Erdbodens an, durch den sie fließen.
Platon, *Phaidon*, 60

Der größte Erdspalt ist der Tartaros. Platon vergleicht das Ein- und Ausströmen der Flüsse mit der Atmung. Im Erdinneren scheint das Wasser die Hauptsache zu sein, das Feuer dagegen eher Nebensache, und diese Vorstellung hält sich fast 2000 Jahre lang. Sie ist ja auch nicht abwegig, denn Quellen gibt es überall, Vulkane aber nur in bestimmten Regionen.

*

Nicht viel weniger als zwei Jahrtausende nach Platon ist die Idee eines mit Wasser gefüllten Erdinneren noch quicklebendig. Leonardo da Vinci, ein überzeugter Anhänger Platons, nennt neue, selbst erdachte Argumente für dessen Gedanken: „Notwendigerweise ist die Maschine der Erde erdleer, aber voll Wasser wie ein mit Wasser gefülltes Gefäß. Dies wird bestätigt durch die zehnfache Proportion, in der sich die Elemente zueinander verhalten [...] Nun läßt sich sagen, daß das Wasser soviel Erde freigelassen hat, welche die Oberfläche der Wasserkugel überragt, wie diejenige Erde ist, die von der Oberfläche des Wassers bis zum Mittelpunkt der Welt fehlt, das heißt, ich denke, daß der höchste Berg der Erde so weit über die Wasseroberfläche herausragt, wie die tiefste Meerestiefe unter dem Meeresspiegel liegt. Daraus folgt, daß die Erde, wenn man das erdlose Meer mit dem Überschuß der Berge auffüllen würde, vollkommen kugelförmig würde und ganz von der Kugel des Wassers bedeckt wäre. Aber soweit man es abschätzen kann, wäre diese Wasserkugel oder, sagen wir, dieses Element nicht zehnmal so viel wie die Kugel der Erde und nicht nur nicht zehnmal so groß, sie würde nicht einmal eine gleiche Proportion erreichen, denn man sieht genau, daß sich die Kugel des Wassers nicht eine Meile über die Kugel des Wassers erheben, das heißt nicht die Höhe des höchsten Berges erreichen würde; das würde geschehen, wenn die ganze aus dem Wasser herausragende Erde überall so hoch wäre wie dieser höchste Berg. Also schließen wir daraus, daß der Rest des Wassers im Körper und in den Adern der Erde verbleibt [...]" (*Codex Leicester*, Blatt 2 A, Folio 35 V). Alle Gedanken Leonardos über das Wasser sind geprägt von Platons Atmungs-Metapher für den Wasserzyklus.

Außerdem ist Leonardo der Erste, der unseren Gobstopper zeichnet, in der zwischen 1504 und 1510 entstandenen, als *Codex Leicester* bekannten Handschrift mit wissenschaftlichen Schriften, Notizen, Skizzen und Zeichnungen, die sich heute im Besitz von Bill Gates befindet. Allerdings sieht der Erdball dort eher wie eine Mandelsplitterpraline oder wie eine Kugel aus zerknülltem Papier aus; ginge aus dem Text nicht hervor, dass es sich um einen Querschnitt der Erde handeln soll, wäre wohl niemand darauf gekommen.

Was für ein Unterschied zu den fantastischen Darstellungen von Dantes Hölle auf zeitgenössischen Bildern, wie auf dem wundervollen Fresco von Orcagna in der Basilica di Santa Maria Novella in Florenz – naturgetreu, möchte man fast sagen. Auf zahllosen Weltgerichts-Gemälden finden sich Bezüge zu Dante. Man versteht kaum, dass diese Bilder nicht die Neugier der Gelehrten auf die wirkliche Beschaffenheit des Erdinneren geweckt haben. Vielleicht trifft aber auch zu, was Alice Turner in *The History of Hell* schreibt: Dantes lebensechte Darstellung habe es Intellektuellen der Renaissance und Aufklärung leichter gemacht, die Idee der Hölle zu verwerfen.

Es brauchte einen eigenständigen Geist wie den Leonardos, um unabhängig von Dante über das Innere der Erde nachzudenken. Leonardo wurde nicht zu früh, sondern zu spät geboren, um in Dantes Limbus aufgenommen zu werden, aber bestimmt hätte man ihm dort aufmerksam zugehört.

Unter einem ganz ähnlichen gezeichneten Papierknäuel auf einem anderen Blatt des *Codex Leicester* (6 A, Folio 31 R) steht: „Hier haben wir uns die Erde mitten durchgeschnitten vorzustellen; und so wird man die Tiefen des Meeres und der Erde sehen: Die Wasseradern gehen von den Meeresgründen aus und verweben sich mit der Erde, und sie erheben sich zu den Gipfeln der Berge und ergießen sich zu Flüssen und kehren ins Meer zurück." Auf dem Blatt mit dem zuerst erwähnten Knäuel wiederum erklärt Leonardo: „Daß sich die Gipfel der Berge so hoch über die Sphäre des Wassers erheben, kann daher gekommen sein, daß der riesengroße Ort der Erde, der voll Wasser war, das heißt die riesengroße Höhle, ein großes Stück seines Gewölbes verlor, das in die Mitte der Welt stürzte, da es durch den Lauf der Wasseradern losgelöst wurde [...] Nun konnte diese große Masse einstürzen, weil der Mittelpunkt der Welt im Wasser war: Und sie blieb mit gleichem, aber entgegengesetzt verteiltem Gewicht rings um die Mitte der Welt liegen und machte die Erde leichter, wo sie sich losgelöst hatte; und so entfernte sie sich sofort von der Mitte der Welt und erhob sich [...] zu den Gipfeln der hohen Berge." Und tatsächlich, schaut man sich das Papierknäuel genau an, dann sieht man, dass am unteren Rand Berge fehlen und ein Stück Land zur Mitte abgesunken ist. Die Zeichnung unter dem Knäuel soll diesen Vorgang wohl verdeutlichen.

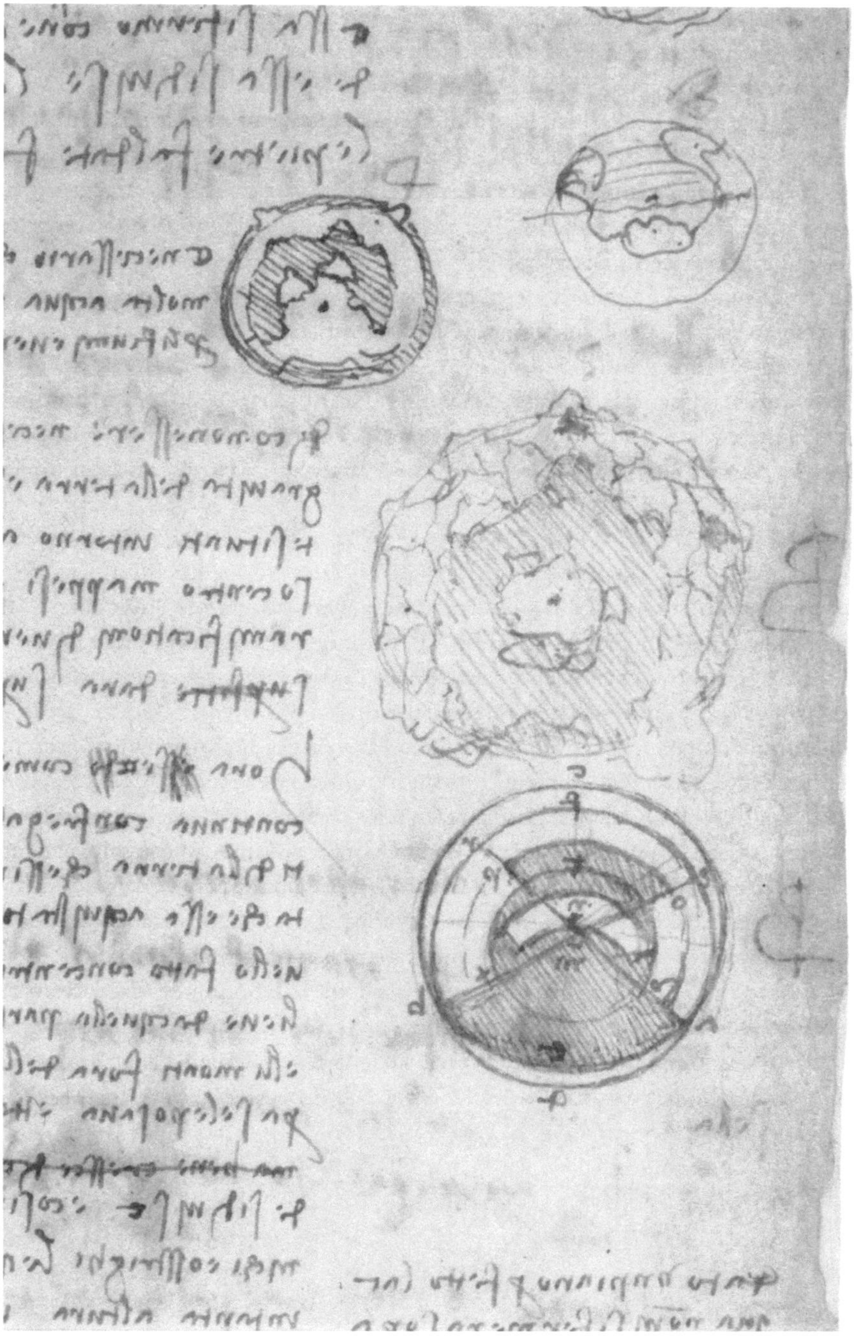

Die undeutliche Zeichnung in der Mitte ist die erste Abbildung der Erde als Gobstopper; die Zeichnung rechts unten soll die Entstehung von Bergen durch das Absinken eines Teils der Erdkruste in die darunterliegende Wasserschicht verdeutlichen. *Codex Leicester,* Blatt 1 B, Folio 36 R (Ausschnitt).

Die Hydrologen Laurent Pfister, Huub Savenije und Fabrizio Fenicia haben der Wassertheorie Leonardos vor Kurzem ein ganzes Buch gewidmet; die Abbildung unten veranschaulicht ihre Interpretation seiner Zeichnung.

Als Folge fortschreitender Erosion, verursacht durch das in unterirdischen Adern fließende Wasser, stürzt ein Teil des Erd-„Gewölbes" ein und sinkt ins Wasser, auf den Erdmittelpunkt zu. Dadurch kommt es zu einer Verlagerung der festen Erde, die übrig gebliebenen Teile werden leichter und erheben sich teilweise über den Meeresspiegel, an einigen Stellen entstehen Gebirge. Der amerikanische Hydrologe Richard Heggen, der mit *Underground Rivers* ein großartiges enzyklopädisches Werk zu diesem Thema geschrieben hat, deutet Leonardos Zeichnungen ganz ähnlich.

Leonardos wissenschaftliches Werk blieb jahrhundertelang unbeachtet, weil nichts davon veröffentlicht wurde; erst im 19. Jahrhundert erkannte man, dass vieles in seinem Denken seiner Zeit weit voraus war – wenn er auch in diesem konkreten Fall falsch lag.

*

Wir müssen anderthalb Jahrhunderte weitergehen, bis wir im Werk eines Denkers erneut einen Querschnitt durch die Erdkugel finden, und zwar bei René Descartes im vierten Teil der *Principia philosophiae* (*Die Prinzipien der Philosophie*), die 1644 bei Elsevier in Amsterdam erschienen.

Die französische Übersetzung des Abbé Picot, eines Freundes von Descartes, wurde 1647 in Paris von Henri Le Gras unter dem Titel *Principes de la philosophie* gedruckt. Descartes hat dem Übersetzer über die Schulter geschaut, und viele Abweichungen vom ursprünglichen Text gehen vermutlich auf ihn selbst zurück – die hinzugefügte Aussage, dass die Welt von Gott geschaffen worden sei, dürfte allerdings vom Abbé stammen. Es ist ein ausgesprochen theorielastiges Werk, das eher aristotelisch als im modernen Sinne wissenschaftlich anmutet.

Descartes glaubt, die Erde sei ursprünglich wie die Sonne gewesen. Sonnenflecken erklärt er damit, dass Partikel des „ersten Elements" zu einer dichteren Substanz zusammenklumpen und sich anschließend voneinander lösen, was den Sonnenfleck wieder verschwinden lässt. Der Prozess der Zusammenballung

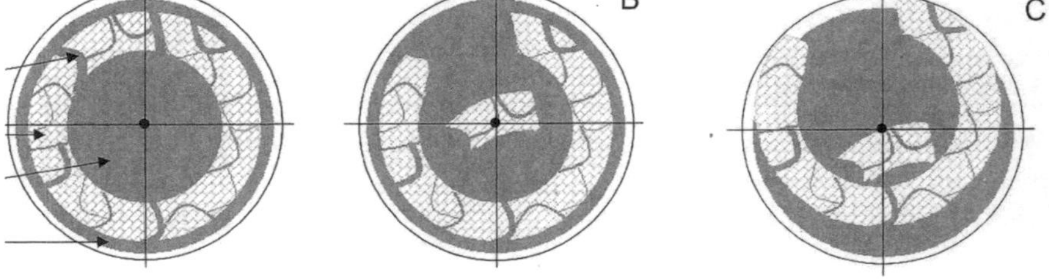

Absinken eines Teils der Erdkruste in das darunterliegende Wasser

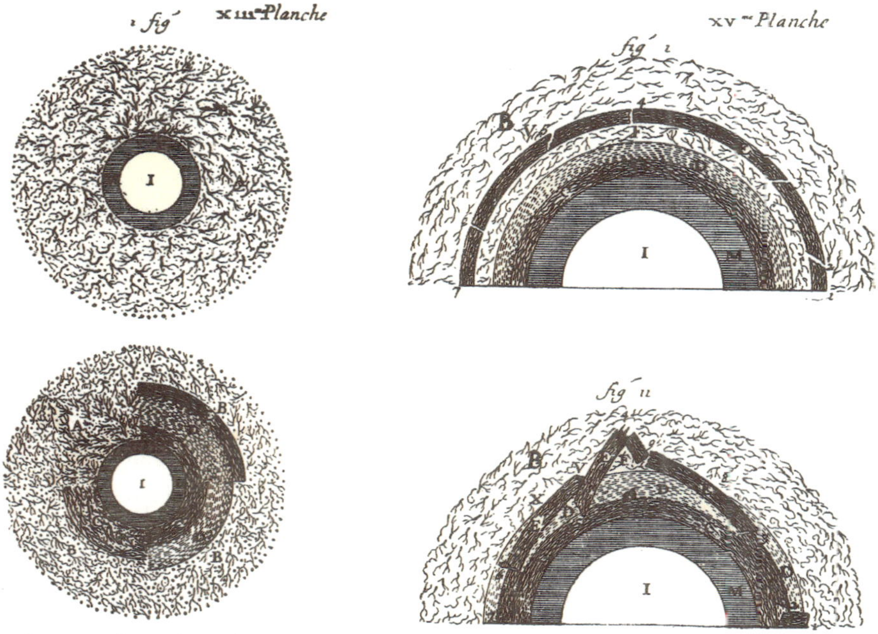

Die Entstehung des Erdinneren nach Descartes, 1644

soll sich auch auf der Erde vollzogen haben, jedoch viel weiter fortgeschritten und vor allem unumkehrbar geworden sein. Der Erdkern entspricht in dieser Vorstellung noch mehr oder weniger der Sonne (I auf den Zeichnungen), doch um ihn herum hat sich durch Zusammenballung von Materie eine zweite, aus gröberen Partikeln bestehende Schicht M gebildet, aus dieser wiederum eine dritte (A, B). Durch Vorgänge, die man vielleicht am besten als Kondensation und Zusammenballung von Partikeln verschiedener Größe und Form bezeichnen kann, entstehen weitere Schichten, C, D, E und F. Diese Vorgänge werden durch den „Druck" des Sonnenlichts und durch seine Wärme ausgelöst. Etwa so, als würde man „an sumpfigen Stellen durch das Betreten des Erdbodens Wasser aus ihm herauspressen", erklärt Descartes mit einem seiner seltenen aus der Natur entlehnten Vergleiche.

Nach dreißig Seiten schwer verständlicher Deduktionen lässt er in wenigen Zeilen die Katze aus dem Sack: B und F sind Luft, D das Wasser, C eine innere Erdkruste, die sehr fest und erzhaltig ist, E eine weitere, weniger massive Erdkruste aus Gesteinen, Ton, Sand und Lehm. Zwischen der äußeren Kruste E und der inneren Kruste C liegen eine Luftschicht F und eine Wasserschicht D. In der Außenkruste E können Risse auftreten, vergleichbar den Schrumpfrissen in austrocknenden Böden. Ein Stück der gerissenen Kruste kann durch die darunterliegenden Luft- und Wasserschichten hindurch auf die härtere Kruste C absinken, später aus der Außenkruste gelöste Stücke wiederum auf Teile der zuerst abgesunkenen; auf diese Weise bilden sich Gebirge.

Vieles an diesem Entwurf ist sehr interessant, trotz seines spekulativen Charakters. Es fällt auf, dass die äußere Hülle der Erdkugel noch große Ähnlichkeit mit der bei Platon und Leonardo hat. An manchen Stellen befinden sich Wasser und Luft zwischen der äußeren Kruste und dem darunterliegenden Gestein, an anderen liegen Teile der äußeren Kruste unmittelbar auf diesem Gestein – der Vergleich mit einer eingestürzten Höhle drängt sich auf. Im tieferen Erdinneren dagegen gibt es etwas Glühendes, das noch weitgehend der Sonne gleicht und außerdem gerinnen kann: Descartes ist der Erste, der die Existenz eines heißen Erdkerns vermutet. Es sollte noch viel Zeit vergehen, bis in dieser Hinsicht mehr Klarheit herrschte.

Die Vorstellung von einstürzenden Hohlräumen im Erdinneren blieb derweil populär. In den Zeichnungen, die der dänische Naturforscher und spätere Bischof Niels Stensen in sein geologisches Werk *De solido intra solidum naturaliter contento dissertationis prodomus* (1669) aufnahm, spielt das Kollabieren von Gesteinsschichten eine wichtige Rolle.

Stensen formulierte als Erster das geologische Prinzip der Überlagerung oder Lagerungsabfolge: Das weiter oben Abgelagerte ist jünger als das unten Liegende – ein Prinzip, an das ich täglich erinnert werde, wenn in den Papierstapeln auf meinem Schreibtisch wieder einmal etwas untergegangen ist.

Thomas Burnet (1635–1715), königlicher Kaplan am Hof Wilhelms III., führt noch ein weiteres Argument für die Überzeugung an, dass es tief in der Erde eine Schicht Wasser geben müsse. Sein Buch *Telluris Theoria Sacra* oder *The Sacred Theory of the Earth* aus dem Jahr 1681 wurde lange Zeit als rein spekulative Darstellung der Erdgeschichte abgetan, geschrieben in der Absicht, diese Geschichte mit der Bibel in Übereinstimmung zu bringen. Stephen Jay Gould hat jedoch in sei-

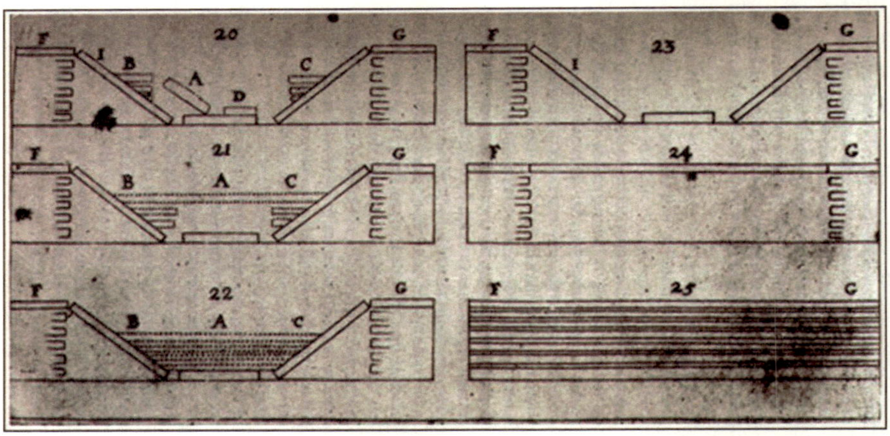

Absinken von Gesteinsschichten durch darunterliegende Wasserschicht, nach Niels Stensen

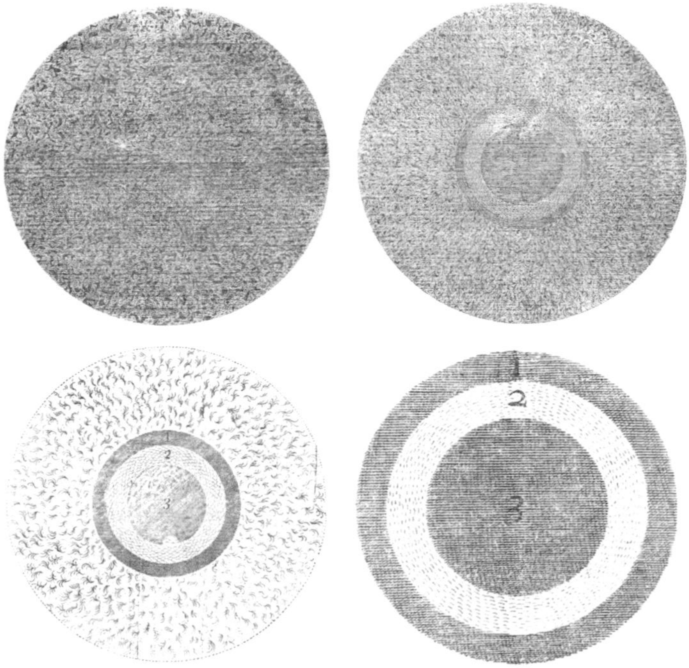

Vier Stadien in der Entstehung der Erde durch Entmischung und Absetzung erdartiger Partikel (3), öliger und wässriger Flüssigkeiten (2) und Luft (1), nach Thomas Burnet (1681)

nem Buch *Die Entdeckung der Tiefenzeit: Zeitpfeil oder Zeitzyklus in der Geschichte unserer Erde* überzeugend dargestellt, dass viele von Burnets Ideen letztlich auf Naturbeobachtung zurückgehen. Für Burnet war die vorsintflutliche Erde das Paradies, denn sie war vollkommen: eine glatte Kugel ohne Berge, ohne Meere, ohne Hohlräume. Entstanden war sie durch eine Zusammenballung von Partikeln – die im Chaos noch unverbunden waren –, wobei sich die gröbsten Partikel als Erste absetzten und den Kern der Erde bildeten – hier besteht eine gewisse Ähnlichkeit zu heutigen Vorstellungen über die Entstehung unseres Gobstoppers. Bei der Sintflut barst die Erdoberfläche, große Teile des Landes sanken in die daruntergelegene Wasserschicht ab, und so wurde die Erde zu der chaotischen Ansammlung von Bergen, Meeren und Höhlen, die sie heute ist.

Doch woher wollte Burnet wissen, dass unter der Erdoberfläche eine Schicht Wasser liegen müsse?

Tatsächlich stammen nicht alle unterirdischen Gewässer aus dieser Wasserschicht, denn viele gehen auf Regen und geschmolzenen Schnee zurück, die in die Erde eingedrungen sind; doch ganz gleich, wo man gräbt, selbst im festesten Boden, immer trifft

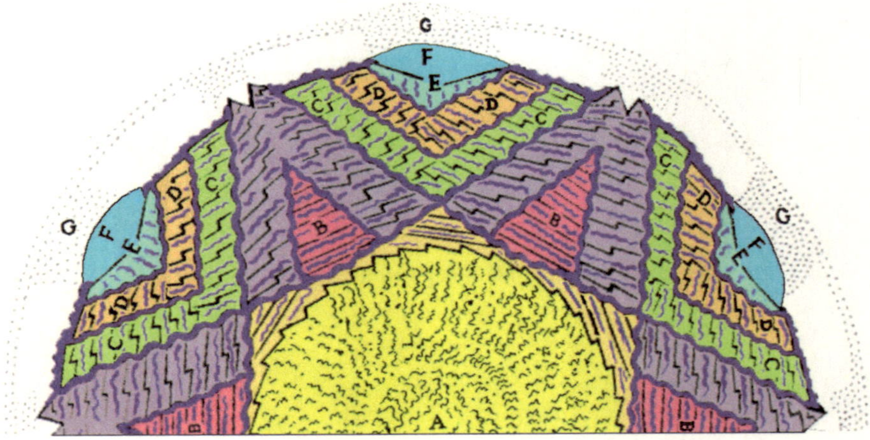

Aus Thomas Robinsons *The Anatomy of the Earth* (1694) und *New Observations on the Natural History of the World of Matter* (1696), koloriert von Richard Heggen. A: zentrales Feuer; B: Berge; C: Heide; D: Ebenen; E: Kanäle des Meeres; F: Meere mit einmündenden Flüssen; G: Dämpfe des Meeres. Die Abbildung zeigt „die Krümmungen und Biegungen der größeren Adern […], darin die gesamte unterirdische Wassermasse zirkuliert. Die kleineren Adern oder Verzweigungen leiten das Wasser in alle höheren Schichten, die an der Erdoberfläche, wenn sie aufbrechen, Quellen entstehen lassen. Wie es ja auch leichter ist, in unseren Körpern eine Ader im Hals oder den Armen zu brechen, wo sie dicht unter der Haut liegen, als im Gesäß oder einem anderen fleischigen Teil."

man schließlich auf Wasser, das nicht von Regen oder Schnee her stammen kann, sondern von unten kommt.

Thomas Burnet, *The Sacred Theory of the Earth*, Book 1, Chapter IX

Überall gibt es Grundwasser! Muss also nicht eine Wasserschicht unter der Erdoberfläche liegen? Folgerichtig gedacht!

Noch Ende des 17. Jahrhunderts, also bis ins Zeitalter der Aufklärung hinein, machte sich auch auf diesem Gebiet Platons Einfluss bemerkbar, trotz der neuen Erkenntnisse, die Newton, Huygens und viele andere Gelehrte inzwischen gewonnen hatten. Der schönste Gobstopper aus jener Zeit ist vielleicht der von Thomas Robinson, Pfarrer der Gemeinde Ousby in Cumberland, in seinem Buch *Anatomy of the Earth* (1694); in ihm erkennt man nicht nur Wasseradern, Flüsse und Ozeane, er erinnert sogar noch an die polyedrischen Körper, aus denen in Platons Vorstellung der Kosmos bestand.

Man fragt sich: Woher all die einstürzenden Erdschichten? Warum all das unterirdische Wasser, die sich verzweigenden Adern? Es sind typische Merkmale von Kalkkarstlandschaften. Die Quellen, die Ponore oder Schlucklöcher, die durch Erosion erweiterten Gesteinsrisse, die Dolinen, die Poljen – es ist, als hätten die griechischen Kalkregionen zwei Jahrtausende lang für unser Bild von der Entstehung der Erde Modell gestanden.

Die Stadt des Dis

Denn zwischen den Särgen waren Flammen verteilt,
wodurch diese so ganz und gar zum Glühen gebracht wurden,
dass kein Handwerk vom Eisen mehr fordert.
Alle ihre Deckel waren aufgestützt, und heraus
drangen so schlimme Jammerlaute, dass sie deutlich
von Elenden und Gequälten zu kommen schienen.
Dante Alighieri, *Die Hölle*, IX, 118–123

Ein eigenartiges Paradox steckt in unserer Angst vor der Unterwelt. Höhlen sind ja nicht nur furchteinflößend, sondern bieten seit den Anfängen der Menschheitsgeschichte auch Schutz vor Kälte und Regen. Unsere Urahnen wohnten gern in Höhlen. In der Jurakalk-Höhle von Vallonet in den französischen Alpen haben schon vor 900 000 Jahren Menschen gelebt. Die Sima de los Huesos, die „Knochengrube“, ist Teil eines ausgetrockneten unterirdischen Karstflusses im kreidezeitlichen Kalk der nordspanischen Sierra de Atapuerca; dort hat man menschliche Überreste gefunden, die mindestens 850 000 Jahre alt sind. Bei dem Ort Zhoukoudian, heute ein Unterbezirk der chinesischen Hauptstadt, haben Pekingmenschen seit etwa 500 000 Jahren vor unserer Zeit eine Karsthöhle in ordovizischem Kalk bewohnt, bis die Höhle vor 230 000 Jahren einstürzte. Der erste Neandertaler wurde Mitte des 19. Jahrhunderts nahe Düsseldorf in einer Karsthöhle in devonischem Kalkstein entdeckt. Die berühmten Malereien der Karsthöhlen von Lascaux und Chauvet in Südwestfrankreich und Altamira in Spanien sind 35 000 Jahre alt, und die 38 000 Jahre alte Venus vom Hohlefels wurde in einer Jurakalk-Höhle gefunden. Auch die Vorfahren der alten Griechen bewohnten im Pindosgebirge Höhlen. Wie Anna Petrocheilou berichtet, haben in Griechenland noch 1985 zweihundert Familien in Höhlen gehaust.

Nun konnten nicht alle alten Völker die Vorzüge einer Karstlandschaft nutzen. Ungeschützt im Regen zu übernachten, war aber nicht angenehm. Manche frühen Menschen bauten sich deshalb Plaggenhütten, die man unter anderem aus den Niederlanden kennt, Hütten aus unbehauenen Steinen, Holzhütten oder, wenn es wie in der nordsibirischen Tundra kein Holz gab, Bärenfellzelte mit Stangen aus Mammutstoßzähnen. Andere errichteten Stein- oder Lehmhäuser unter Felsüberhängen in Schluchten, wie die Anasazi im Südwesten der Vereinigten Staaten. Es gab jedoch auch Menschen, die auf die Idee kamen, sich

Höhlenwohnungen in Kappadokien

Höhlen zu *schaffen*. Zwar lassen sich Hohlräume nicht in jeden Fels hauen, aber einige weiche Sedimentgesteinsarten sind dafür sehr gut geeignet, vor allem Löss und Tuff – so auch die Tuffe rund um den Lago d'Averno bei Neapel. Beide haben außerdem den Vorteil, ungeschichtet zu sein und ausreichend trockene Höhlungen zu ermöglichen, weil Regenwasser in den feinen Poren hängen bleibt, statt aus Spalten herabzutropfen.

Die vielleicht berühmtesten von Menschen ins Gestein gearbeiteten Höhlenwohnungen liegen in Kappadokien, im Herzen der anatolischen Hochebene. Diese Region ist seit mehr als 25 Millionen Jahren von vulkanischer Tätigkeit geprägt, und ein knappes Dutzend Vulkane, darunter der Erciyes Daği und Hasan Daği, sind bis heute aktiv. In der Zeit vor elf bis fünf Millionen Jahren kam es dort zu gewaltigen Eruptionen, vergleichbar mit denen auf den Phlegräischen Feldern bei Neapel. Davon zeugen mindestens zwei alte Calderen, Superkrater mit einem Durchmesser von über 20 Kilometern, die Derinkuyu- und Acıgöl-Calderen, obwohl sie an der Erdoberfläche nur noch schwer zu erkennen sind. Bei diesen Ausbrüchen bedeckten riesige Glutwolken die Landschaft mit dicken Schichten aus heißen vulkanischen Glasfragmenten, die zu Ignimbriten verschweißt sind. Die meisten Ignimbrite sind weiß, weich und leicht auszuhöhlen. Sie konnten auch hart werden, wenn die Glasteilchen miteinander verschmolzen. An vielen Stellen sind die Ignimbrite später erneut von Lavaströmen bedeckt worden. Die Erosion der weichen Ignimbrite hat die harten Ablagerungen unterminiert und zu einer zauberischen Landschaft aus weißen, steilen, kegelförmigen Ignimbrithügeln geformt, manche mit einem Mützchen aus dunkler Lava. Feenkamine werden sie genannt, im Französischen *cheminées des fées*, was noch viel schöner klingt. Ganze Areale aus solchen Formationen liegen wie Fakirbetten für Kyklopen verteilt. Hier erinnern sie an schmelzende Gletscher, dort an einen Festzug dralle Hofdamen in Reifröcken, anderswo an meterhohe Schachfiguren in einer Pattstellung. Auch wer erotische Assoziationen bevorzugt, wird seine helle Freude an ihnen haben. Dass sie weltberühmt sind, liegt nicht nur an den märchenhaften Landschaftsformen, sondern auch daran, dass ganze unterirdische Städte ins Gestein gegraben wurden, mit Tausenden von Wohnräumen, außerdem Kirchen, Klöstern, Mönchszellen, Grabgewölben, Vorratskammern und Weinkellern. Die unterirdische Stadt Derinkuyu zählt teilweise zwanzig Stockwerke und reicht bis zu 40 Meter unter die Erdoberfläche. Zehntausend Menschen konnten in ihr leben. Miteinander verbunden waren die Räume durch ein erstaunliches Labyrinth schmaler, niedriger Gänge, die notfalls mit mühlsteinähnlichen Rolltüren verschlossen werden konnten. Es gab auch ein wohldurchdachtes Belüftungssystem, das noch auf den untersten Ebenen für Frischluft sorgte.

*

Was trieb die Menschen dazu, in dieser herrlichen Landschaft unter der Erde zu wohnen? Heimweh nach Kalkhöhlen jedenfalls nicht. Es fällt auf, dass gerade die ältesten Bewohner des Landstrichs, in der Steinzeit, nicht unterirdisch gehaust haben. Das Gebiet gehörte zum sogenannten fruchtbaren Halbmond, jener Region zwischen Levante und Iran, in der vor 10 000 Jahren die Landwirtschaft erfunden wurde, als sich das Klima nach der letzten Kaltzeit verbesserte. Wie Ausgrabungen zeigen, bevorzugten die Menschen damals Flussterrassen als Wohnstätten, nah am Wasser also, aber trocken. Auch die Hethiter in der späten Bronzezeit, die Perser vom 6. Jahrhundert vor unserer Zeitrechnung an und später die Griechen und Römer wohnten oberirdisch. Erst in der byzantinischen Epoche fing man an, sich in den Fels zu graben. Und das war nichts anderes als eine Überlebensstrategie.

Die byzantinischen Christen gerieten nämlich im 6. Jahrhundert zwischen die von Süden her vorrückenden Araber und die Perser im Osten; vom 9. Jahrhundert an wurden sie von den seldschukischen Türken bedrängt, die schließlich ganz Kleinasien eroberten. Im unzugänglichen Kappadokien haben die unterirdischen Städte jahrhundertelang Schutz geboten. Es war wohl vor allem der Initiative von Mönchen zu verdanken, dass die Christen in den Untergrund gingen. Gibt es dort deshalb so viele unterirdische Kirchen und Klöster? Oder fühlte man sich auch noch von der Unterwelt angegriffen?

Schwierig war das Bauen im Gestein jedenfalls nicht. Eine Höhlenwohnung war innerhalb weniger Monate fertiggestellt, auch ohne besondere Kenntnisse.

Bei der Gestaltung der Gewölbe und Pfeiler orientierte man sich an der byzantinischen Architektur, doch im Grunde war man frei. Wer eine runde Decke wollte, konnte sie haben, auch ein Quadrat war möglich, und wenn man einen Fehler machte, konnte man jederzeit an einer anderen Stelle von vorn anfangen. Bis zum 10., 11. Jahrhundert haben sich die Christen in dieser Gegend gehalten. Heute sind die unterirdischen Behausungen nicht mehr bewohnt, sie dienen nur noch zur Lagerung von Obst, Wein und Getreide; immerhin kann man in einem Höhlenhotel übernachten.

Es gibt natürlich noch andere Möglichkeiten, das vorhandene Gestein für eine Ansiedlung zu nutzen. Wir kennen schon das Beispiel Jerusalems: Die Stadt wurde aus Kalkstein erbaut, der unter der Stadt selbst gebrochen wurde, in Salomons Steinbrüchen. In Neapel mit seinem bekannten gelben Tuffgestein hat dieses System mehr als fünfundzwanzig Jahrhunderte lang funktioniert.

*

Ein sommerlicher Sonntagmorgen. Das vornehme Caffè Gambrinus ist schon geöffnet, extravagante süße Brötchen, von goldgerahmten Spiegeln verdoppelt, locken Besucher an. Doch zum Frühstücken sind wir nicht hier, das Café dient nur als Sammelpunkt für uns Neugierige, die das unterirdische Neapel sehen möchten: einige italienische Paare, eine dänische Familie und ich. Unser Führer Salvatore Quaranta lotst uns schnell in die Quartieri Spagnuoli, die spanischen Viertel. Das ist ein besonders berüchtigter Teil der Altstadt, ein Labyrinth aus steil ansteigenden, mit *piperno* gepflasterten Straßen, wie man die Lava des Vesuvs hier nennt. Nichts lässt erahnen, dass darunter noch eine zweite Stadt liegt.

An einem kleinen Platz schlüpft Salvatore plötzlich durch eine Haustür und fordert uns auf, ihm zu folgen. Wir betreten ein dunkles kleines Büro mit einem abgenutzten Schreibtisch und einer Wand voller Zeitungsausschnitte in allen Sprachen, Artikel über die *LAES Napoli Sotterranea*, die von Salvatore zusammen mit seinem Bruder Michele gegründete *Libera Associazione Escursionisti Sottosuolo*. Viel Zeit zum Lesen bleibt mir nicht, durch eine Innentür werden wir zu einer Treppe um einen Schacht geführt, auf deren 200 Stufen wir 40 Meter unter die Erde steigen. Der Lärm der endlosen Vespa- und Fiat-Cinquecento-Ströme verstummt sofort.

Wir stehen in einem hohen, in die *tufi gialli* gehauenen Gewölbe. Die Schraffurmuster im Tuff sind typisch für römische Ausschachtungen. Und die Römer waren nicht einmal die Ersten hier. Die Griechen, die Kyme (Cumae) und etwa 700 vor unserer Zeitrechnung Parthenope gegründet hatten, bauten ab dem 5. Jahrhundert nordöstlich davon eine neue Stadt, *nea polis*. Dort trafen sie den gelben Tuff an, den sie schon aus Kyme kannten, und verwendeten ihn für ihre Tempel und Häuser.

Bis zum Zweiten Weltkrieg wurde in Neapel praktisch nur mit Tuff aus den Eingeweiden der Stadt selbst gebaut. Salvatore zeigt uns, wie das vor sich ging.

Die unterirdisch ausgehauenen Steinblöcke wurden mit Aufzügen durch teilweise nur einen Meter schmale Schächte nach oben befördert. Für ein kleines Haus wurde ein kleines Loch in den Boden gehauen, für einen Palazzo ein großes Loch, und genau das war auch beabsichtigt. Denn der beim Bau entstandene Hohlraum diente danach als Zisterne: ein kleines Trinkwasserreservoir für ein kleines Haus, ein großes Reservoir für einen Palazzo. „Neapels Negativ" lautet die elegante Bezeichnung für diese unterirdische Welt: je größer das Gebäude, desto größer auch der Hohlraum, den sein Bau im Gestein darunter hinterlassen hat. Das Wasser stammte von Flüsschen auf den umliegenden Hügeln, wurde über Aquädukte in die Stadt geleitet und unterirdisch verteilt. Deshalb waren die Zisternen über enge Durchlässe miteinander verbunden; beleibtere Besucher können sich dort nur mit Mühe hindurchzwängen. Tiefer als 40 Meter hat man nicht gegraben, um nicht in Bereiche unterhalb des Meeresspiegels vorzudringen, denn in diesem Fall wäre Salzwasser in die Zisternen gelangt.

Der Abschnitt, den wir besichtigen, ist nur ein kleiner Teil der unterirdischen Stadt – sie ist nämlich fast so groß wie die oberirdische. Der Geologe Mario Tozzi, ein bedeutender Erforscher aller unterweltlichen Dinge, berichtet in seinem Buch *Italia segreta* von seinem Besuch in den Katakomben des Cimitero delle Fontanelle. Denn Neapels Negativ ist nicht nur Steinbruch und Trinkwasserreservoir, sondern auch Friedhof, Vorratskeller, Senkgrube, Kanalisation, Unter-

Abstieg in Neapels Negativ, Treppe um einen alten Aufzugschacht, im Zweiten Weltkrieg als Zugang zu Luftschutzkellern gebaut

schlupf für Verbrecher und Verfolgte, Heilort für *speleoterapia*-Gläubige, Kirche und Pilgerstätte.

Als Neapel im Jahr 1656 von der Pest heimgesucht wurde, war es am wahrscheinlichsten, dass man auf der Straße starb, schreibt Tozzi, und in einer der Tuffhöhlungen gelagert wurde, weil sämtliche Kirchen und Krypten schon mit Leichen überfüllt waren. Man wurde dann in Sitzhaltung in einer Nische abgelegt, wo alle üblen „Säfte" aus dem Leichnam herauslaufen sollten. War er vollständig ausgetrocknet, wurde er in dem unterirdischen Friedhof aufgehängt. Wenn man die Katakomben des Fontanelle-Friedhofs betritt, sieht man im Halbdunkel als Erstes die unwirklichen Reihen von Schädeln, die auf einer meterhohen Mauer aus Schienbeinen, Ellen, Oberschenkelknochen und anderen langen Knochen ruhen. Die sterblichen Überreste von mindestens vierzigtausend Männern, Frauen und Kindern liegen hier, nach Ansicht mancher Forscher sogar die von einigen Millionen. Als man von diesen Katakomben aus 15 Meter weiter in die Tiefe gegraben hat, fand man nichts als Knochen, Knochen und noch einmal Knochen; sie stammen vermutlich von Armen, die sich kein richtiges Begräbnis leisten konnten, darunter auch Opfer von Vesuvausbrüchen. Schon 1837 war die Aufnahmekapazität der Katakomben erschöpft.

Heute sind sie vor allem eine Pilgerstätte: Außer Gebeinen findet man auf Schritt und Tritt kleine Grabkapellen und Reliquienschreine aus Marmor oder Holz, mit einem oder mehreren Schädeln darin. Wenn einem frommen Neapolitaner im Traum die Geister geliebter Verstorbener erscheinen, adoptiert er einen Schädel aus den Katakomben und steckt Blumen, Fotos, Zeichnungen oder Zettel hinein, auf denen er dem Toten seine heißesten Wünsche anvertraut. Mario Tozzi war so unverschämt, einen dieser Zettel zu lesen: „Liebe Seele, komm in meinen Traum, sag mir, wie du heißt, und lass mich bitte im Lotto gewinnen."

In dem Abschnitt der Unterwelt, den wir mit Salvatore besichtigen, ist von alldem nichts zu sehen, dafür aber Spuren anderer Schrecken: die des Zweiten Weltkriegs. Neapel wurde wegen seiner Häfen, Eisenbahnanlagen und Fabriken so intensiv bombardiert wie keine andere italienische Stadt: erst von den Briten, dann von den Amerikanern und nach der Einnahme durch die Alliierten von den Deutschen. Insgesamt wurden 28 000 Bomben abgeworfen, bis zu 20 000 Menschen kamen ums Leben, und große Teile der Stadt wurden zerstört.

Viele Einwohner haben aber in dem alten Zisternensystem überlebt. Um einen schmalen Aufzugschacht herum wurde eine Treppe in den Stein gehauen, damit sich die Menschen in der Tiefe in Sicherheit bringen konnten: die Treppe, auf der auch wir hinabgestiegen sind. Mindestens viertausend Menschen haben monatelang unter der Erde gewohnt, und insgesamt waren nicht weniger als fünfhundert Höhlungen als Luftschutzräume eingerichtet. Salvatore zeigt uns rostige Wasserrohre, Stromkabel und Isolatoren. In die Wände sind Graffiti geritzt (für Italiener eigentlich ein Pleonasmus, da *graffito* auch „eingeritzt" bedeutet): Karikaturen von Hitler, Mussolini und Hirohito, außerdem Bomben abwerfende

Flugzeuge. In einer Nische steht *Riservato al signor Campagna* – bestimmt kein angenehmer Mensch –, aber an einer anderen Stelle ist zu lesen: *Anna e Renzo si sposarono il 20 settembre 1943*, Anna und Renzo haben am 20. September 1943 geheiratet – in der Zeit der heftigsten Angriffe des gesamten Krieges. Die Unterwelt war sicher, ihre Decke hat den Bomben immer widerstanden. Die Hölle war oben.

Ein großer Teil der unterirdischen Stadt ist nicht mehr zugänglich, weil nach dem Krieg die Trümmer des oberirdischen Neapel in die Hohlräume geschoben wurden. Erst in den letzten Jahren haben Pioniere wie Salvatore und Michele Quaranta den Wert von Neapels Negativ erkannt.

*

Nicht nur Kalk und Tuff eignen sich gut für das Aushauen unterirdischer Räume, sondern auch Löss: ein feinkörniges, vom Wind transportiertes und abgelagertes Sediment; man könnte es mit dem Saharastaub vergleichen, den man bei starken Südwinden manchmal in einer dünnen roten Schicht auf unseren Autos findet. Als Studienanfänger lernten wir bei unserem Feldpraktikum im südlichen Limburg, wie man im Edelman-Bohrer Löss erkennen kann. Unser Dozent Hans Wensink, ein Mann, an dem alles groß war, erklärte mit vielsagendem Grinsen: „Löss fühlt sich an wie die Schenkel eines Mädchens." Ich war neunzehn und unerfahren und hatte noch nie die Schenkel eines Mädchens berührt, deshalb lernte ich es umgekehrt: Die Schenkel eines Mädchens fühlen sich an wie Löss.

Die Limburger Lössdecke ist dünn, meistens sind es nur ein paar Dezimeter oder höchstens wenige Meter; auf dem chinesischen Lössplateau am Mittel- und Oberlauf des Huanghe dagegen hat der Löss eine Mächtigkeit von bis zu 300 Metern. Er wurde während der Eiszeitalter als feiner Staub aus der weit entfernten, trockenen Wüste Gobi herantransportiert. Jede Kaltzeit hat ihre eigene Lössdecke hinterlassen, oben begrenzt durch einen Bodenhorizont aus der Warmzeit zwischen dieser und der folgenden Kaltzeit; man hat die Spuren von nicht weniger als dreißig Kaltzeiten entdeckt. Das chinesische Lössplateau ist etwa so groß wie Spanien, und noch heute bewohnen dort vierzig Millionen Menschen Höhlenwohnungen im Löss. Vierzig Millionen! Auch die Einwohnerzahl entspricht also fast der Spaniens!

Die Wohnungen werden vorzugsweise in steile Südhänge gegraben, der Sonne wegen. An manchen Orten mit besonders mächtigen Lössschichten sieht man Reihen von jeweils einigen Dutzend Höhlenwohnungen auf einer Ebene, alle gleich, mit runder Decke und niedrigem Eingang – ein Anblick wie ein Taubenschlag. Nicht wenige Eingänge besitzen richtige Türen mit halbrunden Fenstern. In flachen Gegenden ohne steile Hänge wird eine rechteckige Grube wie für einen Pool ausgehoben; so entsteht ein Innenhof. Rings um diesen Hof gräbt man dann einzelne Wohnungen in den Löss. Ganze Großfamilien wohnen so. Blickt man über die Ebene, sieht man keine Spuren menschlicher Behausungen, weil

Höhlenwohnungen in Löss, Xinjiang, China

nichts über die Erdoberfläche hinausragt – höchstens ein scheinbar stammloser Baum, der mitten auf einem der Innenhöfe gepflanzt wurde. Die unterirdischen Wohnungen sind im Sommer kühl und im Winter warm, und selbstverständlich sind sie billig. Ihr einziger Nachteil ist, dass sie bei Erdbeben einstürzen, weil die Lösspartikel den Zusammenhalt verlieren. Bei einem Erdbeben im Jahr 1920 stürzten mehr als 15 000 Höhlenwohnungen ein, tausend Menschen kamen ums Leben. Trotzdem war man in einer Höhlenwohnung noch sicherer als in den oberirdischen Lehmhütten derselben Region, von denen keine stehen blieb. Das System hat schon seit mindestens 4000 Jahren Bestand; das Bauen im Löss gehörte zu den ersten menschlichen Eingriffen in den Boden. Wirklich originell war es natürlich nicht, denn Dachse, Füchse und Kaninchen hatten es den Menschen vorgemacht.

Doch was hat die Menschen hier in die Erde getrieben? Als einen der Gründe für die enorme Ausbreitung von Höhlenwohnungen in der Zeit der Ming- und Qing-Dynastien (14. bis 20. Jahrhundert) nennt der amerikanische Architekt Gideon Golany den Holzmangel: In früheren Epochen hatte man so viel Holz für den Hausbau und als Brennstoff verbraucht, dass die Region völlig entwaldet wurde. Auch in diesem Fall ging man also nicht nur aus Bequemlichkeit, sondern gezwungenermaßen in den Untergrund.

Nirgends leben Höhlenbewohner näher an der Hölle als in der Region Xinjiang im äußersten Nordwesten Chinas. Die armseligen Behausungen sind in die hier nur dünne Lössschicht gegraben, die über gefalteten grauen, gelben und roten Sandsteinen sowie Tonschiefern liegt. Einige haben ein Wellblechdach, andere liegen gerade tief genug im Boden, um ohne zusätzliche Abdeckung auszukommen. Was haben Menschen in dieser staubtrockenen, trostlosen Einöde zu suchen? Landwirtschaft ist nur unten in den Tallagen möglich, weil die Flüsse dort Schmelzwasser von den beschneiten Gipfeln des Tian Shan nordwärts transportieren, bis sie schließlich in der unermesslichen Wüste Gurbantünggüt, mitten in der Dsungarei, versickern. Die Täler sind relativ grün, dort liegen die besseren Dörfer, aber an den Berghängen gibt es nichts. Wer hier haust, ist Bergarbeiter und fördert Steinkohle.

China lebt zu einem guten Teil von Steinkohle. Die vorsintflutlichen Dampflokomotiven fahren mit Steinkohle, in den Wartesälen der Bahnhöfe liegen Steinkohlehaufen, auf Parkplätzen, an Bushaltestellen, auf Innenhöfen, an Straßenrändern, überall liegt Steinkohle. Ziegeleien, Kalköfen, Stahlwerke verheizen Steinkohle, die Bewohner der Städte und Dörfer heizen mit Steinkohlenbriketts. Das ganze Land riecht nach Steinkohle. Im Osten gibt es gut ausgestattete moderne Bergwerke, aber die von Xinjiang sind noch außerordentlich primitiv.

Die Steinkohleflöze sind zwischen Sandstein und Tonschiefer eingeklemmt. Entstanden sind sie durch „Inkohlung" aus gigantischen Mooren des Jura. Die Auffaltung der Schichten – ein fernes Echo der Kollision zwischen der indischen und der eurasischen Platte – hat dazu geführt, dass die Flöze heute teils an der Oberfläche, teils tief unter jüngeren Schichten zu finden sind. Über Tage liegende Kohleflöze werden in große quadratische Scheiben gesägt, die man losstemmt und senkrecht auf offene Karren mit Fahrradlaufrädern lädt. Tiefer im Berg liegende Flöze werden in primitiven Stollen abgebaut und mit Loren auf schmalen Gleisen zutage transportiert, teilweise mit Menschenkraft. Ich habe Frauen gesehen, die Loren voller Steinkohle aus einem Stollen zogen: verurteilte Prostituierte aus Shanghai, wurde mir gesagt. Das war 1995. Vielleicht hat sich inzwischen etwas verbessert.

Die Lebensbedingungen der Bergarbeiter sind aber nicht die einzigen negativen Aspekte der Kohleförderung. Wer von einem hoch gelegenen Punkt aus über das Steinkohlegebiet blickt, sieht überall Rauch aufsteigen: Die Kohle brennt. Teilweise entzündet sie sich spontan, teilweise infolge des Abbaus. Die Flözbrände gehören zu den größten Problemen Chinas. Durch sie geht nicht nur viel von der wertvollen Ressource verloren; es wird auch so viel CO_2 freigesetzt, dass der jährliche Anstieg des CO_2-Gehalts unserer Atmosphäre – nach Schätzungen von 1995 – zu zwei bis drei Prozent auf das Konto der chinesischen Kohlebrände geht. Später wurden diese Zahlen übrigens von offiziellen Stellen erheblich nach unten korrigiert.

Zhang Xiangmin, ein zartgliedriger junger Geologe, erforscht Möglichkeiten der Ortung von Kohlebränden mithilfe von Satelliten. Seine Arbeit ist Teil eines umfangreichen Projekts des International Institute for Geo-Information Science and Earth Observation (ITC) in Enschede und mehrerer Institute in China. Ich begleite ihn und ein Team chinesischer ITC-Geologen.

Schwefel, Teer und Salmiak um Brandgasspalten über Flözbrand, Kelazha, Xinjiang

Neu ist das Problem nicht. Schon 1958 sei die Kohlefeuerwehr gegründet worden, erzählt ihr stellvertretender Direktor Zhang Lun in seinem Büro in Ürümqi, der Hauptstadt des Uigurischen Autonomen Gebiets Xinjiang – einer Millionenstadt, in der die anmutige Architektur der alteingesessenen muslimischen Bevölkerung allmählich durch den traditionellen Baustil der Han-Chinesen verdrängt wird. Immerhin ist die Stadt noch zweisprachig, wie die Aufschriften auf dem Gebäude der Steinkohlefeuerwehr zeigen: Amtssprache ist neben dem Chinesischen das Uigurische, eine Turksprache mit einer persisch-arabischen Alphabetschrift.

Xinjiang besitze neun große Steinkohlelagerstätten, und zurzeit gebe es mindestens vierundvierzig aktive Kohlebrände, berichtet Zhang Lun. Das ITC-Team hat auf Satelliten-Thermalbildern sogar mehr als hundertfünfzig entdeckt. 70 Millionen Tonnen Steinkohle gehen auf diese Weise jedes Jahr in Rauch auf, das Dreifache der jährlichen Fördermenge von Xinjiang. Im Institut steht ein großes Reliefmodell der Region mit rot leuchtenden Lämpchen an den Stellen der Kohlebrände.

Das Problem ist nicht leicht zu lösen. Geringwertige Steinkohleflöze, die an einem Südhang über Tage austreten und den ganzen Tag der brennenden Wüstensonne ausgesetzt sind, erreichen schnell eine Temperatur von 75 °C, wie Zhang Xiangmin uns mit seinem Strahlungstemperaturmesser demonstriert: Bei solchen Temperaturen kommt es zur Selbstentzündung der Kohle. Wenn der Brand nicht schnell gelöscht wird, frisst er sich durch das Flöz ins Innere

Kohleförderung über einem Flözbrand in Xinjiang.

des Gesteins. Dadurch werden die auf dem Flöz liegenden Gesteinsschichten unterhöhlt und brechen ein; ganze Dörfer sind so schon in die Tiefe gerissen worden. Zu allem Überfluss kann Luft tief in die eingebrochene Gesteinsmasse eindringen, es tritt eine Art Kamineffekt auf, und der Brand kann sich unterirdisch noch weiter fortbewegen. An manchen Stellen brennen Flöze bis zu 200 Meter im Berginneren, wobei Temperaturen von 2000 °C erreicht werden können. Kleine Lavaströme aus geschmolzenem Sandstein tropfen dann von den Felswänden. Wo die natürlichen Kaminspalten die Oberfläche erreichen, werden Pech, Schwefel und Salmiak aus den heißen Brandgasen abgelagert. Man hat fast den Eindruck, an einem Vulkan zu stehen. Zhang Xiangmins Forschungen haben ergeben, dass die „natürlichen", also durch Selbstentzündung entstandenen Steinkohlebrände möglicherweise schon eine Million Jahre andauern.

Die Förderung der Kohle verschlimmert das Problem noch, denn vor allem feiner Steinkohlenstaub, der beim Abbau entsteht, kann sich leicht spontan entzünden. Während des Zweiten Weltkriegs versuchten die Japaner in den von ihnen besetzten Gebieten Chinas die Kohlebrände in den Griff zu bekommen, indem sie Stollen zumauern ließen, in der Hoffnung, den Bränden dadurch die Sauerstoffzufuhr abzuschneiden. Manchmal seien dabei tief im Inneren des Bergwerks zurückgebliebene Bergleute mit eingeschlossen worden, was man aber in Kauf genommen habe, weil sie ja nur Chinesen waren, schreibt die englischsprachige staatliche Zeitung *China Daily*.

Heute versucht man die Luftspalten mit Löss zu verstopfen, Oberflächenbrände unter luftdichten Lössdecken zu ersticken und oberflächennahe Brände mit Wasser aus Flüssen zu löschen. Oft brennen Flöze aber in einer solchen Tiefe, dass Löschversuche wenig nützen.

*

Wir werden in dem Dorf Liuhuanggou untergebracht. Der Name bedeutet Schwefeltal und erweist sich als passend. Das Quartier ist einfach, immerhin liegt es über Tage, der alte Eigentümer ist in den Vierzigerjahren hierhin verbannt worden, weil er Anhänger der Kuomintang war. Kein fließendes Wasser. Wasser wird alle paar Tage vom nahe gelegenen Stausee geholt, in einer Tonne auf einem Karren. In der Nacht gehen wir zu einer Spalte über einem Kohlebrand, um das Innere des Berges glühen zu sehen. Manchmal schlagen Flammen heraus.

Auch wo Kohle brennt, wird weiter Kohle gefördert. Das Stahlwerk im Dorf muss schließlich weiterarbeiten können: Ob ausgediente Fahrräder oder kaputte Woks, alles, was umgeschmolzen werden kann, kommt in den Ofen, und der braucht Steinkohle.

Ein Bergarbeiter fährt in einer leeren Tonne in einen 20 Meter tiefen Schacht ein. Unten muss er Steinkohle in die Tonne schaufeln, dann selbst auf die Kohle steigen und das Zeichen zum Hochziehen geben. Wir schauen zu. Der Mann schwitzt, als er wieder an die Oberfläche kommt, und das nicht nur von der harten Arbeit. Zhang Xiangmin fährt selbst ein, in 20 Metern Tiefe zeigt der Strahlungstemperaturmesser 70 °C an. Unter normalen Umständen herrscht diese Temperatur erst in gut zwei Kilometern Tiefe. Ein einfacher Grubenlüfter bläst Luft in den Schacht, aber das nützt wenig: Die Hitze ist deshalb so stark, weil gleich unterhalb die Kohle brennt. Höllischer geht es nicht.

Nach getanem Tagwerk wird der uigurische Bergmann in seine Höhlenwohnung ohne fließendes Wasser zurückkehren – sofern sie nicht inzwischen wegen eines Flözbrandes eingestürzt ist. Aber wie säubert er sich? In einer „Dampfquelle“, einer Art Sauna, die über einem brennenden Flöz errichtet wurde. Es ist ein einfaches kleines Betongebäude, in der Türöffnung hängen lange, schmale Stoffstreifen, mit denen man dem Propheten seine Wünsche anvertraut. Aus großen quadratischen Öffnungen im Boden strömen reichlich schwefelhaltige Dämpfe aus. Eine Stunde in diesem Raum, und man fühlt sich wie neugeboren, ganz wie nach einer Sitzung in einem Solfatara-Dampfbad. Nur behält man hier seine Kleider an, und Stühle oder Bänke gibt es nicht, man muss sich auf den Zementboden legen. Jetzt begreife ich, warum die chinesische taoistische Mythologie von mindestens achtzehn Höllen spricht.

*

Seit prähistorischen Zeiten wohnt also niemand mehr freiwillig unter der Erde: Die Mönche in Kappadokien brachten sich vor den arabischen, persischen und seldschukischen Invasoren in Sicherheit, die Neapolitaner suchten im Zweiten Weltkrieg Schutz vor Bomben, die Chinesen auf dem Lössplateau am Huanghe mussten Höhlenwohnungen graben, weil es kein Baumaterial für Häuser mehr gab, die Uiguren von Xinjiang hausen um des Steinkohlebergbaus willen in Höhlen. Immer wenn die Hölle oben war, in welcher Erscheinungsform auch immer, war es unter der Erde sicherer.

Aber welche oberirdische Hölle hat moderne Architekten dazu gebracht, unterirdische Wohnungen zu entwerfen? Im Dorf Vals in Graubünden haben die Architekten Bjarne Mastenbroek und Christian Müller von den Architekturbüros SeARCH und CMA einen Luxusbunker konstruiert, der in einen steilen Hang eingegraben wurde. Nach Ansicht der Einheimischen drohte nämlich die schöne, an vielen Stellen noch unberührt wirkende Landschaft allmählich verunstaltet zu werden – von Architekten mit ihren modernen Entwürfen. Das Valsertal ist berühmt für seine Thermalquelle, und man möchte das Landschaftsbild gern erhalten. Deshalb muss vor jedem Neubau auf dem jeweiligen Grundstück ein hölzernes Modell des geplanten Bauwerks in Originalgröße errichtet werden, damit man beurteilen kann, ob es überhaupt zur Umgebung passt. In diesem Fall bestand die Hölle also aus Dorfbewohnern, Kommissionen und drakonischen Bauvorschriften. Ein unterirdisches Haus kann man aber nicht als Modell aufstellen, und so wurde den Architekten erlaubt, ihren Entwurf zu verwirklichen. Das Haus ist voll von *Dutch Design*, und man hat eine schöne Aussicht auf die Berge.

Aber keine Aussicht auf die unterirdischen Schönheiten, obwohl die sich wirklich sehen lassen könnten. Unter der Moränendecke aus der letzten Kaltzeit, in die man die Höhlung für das Haus gegraben hat, liegt Bündnerschiefer, ein herrlich glitzernder Glimmerschiefer, und weiter oben am Hang Grünstein und Kalk: die zusammengedrückten und übereinandergeschobenen Gesteinsreste aus den Tiefen des Tethysmeeres, das hier einmal 400 Kilometer breit war. Im Haus ist von alldem nichts zu sehen. Ausblick wollten die Architekten, keinen Einblick. Und die Ironie des Ganzen: Das Haus ist nicht bewohnt. Man kann es nur als Ferienhaus mieten. Selbst wenn so viel Luxus geboten wird wie hier, möchte niemand auf Dauer unter der Erde bleiben.

Habsucht

Hier sah ich eine viel dichtere Menge als anderswo,
die von der einen Seite und von der anderen her
unter lautem Geheul mit der Brust Lasten wälzte.
Sie trafen gegeneinander, und dann drehte jeder
sich auf der Stelle um, rückwärts wälzend, schreiend:
„Warum hältst du fest?", und: „Warum verschwendest du?"
[...]
Falsch geben und falsch behalten hat sie die selige Welt
gekostet und sie zu diesem Geraufe gebracht; wie das vor
sich geht, darauf verschwende ich keine schönen Worte.
Dante Alighieri, *Die Hölle*, VII, 25–30; 58–60

Hatte er nicht eine großartige Idee, der Steinzeitmensch? Er war kein Menschenaffe mehr, der einen beliebigen Stein nimmt, um damit eine Nuss zu knacken. Nein, dieser Mensch wollte einen speziellen Stein. Geeignet als Faustkeil, mit dem man zum Beispiel einem Beutetier den Schädel einschlagen konnte. Solche Steine fand der Mensch in Flussbetten: leicht abgeflacht, etwas länglich und genau so groß, dass sie in eine Hand passen. Zu Tausenden lagen sie in Kiesbänken beieinander. Geröll, das sonst niemand brauchte. Das sollte sich erst Jahrtausende später ändern, als die Nachfahren des Steinzeitmenschen Kies für die Betonherstellung brauchten oder für ihre Gärten.

Manche der Steine haben einen so scharfen Rand, dass man mit ihnen Fleisch schneiden oder Häute abschaben kann, wenn man sie durch Abschlagen noch zusätzlich schärft. Besonders Feuerstein und Obsidian eignen sich dafür. Nur kommen diese Steine nicht so häufig vor wie Kies, man muss sie aus dem Berg holen. Feuerstein findet man als Knollen in kreidezeitlichem Kalkstein, Obsidian ist vulkanisches Glas. Schon im Paläolithikum, der Altsteinzeit, legt der Mensch Entfernungen von über 100 Kilometern zurück, um verwendbares Material zu suchen oder von anderen zu erwerben.

In der Jungsteinzeit, dem Neolithikum, reichen die Oberflächenfunde nicht mehr aus, man muss tiefer suchen: Das sind die Anfänge des Bergbaus. In Limburg, bei Rijckholt südlich von Maastricht, hat der Mensch schon damals Feuerstein nicht mehr nur im Tagebau, sondern in Schächten und davon abgehenden Strecken abgebaut. Er wusste sehr genau, welcher Feuerstein der beste war und

Obsidian hat häufig schon unbearbeitet scharfe Kanten. Landmannalaugar, Island

in welchen Kreideschichten er ihn finden konnte. Außerdem war er bereits mit den geologischen Verhältnissen seiner Region vertraut, denn er erkannte, dass er sich erst durch eine Schicht Maaskies hindurchgraben musste, um an die feuersteinhaltigen Kreideschichten heranzukommen. Heute würden die prähistorischen Minen eine gute Note in „Nachhaltigkeit" bekommen: Abgebaute Strecken wurden mit taubem Gestein aufgefüllt, auch stumpf oder auf andere Weise unbrauchbar gewordenes Werkzeug wurde darin zurückgelassen, sodass außerhalb der Minen vermutlich kaum Bergbauabfälle zu sehen waren.

Doch die Medaille hat eine Kehrseite. Es entstehen hässliche große Löcher im Berg und im Boden, die auch nach fünf Jahrtausenden noch zu sehen sind. Wir werden nie erfahren, wie die abgebauten Lagerstätten in unberührtem Zustand ausgesehen haben. Vielleicht sind der Wissenschaft wichtige Anhaltspunkte verloren gegangen.

Interessant ist, dass vor 5000 Jahren der Feuerstein die begehrte Ressource und der Kalkstein Abfall war, während heute der sehr reine Kalkstein ein wertvoller Rohstoff für die Zementindustrie und Feuerstein der Abfall ist, oder höchstens ein Nebenprodukt: Zermahlen wird er zum Beispiel dem Material von Fahrbahnmarkierungen beigemischt, um es abriebfest zu machen.

In den 1970er-Jahren bin ich in Surinam zusammen mit dem Archäologen Aad Boomert der Frage nachgegangen, welche Gesteinsarten die indigene Bevölkerung der vorkolumbianischen Zeit zur Herstellung ihrer Steinwerkzeuge nutzte. Wir untersuchten mehr als achthundert solcher Werkzeuge: Grabungsfunde, die zu verschiedenen Steinzeitkulturen gehörten. Zwei Drittel waren Steinbeile, außerdem gab es Mahlsteine und Mörser (*metates* und *manos*), Glättsteine, Pfeilschaftglätter und ein paar Amulette. Die Ergebnisse waren verblüffend: Für jeden Zweck wurde eine andere Gesteinsart verwendet. Steinbeile fer-

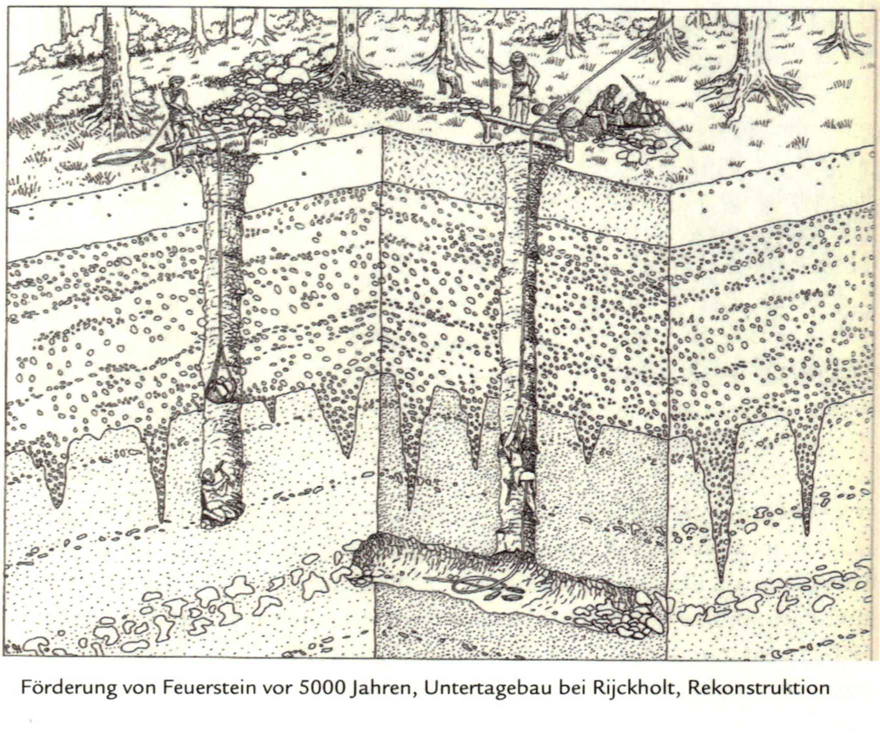

Förderung von Feuerstein vor 5000 Jahren, Untertagebau bei Rijckholt, Rekonstruktion

tigte man am liebsten aus Metabasalt, einem feinkristallinen grünen Gestein, das sich gut mithilfe von Wasser und Sand schärfen lässt, zum Beispiel auf einem Felsblock in einem Fluss, aber nicht leicht reißt oder bricht. Dieses Gestein ist selten, und bei seinem Hauptvorkommen in der Nähe des Brownsberg-Nationalparks wurde eine prähistorische Werkstatt entdeckt, in der Halbfabrikate hergestellt wurden. Steinbeile aus diesem Metabasalt sind bei Ausgrabungen noch in 800 Kilometern Entfernung gefunden worden. Für Mahlsteine verwendete man dagegen lieber Granit, weil Quarzkörner ihm eine raue Oberfläche verleihen. Die „Indios" der Steinzeit waren gute Geologen.

Steinzeitmenschen benutzten außerdem mineralische Pigmente für ihre Felsbilder, zum Beispiel gelben, braunen und roten Ocker oder Braunstein, die sie in der näheren oder weiteren Umgebung fanden. Die Schöpfer der berühmten Höhlenmalereien von Lascaux aus der Zeit vor 17 000 Jahren gingen vermutlich mindestens 40 Kilometer weit, um Hämatit für die roten Farbtöne zu besorgen. Die ältesten Bergwerke der Welt waren auch Pigmentgruben. In der Löwenhöhle in Swasiland wurde schon vor 40 000 Jahren roter Hämatit abgebaut – erstaunlicherweise aus Gesteinen, die selbst zu den ältesten der Welt gehören dreieinhalb Milliarden Jahre alte Ablagerungen von Eisenerz.

*

Stellen Sie sich vor, Sie wären ein Steinzeitmensch, abhängig von der Natur. Gerade sind Sie auf der Jagd, aber Sie halten nicht nur nach Wild Ausschau, sondern nach allem irgendwie Brauchbaren, nach Holz, nach Früchten, und plötzlich sehen Sie einen wunderschön gefärbten Stein, blau, grün, türkis. Oder: Sie fischen im Fluss, sehen unter Wasser etwas glitzern, und als Sie es herausholen, wird es nicht matt wie andere Steine, sondern behält seinen Glanz. Sie nehmen den Stein mit nach Hause, ein strahlender Blick belohnt Sie für das schöne Geschenk, die Nachbarin möchte auch einen solchen Stein haben, die Nachricht von Ihrem Fund macht die Runde, und ehe Sie sich's versehen, sind Sie nicht mehr Jäger, sondern Bergmann. Und Sie werden reich. Reichtum durch Besitz ist etwas, das Menschen von anderen Tieren unterscheidet – leider, sollte man vielleicht sagen.

Die ältesten erhaltenen Schmuckstücke wurden aus Muscheln oder Elfenbein hergestellt. Bei Ausgrabungen in der prähistorischen Siedlung Aşıklı Höyük in der Türkei hat man jedoch 10 000 Jahre alte Kupferperlen gefunden, die offenbar durch Erhitzen bearbeitet wurden, 5000 Jahre vor dem Beginn der Bronzezeit. Die Chinesen entdeckten schon vor 8000 Jahren in Flüssen des Kunlun-Gebirges, bei Hotan in Xinjiang, Geröll aus Nephrit-Jade, und die Ägypter bauten vor 6000 Jahren in Bergwerken auf der Sinai-Halbinsel Türkis ab, den sie für die Fertigung von Schmuck und Skarabäen brauchten. Der britische Archäologe Roger Moorey nennt dreiundsechzig verschiedene Gesteinsarten, die von den Völkern Mesopotamiens verwendet wurden. Außer den Steinen, die als Baumaterial dienten, gehören dazu auch viele Edelsteine und Halbedelsteine für Siegel,

10 000 Jahre alte Kupferperle (links), Aşıklı Höyük, Türkei; rechts: durchgesägte Kupferperle, metallographisches Präparat – ein früher Gobstopper

Gehänge, Amulette und Perlen. Wie der niederländische Wissenschaftshistoriker Robert Forbes berichtet, haben die Sumerer mehr als einhundertachtzig ihnen bekannte Minerale aufgelistet, nach äußeren Merkmalen geordnet; einhundertzwanzig davon wurden in medizinischen und magischen Texten erwähnt. „Im Allgemeinen ist die Einordnung verblüffend gut", meint Forbes.

Vor allem Lapislazuli war hoch geschätzt. In der sumerischen Erzählung vom Gang der lieblichen Himmels- und Fruchtbarkeitsgöttin Inanna in die Unterwelt verlangt die Göttin, in den Lapislazuli-Palast ihrer Schwester Ereškigal, der Unterweltherrscherin, eingelassen zu werden. Archäologen haben in den Grabkammern von Ur mehr als sechstausend Gegenstände aus Lapislazuli gefunden. Dabei liegen die nächsten Lapislazuliminen 1500 Kilometer von Ur entfernt, bei Faizabad in der afghanischen Provinz Badachschan – „die feinsten Lapislazuli der Welt" nannte Marco Polo die blaugrünen Steine, als er etwa 1272 nach Badachschan kam. Die Globalisierung hat nicht erst in unserer Epoche begonnen.

Eine großartige Quelle zum geologischen Wissen der Antike ist das Buch *Von den Steinen* von dem griechischen Philosophen und Naturforscher Theophrast, der ungefähr von 371 bis 287 vor unserer Zeitrechnung lebte, einem Schüler des Aristoteles. Es ist eines der ersten erhaltenen Geologiebücher überhaupt, nur das chinesische *Shanhaijing* („Kanon der Berge und Meere") aus dem 5. Jahrhundert vor unserer Zeitrechnung ist noch älter. Vieles von dem, was spätere Autoren wie Plinius der Ältere über Gesteine sagen, stammt unmittelbar von Theophrast. Er beschreibt eingehend die wichtigsten „Steine" und ihre Eigenschaften: Edelsteine und Halbedelsteine, die für Schmuck, Amulette und Siegel verwendet werden, dazu die „Erden", vor allem Pigmente und andere Farbstoffe; außerdem wird erwähnt, wo diese Steine und Erden vorkommen und gewonnen werden. Smaragd, Saphir, Onyx, Jaspis, Chrysokoll, Hämatit, Achat, Zinnober, Gips – alles vertraute Namen.

Doch wenn man genau liest, stellt man fest, dass fast keine der Beschreibungen zur heutigen Bezeichnung passt. So hat der Saphir nach Theophrasts Angaben viele kleine goldfarbene Sprenkel: ein typisches Merkmal des Mineralgemischs, das wir heute Lapislazuli nennen; nur die blaue Farbe stimmt. Theophrasts *smaragdus* ist zwar grün, aber trotzdem kein Smaragd, und als Gips wird nicht nur unser Gips, sondern auch ungelöschter Kalk bezeichnet, der zur Herstellung von Mörtel diente. Zu welchen Bedeutungsverschiebungen es bei den Bezeichnungen der Gesteine und Minerale im Lauf der Geschichte gekommen ist, hat der deutsche Linguist Hans Lüschen in seinem Buch *Die Namen der Steine* eindrucksvoll dargestellt. Von den zwölf Edelsteinen, die in der *Offenbarung des Johannes* erwähnt werden, haben nur noch drei den gleichen Namen wie zur Entstehungszeit dieses Buches. Dagegen ist zum Beispiel der Hyazinth der *Apokalypse* unser Saphir, während Hyazinth heute die Bezeichnung einer Zirkon-Variante ist; mit Saphir wiederum ist unser Lapislazuli gemeint. So ähnlich ist es uns schon mit den Flussnamen ergangen.

*

Dass die Steinzeitmenschen nichts von Metallen wussten, ist kaum vorstellbar: Bestimmt haben auch sie Goldklümpchen im Fluss glänzen sehen, konnten aber noch nichts damit anfangen, weil sie nicht über die notwendigen Techniken verfügten. Im Grunde beruht die Einteilung der Vorgeschichte in Steinzeit, Bronzezeit und Eisenzeit auf der Verwendung von Rohstoffen aus dem Bergbau. Bis ins Mittelalter hinein waren Gold, Silber, Kupfer, Eisen, Blei, Quecksilber, Zinn und Bismut die einzigen bekannten Metalle.

Die Kupferminen von Timna am Rande der Wüste Negev („ein Land, in dessen Steinen Eisen ist, wo du Kupfererz aus den Bergen haust“ – 5. Mose 8, 9) waren schon vor 6000 Jahren in Betrieb. Die frühesten „Bergleute“ sammelten dort nur Kupferknollen an der Erdoberfläche, brachten sie in ihr Lager und zerkleinerten sie in großen Steinmörsern, um das kupferreichste Erz zu gewinnen und in primitiven Öfen zu schmelzen. Später bearbeitete man mit schweren Steinhämmern die Säulen Salomons, bizarre, senkrechte, weiße Sandsteinwände, um an das Erz zu gelangen. Wie Analysen der abgebauten Erze zeigen, hatte man schon damals einen sicheren Blick für den Kupferanteil des Gesteins. Die Werkzeuge der Kupferbergleute waren aber noch aus Stein. In der späten Bronze- und frühen Eisenzeit wurde der Abbau schon im großen Stil betrieben. Das Endprodukt war Kupfer, aber noch keine Bronze, denn für die Bronzeherstellung braucht man Zinn, und Kupfer und Zinn sind nur selten in denselben erzführenden Gesteinen zu finden. Daher möchten Archäologen unbedingt herausfinden, wo das Zinn gewonnen wurde.

Im Taurusgebirge, und zwar bei Kestel im südlichen Zentralanatolien, haben türkische Archäologen ein sehr altes Bergwerk entdeckt; sie vermuteten gleich, dass darin Zinnerz abgebaut wurde. Die Stollen wurden mithilfe von Feuer in den Berg getrieben. Vor der Felswand wurde Holz aufgeschichtet und angezündet; durch das Erhitzen dehnten sich das Gestein und die enthaltenen Minerale

Zinnbergwerk aus der frühen Bronzezeit bei Kestel, Türkei

unterschiedlich stark aus, die thermischen Spannungen ließen das Gestein rissig werden, es wurde aufgelockert oder gesprengt. Diese Technik heißt Feuersetzen, und sie wird noch heute angewandt: Man benutzt dafür Flammenwerfer. Erzhaltiges Gestein ist häufig so fest, dass bloßes Graben wie in Tuff oder Löss nicht möglich ist. Die Radiokarbon-Datierung von Holzkohleresten aus den Stollen von Kestel hat ergeben, dass dieses Bergwerk schon im 3. Jahrtausend vor unserer Zeitrechnung in Betrieb war, von mindestens 2800 bis 2000. Doch Spuren von Zinnerz fand man zunächst nicht. Erst 1995 konnte nachgewiesen werden, dass Kestel tatsächlich ein Zinnbergwerk war, so gründlich hatten die alten Bergleute das Erdinnere ausgeschabt.

Goldschmuck kannte man schon seit dem 5. Jahrtausend vor unserer Zeitrechnung in einem breiten Siedlungsstreifen von Bulgarien bis Ägypten. Goldminen gab es in ganz Oberägypten, die Stollen reichten teilweise bis zu 50 Meter in den Berg. Auch das Goldwaschen war ein blühender Gewerbezweig; dies geht aus Texten auf einer Stele des Sahathor hervor, der in der Epoche von Pharao Amenemhat II. lebte.

Das antike Athen verdankte seinen Reichtum und seine Macht nicht zuletzt den Silberminen in Laurion am Südzipfel der attischen Halbinsel. Die Silber- und Bleierze sind dort in zwei Adern konzentriert, die in einer Reihe gefalteter Marmor- und Glimmerschieferschichten aus Trias und Jura liegen. Einiges deutet darauf hin, dass die Bergwerke schon um 1500 vor unserer Zeitrechnung, also in der mykenischen Epoche, in Betrieb waren. Wie Aristoteles berichtet, wurden die Erträge seit dem 5. Jahrhundert in den Athener Staatshaushalt eingerechnet. Im Gebiet von Laurion gab es mehr als fünfhundert Gruben, und viele bekannte Griechen, zum Beispiel Thukydides und Demosthenes, besaßen Anteile daran. Auf dem Höhepunkt des Silberabbaus arbeiteten in den Gruben zehn- bis zwanzigtausend Sklaven, die teilweise in der Hocke, auf den Knien oder gar liegend zehn Stunden hintereinander hauen und graben mussten. Schächte wurden bis zu 100 Meter tief ins Gestein getrieben – eine unglaubliche Leistung, wenn man bedenkt, dass moderne Speläologen sich dort schon in 30 Metern Tiefe nur eine halbe Stunde ohne Atemgeräte aufhalten konnten –, und Plinius erwähnt, dass die Dämpfe im Bergwerk besonders für Hunde sehr schädlich waren – eine andere *Grotta del Cane*.

Nicht nur in Laurion war das Graben und Hauen unter der Erde die Hölle; selbst Steinwälzer Sisyphos hatte in der Unterwelt noch ein besseres Los. Theophrast beschreibt die Arbeitsbedingungen, unter denen die „samische Erde“ gefördert wurde (Kaolin, für die Herstellung von Keramik verwendet):

> „In den samischen Gruben können die Arbeitsleute nicht aufrecht stehen, sondern müssen sich nothwendig entweder auf den Rücken oder auf die Seite legen. Denn die Erdader erstrecket sich in die Länge, und ist nur zwey Schuh tief, ob sie gleich viel breiter ist.“

Das hätte sich auch Dante ausdenken können. An einer anderen Stelle erwähnt Theophrast die Erstickungsgefahr in kappadokischen Ockergruben. Vermutlich meinte er aber das Quecksilberbergwerk von Ikonium (Sızma im Konya-Becken), das schon von den Hethitern und Phrygiern betrieben wurde, anderthalb Jahrtausende vor unserer Zeitrechnung. Das rote Quecksilbermineral Cinnabarit (Zinnober) wurde auch als Pigment verwendet, und hochkonzentrierte Quecksilberdämpfe können schnell tödlich wirken. Bei archäologischen Ausgrabungen in dem erwähnten Bergwerk hat man die Skelette von fünfzig Menschen gefunden, die vielleicht beim Einsturz eines Stollens eingeschlossen wurden, vielleicht aber auch durch Dämpfe ums Leben gekommen waren. In größerer Tiefe als 100, in Ausnahmefällen 300 Metern wurde in der Antike kein Bergbau betrieben, weil es an effektiven Wasserhaltungstechniken fehlte, schreibt der schon erwähnte Robert Forbes. Auch Beleuchtung und Bewetterung waren natürlich Probleme. In den schmalen Stollen der Silberminen von Sainte-Marie-aux-Mines in den Vogesen mussten im 15. Jahrhundert Kinder den ganzen Tag hin und her rennen, um für ausreichende Belüftung zu sorgen.

Nicht von ungefähr verglich Lukrez im 1. Jahrhundert vor unserer Zeitrechnung Bergwerke mit dem Avernischen See:

> Welch abscheulicher Dunst entströmt Scaptensulas Boden,
> Wo man so gierig erschürft die Adern des Goldes und Silbers
> Und das Verborgne der Erde durchwühlt mit eisernem Werkzeug!
> Oder was dringt für giftige Luft aus den Goldbergwerken,
> Wie entstellt sie des Menschen Gesicht, wie bleicht sie die Farbe!
> Siehst du und hörst du nicht auch, in wie kurzer Zeit sie zu sterben
> Pflegen und wie ihnen bald die Lebenskräfte entschwinden,
> Wenn sie zu solcher Fronde des Lebens gewaltige Not zwingt?
> Alle derartigen Dämpfe entwickelt also die Erde,
> Die sie hinaus in das Weite verdampft und den offenen Himmel.
> So muss auch der Avernische See Giftdämpfe entsenden,
> Welche die Vögel ersticken […]“
> Lukrez, *Von der Natur*, VI, 808–819

Kannten die alten Bergleute denn keine Furcht vor der Unterwelt? Dunkelheit, schädliche Dämpfe, seltsame Geräusche, Steinerollen wie Sisyphos – war all das nicht unheimlich? Bestand nicht die Gefahr, irgendwann die Decke der Elysischen Gefilde zu durchstoßen, oder schlimmer noch, die des Tartaros? Keinem der antiken Autoren scheint dieser Gedanke gekommen zu sein. Allerdings empfand man die Bergwerke durchaus als magische Orte.

Sogar in dem 1556 gedruckten Bergbauklassiker *De re metallica* (*Zwölf Bücher vom Berg- und Hüttenwesen*) von Georgius Agricola (Georg Bauer) ist noch etwas davon zu spüren. *De re metallica* ist das Standardwerk, ja, die Bibel der Bergbauwissenschaften. Bis heute erhalten zum Beispiel Absolventen montanwissen-

Wie man in einen Grubenbau einfährt, Agricola, 1556

schaftlicher Studiengänge an der Technischen Universität Delft ein Exemplar von Agricolas Buch. Und zwar die vorzügliche englische Übersetzung aus dem Jahr 1912; sie stammt von Herbert Clark Hoover, dem 31. Präsidenten der Vereinigten Staaten von Amerika, ursprünglich Bergbauingenieur, und seiner Frau Lou, einer Altphilologin. Die Hoovers haben *De re metallica* nicht nur übersetzt, sondern um eine Biographie Agricolas ergänzt, außerdem haben sie so viel Sekundärliteratur gelesen und in Fußnoten kommentiert, dass ihre Ausgabe auch als Quellenwerk nach einem Jahrhundert noch unübertroffen ist. Sie enthält die Holzschnitte des Originals aus dem 16. Jahrhundert.

Agricola beginnt sein Buch mit einem leidenschaftlichen Plädoyer für den Bergbau, das stellenweise recht modern anmutet. Ein Bergwerksbetreiber muss wissen, wo Erze zu finden sind, um welche es sich handelt und ob sie in Gängen (Adern) oder Klüften vorkommen; er muss wissen, wie man einen Grubenbau anlegt und Erze prüft. Außerdem muss er in der „Philosophie" – wir würden sagen: der Wissenschaft – vom Entstehen und der Natur der unterirdischen Dinge bewandert sein und um der Gesundheit seiner Bergleute willen über medizinische Kenntnisse verfügen. Auch von Astronomie und Landvermessung muss er etwas verstehen, um die Ausdehnung von Erzgängen bestimmen und die Aufschließung einer Lagerstätte durch Schächte, Stollen, Örter und Querschläge planen zu können. Er muss in der Lage sein, die Kosten seiner Unternehmung genau zu berechnen. Und er muss Handwerks- und Baumeister sein, um seine eigenen Geräte und Maschinen entwerfen und die für den Grubenausbau notwendigen Zimmerarbeiten durchführen lassen zu können, wofür er auch zeichnerische Fähigkeiten braucht. Außerdem muss er sich im Bergbaurecht auskennen, damit er nicht Eigentumsrechte anderer verletzt.

Der Bergbau stoße häufig auf Ablehnung, räumt Agricola ein, zum Beispiel halte so mancher die Landwirtschaft für eine zuverlässigere Einkommensquelle. Dagegen führt er an, dass die Silberbergwerke von Freiberg 400 Jahre, die Bleigruben von Goslar 600 und die Gold- und Silberbergwerke seines Wohnorts Chemnitz schon 800 Jahre in Betrieb seien. Es werde beklagt, dass für oder durch den Bergbau Acker- und Weideland zerstört, Wälder gerodet und Flüsse und Bäche mit giftigen Abfällen verschmutzt werden. Außerdem werde behauptet, dass all die Metalle gar nicht gebraucht würden; Gold- und Silberreichtum führe nur zu Neid, Streit und Krieg. Selig seien jene, die wie Sokrates nicht nach Besitz strebten.

Doch wenn ein Tyrann sich in eine schöne Frau aus einer anderen Stadt verliebe und diese Stadt deshalb belagere, sei nicht die Schönheit der Frau daran schuld, sondern die ungezügelte Begierde des Tyrannen. Die Gegner des Bergbaus behaupteten auch, Eisen werde nur für die Herstellung von Waffen verwendet, aber es liege nicht am Eisen, wenn ein Mensch den anderen töten wolle, sondern an dem bösartigen Wesen jenes Menschen. Außerdem stelle man aus Eisen auch die Pflugscharen und Sicheln der Bauern her, Messer für das Schneiden von Fleisch, Angelhaken – der Mensch könne nicht mehr auf Metall verzichten. Zudem werde Bergbau meistens in gebirgigen, unwegsamen Gegenden betrieben, in denen es nur wenig fruchtbaren Boden gebe, und mit dem Geld, das mit dem Bergbau verdient werde, könnten die Menschen anderswo Geflügel, Fisch und Fleisch kaufen.

Nun äußerten einige Leute die Ansicht, der Schöpfer habe die Erze nicht von ungefähr in der Erde verborgen. Sie seien gar nicht für den Abbau bestimmt, weil Metalle nur Unglück brächten. Wer dies sage, verurteile aber auch den Schöpfer, meint Agricola: Man werfe ihm vor, nutzlose oder sogar schädliche Dinge geschaffen zu haben. Doch die Erde verberge Erze nicht deshalb, weil ihre Förderung nicht gewollt sei, sondern weil die vorausblickende, weise Natur jedem Ding seinen Platz zugewiesen habe. Sie habe die Erze in den Gesteinen angelegt, weil die Voraussetzungen für ihr Entstehen anderswo nicht gegeben waren. Würden sie in der Luft gebildet, müssten sie ja zu Boden stürzen. Im Anschluss an diese Apologie behandelt Agricola ausführlich die notwendigen Eigenschaften und Fähigkeiten der Bergleute, die Aufschließung von Lagerstätten, die Einteilung der verschiedenen Erz- und Gesteinsarten und sämtliche Techniken, die für den Bergbau von Bedeutung sind.

De re metallica ist das gut lesbare Werk eines Autors, der sowohl Wissenschaftler als auch Ingenieur war; außerdem kannte er alle einschlägigen Texte der Vergangenheit (Theophrast, Plinius und viele andere) und hat sie, falls nötig, kritisch kommentiert.

Umso größer ist das Erstaunen, wenn man im 6. Buch in einem Abschnitt über Krankheiten und Unfälle der Bergleute plötzlich liest:

> „In einigen unserer Gruben, wenngleich nur in recht wenigen, gibt es ein anderes Übel und Verderben, nämlich Berggeister, schrecklich anzuschauen. Über diese habe ich in dem Buche ‚Über die Lebewesen unter Tage' gesprochen. Diese Berggeister werden durch Gebet und Fasten verjagt und vertrieben."

In dem erwähnten anderen Buch (Originaltitel *De animantibus subterraneis liber*) behauptet Agricola:

> „Es gibt aber auch gute Geister, die manche [...] Kobolde nennen, weil sie die Menschen nachahmen. Denn in lauter Fröhlichkeit kichern sie und tun so, als ob sie viele Dinge verrichteten, während sie tatsächlich nichts ausführen. Manche nennen sie auch Bergmännchen; sie besitzen die Gestalt eines Zwerges [...] Sie sehen greisenalt aus und sind bekleidet wie die Bergleute [...] Und obwohl sie eigentlich nichts schaffen, tun sie doch so, als ob sie sich in jeder Art Arbeit üben wollten."

Anders als diese harmlosen Geister richten die bösen großen Schaden an, wie Agricola in seinem Hauptwerk betont: „Die fünfte Ursache [für das Aufgeben von Gruben] ist der fürchterliche und verderbliche Berggeist, denn diesen flieht ein jeder, falls er nicht vertrieben werden kann."

Was taten die kleinen Teufel sonst noch? Sie hielten die Bergleute zum Narren, ließen Steine glitzern, die gar kein Gold, Silber oder Blei enthielten. Sie blendeten also den Bergmann, weshalb diese Steine als Blende bezeichnet wurden. „Blende, ist eine glitzernde Berg-Art, schwartz und auch gelb, so kein Metall führet, und offt den Bergmann blendet und betrügt", vermerkt Johann Heinrich Zedler in seinem 1732 bis 1754 erschienenen *Grossen vollständigen Universal-Lexicon aller Wissenschaften und Künste*. Mit Blende war vor allem Zinkblende (Sphalerit) gemeint, aber Zink als eigenständiges Metall war zu Agricolas Zeiten noch nicht entdeckt. Erst gegen Mitte des 18. Jahrhunderts lernte man es aus Zinksulfiderzen wie Sphalerit zu gewinnen. Weil Agricolas *cobalos*, Kobolde, die Bergleute auf die gleiche Weise narrten, gaben sie ihren Namen einem glitzernden Stein, der nichts Wertvolles enthielt. „*Kobald* [Kobalt], ist eine gifftige und rauberische Unart von Berg-Ertzten, welche die guten Ertzte verkürzt, oder wild und kalt macht, von welcher viele glauben, daß sie das Silber raube, und da und dort zum Theil verzehre, daher sie auch den Namen von den Bergleuten mag bekommen haben", steht in der 1727 gedruckten Ausgabe von Johann Hübners Enzyklopädie *Curieuses und Reales Natur-Kunst-Berg-Gewerck- und Handlungs-Lexicon*. Auch Nickel galt als unterirdischer Plagegeist, der seine wahre Natur zu verbergen suchte; ursprünglich war Nickel ein Schimpfwort für eine vermummte Schreckgestalt. Heute sind Kobalt und Nickel sehr begehrte Metalle.

*

Zahllose Legenden von Berggeistern sind im Lauf der Zeit entstanden. Im Mittelalter und der Frühen Neuzeit waren Bergleute oft arme Schlucker, die nur aus purer Not unter Tage ihr Glück versuchten. Für den, der eine kinderreiche Familie ernähren musste, war die Entdeckung einer reichen Ader eine Frage von Leben und Tod. Viele Bergleute hatten keine klare Vorstellung von der Entstehung von Lagerstätten und ihrer Gestalt und wussten deshalb auch nicht, auf welche Weise man sie suchen sollte; Agricola kannten sie nicht. Erfolg hing vom Zufall ab. Erzlagerstätten sind häufig so unregelmäßig geformt, dass es auch heute noch schwierig ist, allgemeingültige Regeln für ihre Aufschließung zu formulieren. Dieses Unberechenbare, die Dunkelheit unter Tage, schlechte Luft, unheimliche Geräusche, Schlagende Wetter und plötzliche Wassereinbrüche, schließlich auch die Rivalität unter den Bergleuten – kein Wunder, dass all dies zusammen einen fruchtbaren Nährboden für Gerüchte, fantastische Geschichten und Legenden bildete. Der Berggeist des Erzgebirges, der „Alte Mann" und „Kaspar" der Limburger Kohlengruben und viele andere Gestalten sind die Verkörperung von Ängsten. Aber nicht alle Berggeister führten Böses im Schilde. Manche kleinen Männlein zeigten armen Glücksuchern reiche Adern, stellten jedoch immer bestimmte Bedingungen: Zum Beispiel durfte man den Helfer nicht erwähnen oder musste versprechen, ihm etwas Kostbares zu schenken. Wer in der Schenke mit seinem Glück angab oder die anderen Bergleute zu täuschen versuchte, um den reichen Fund für sich allein zu haben, musste am nächsten Tag feststellen, dass die Ader zu taubem Gestein geworden war.

So geschah es auch in der Silbermine von Potosí in Bolivien. Der Cerro Rico sieht noch wie ein Schichtvulkan aus, ist aber schon vor 14 Millionen Jahren erloschen. Einen Krater besitzt er nicht mehr, dafür viele Hohlräume an seinen Hängen. Ein hartes Licht bescheint diese Abhänge auf über 4000 Metern Höhe in den staubtrockenen Anden, und wenn man genau hinschaut, sieht man, dass sie von kleinen quadratischen Öffnungen durchsiebt sind: den Mundlöchern von Stollen. Kaum ein anderer Berg wurde so ausgehöhlt wie dieser, schon seit fünf Jahrhunderten wird hier Silber abgebaut: Die Silbermine von Potosí ist die reichste, die von den spanischen Konquistadoren je entdeckt wurde, und blieb lange die größte der Welt. Außer Silber hat der Cerro Rico auch Zinn, Blei, Zink, Wolfram und Bismut zu bieten. Die Inkas haben hier angeblich keinen Bergbau betrieben; glaubt man einer Legende aus der Zeit der spanischen Eroberung, „hörten die Indios Stimmen, die ihnen befahlen, sich von [dem Silber] fernzuhalten, da es für andere bestimmt sei", wie der spanische Jesuit José de Acosta 1590 in seiner *Historia natural y moral de las Indias* schreibt. Die erste Lagerstätte wurde am 21. April 1545 von dem Spanier Villaroel und dem Indio Guanca, ihrem Entdecker, registriert. Die reiche Silberader „ragte wie eine Lanze aus dem Berg, dreihundert Fuß lang und dreizehn breit [...], reingewaschen von der Sintflut". Potosí war für die Spanier, was Laurion für die Athener gewesen war. Plötzlich waren die Silbermünzen dreimal so dick wie vor der Conquista.

Doch auch der Cerro Rico hat seinen Dämon: el Tío, den Onkel, um den sich zahllose Legenden ranken. Die Anthologie *Cuentos mineros del siglo XX* enthält eine

Cerro Rico, Potosí, Bolivien

Erzählung des bolivianischen Schriftstellers Luis Heredia Heredia, die vom Schicksal des armen Bergmanns Ciriaco Limachi berichtet. Ciriaco hatte unter Tage immer Angst, traute sich nie, in einer Nachtschicht zu arbeiten, konnte sich nicht einmal Cocablätter leisten und hatte irgendwann mehr Schulden als Haare auf dem Kopf. Deshalb fuhr er schließlich doch in einer stürmischen Nacht eine zweite Schicht. Er schloss einen Pakt mit el Tío und fand so viel Silber, dass er steinreich wurde und die ganze Mine kaufen konnte. Bald zündete er sich seine Zigaretten mit Geldscheinen an und begann zu trinken, vergaß aber nie, zuerst auf seinen Kumpel el Tío anzustoßen. In einer anderen stürmischen Nacht ging er betrunken in die Mine, jemand beobachtete ihn noch betend vor dem Cristo del Socavón, dem Christus vom Stollen, aber danach wurde er nie wieder gesehen. Seitdem war seine einst reiche Ader plötzlich taubes Gestein.

Auch die heutigen Bergleute sind arm. Und el Tío gibt es immer noch. Als ich den Cerro Rico von innen besichtigen will, muss ich Opfergaben mitnehmen, die alle an den zahlreichen Verkaufsständen vor dem Eingang feilgeboten werden: Dynamit und Coca für die Kumpel und Alkohol für el Tío; man gießt ihn vor seinem Bildnis aus. Ich folge meinem Führer tief in die Eingeweide des erloschenen Vulkans. Die Höhe der Stollen ist für Inkagröße bemessen, ich habe Mühe, gebückt mit dem flotten Führer Schritt zu halten; hin und wieder knallt mein Helm gegen eine Felsspitze, die aus der Decke herausragt. Am Helm ist eine altmodische Karbidlampe befestigt, und während wir uns fast rennend fortbewegen, halte ich ängstlich das Säckchen Dynamit am vorgestreckten Arm, möglichst weit von der Flamme entfernt. Schwitzende Männer ziehen verbeulte und zerkratzte Loren voll Erz über das schmale Gleis. Ein neun- oder zehnjähriger Junge klettert mit einem halben Autoreifen voller Steine auf einer morschen Leiter zu dem Gang über uns hinauf. Tief im Inneren der Mine sitzt el Tío in einer Wandnische. Er hat ein schreckliches schwarzes Affengesicht mit heruntergezogenen Mundwinkeln, glühenden Augen und Teufelshörnern. Die Luftschlangen, mit denen er behängt ist, sollen den Schrecken wohl ein wenig mildern. Hastig entledige ich mich meiner Gaben.

Eigentlich hätte die Mine längst geschlossen werden sollen, nur der Druck der Gewerkschaften konnte dies bisher verhindern. Bergleute sind ein stolzer Menschenschlag. Viel Silber gibt der Berg nicht mehr her, heute werden vor allem Zinn und Blei gefördert. Die durchschnittliche Lebenserwartung der Kumpel liegt bei 45 Jahren. *Socavones de angustia, Stollen der Angst*, heißt ein 1947 erschienener Roman von Fernando Ramirez Velarde über das Leben der bolivianischen Bergleute. Wer täglich in der Hölle des Cerro Rico geschuftet hat, muss sich im Jenseits so oder so erlöst fühlen.

Die kleinen Berggeister in den Minen herrschten nur über ihren eigenen Erzberg, sie gehörten keiner universalen Hölle an. Anscheinend führten die armen Bergleute ihre Leiden nicht auf Gottes Zorn zurück. Dennoch brauchte man Gott und die Heiligen als Verbündete. Für die sächsischen Bergleute beschützt

Bergmann mit el Tío, Silbermine von Potosí, Bolivien

Jesus das Gold, Maria das Silber und die heilige Anna das Zinn vor bösen Geistern, denn ohne Spezialisierung geht es nicht. Der heilige Wolfgang war beliebt, weil er mit einem Beilwurf die Abmessungen eines Erzvorkommens bestimmen konnte. Der heilige Daniel suchte Erz an den Bäumen – man denkt an Aeneas, der für Proserpina einen goldenen Zweig von einem Baum brechen musste, bevor er am Avernus die Unterwelt betreten durfte. Und wer vor dem Einfahren in die Mine zum heiligen Christophorus gebetet hatte, brauchte keine Letzte Ölung zu empfangen, wenn er verunglückte. Am meisten verehrt wird aber bis heute die heilige Barbara, die Schutzpatronin der Bergleute, Hüttenarbeiter, Geologen und vieler anderer Spezialisten: Selbst beim Bau des neuen Amsterdamer U-Bahn-Tunnels im Jahr 2010 hat man sie um ihren Segen gebeten.

Man darf den Heiligen aber auch nicht alles überlassen. Das beweist die Geschichte der unterirdischen Salzkathedrale von Zipaquirá in der kolumbianischen Cordillera Oriental. Schon vor der Conquista förderten die Muisca (Chibcha) in der Gegend von Zipaquirá im Tagebau Salz, das sie als große Blöcke über weite Entfernungen transportierten und gegen Gold und Smaragd eintauschten. Als Gonzalo Jiménez de Quesada 1537 im Auftrag des Gouverneurs von Santa Marta mit achthundert spanischen Soldaten nach den Quellen des Rio Magdalena suchte, begegnete er Salzhändlern. Er war so beeindruckt von der Leistung der indigenen Bergleute, dass er nicht weiter dem Fluss, sondern ihrem Handelsweg folgte. So erreichte er auf einer ausgedehnten Ebene in 2600 Metern Höhe Zipaquirá. Auf dem beschwerlichen Weg hatte er den größten Teil seiner Soldaten verloren, und als er beim Salzbergwerk von den Chibcha angegriffen wurde, zog er sich in südlicher Richtung in die Gegend der Chibcha-Stadt Bacatá zurück. Dort gründete er 1538 die heutige Hauptstadt, Bogotá (zunächst Santa Fé de Bogotá). Später übernahmen die Spanier auch die Kontrolle über das Bergwerk. Kolumbiens Hauptstadt verdankt ihre Lage also dem Salz von Zipaquirá.

Im Jahr 1801 besuchte Alexander von Humboldt Zipaquirá. Nach einer Besichtigung des Bergwerks schlug er vor, das Salz auch unter Tage zu fördern, statt sich wie bis dahin auf Tagebau zu beschränken. Das Salz von Zipaquirá, Überreste eines verdampften Meeres aus der Kreidezeit, bildet im Unterschied zu vielen anderen Salzvorkommen keine Kuppel, sondern eine Reihe nach Westen hin einfallender, plattenförmiger Lagerstätten zwischen Schichten von schwarzem Ton. Im Lauf der Zeit drangen die Bergleute immer tiefer in den Berg vor, das Netz der Stollen erstreckt sich heute über eine Fläche von mehr als 800 000 Quadratmetern. Schutzpatronin ist die Virgen oder Nuestra Señora del Rosario de Guasá. Seit das Bergwerk 1923 der Öffentlichkeit zugänglich gemacht wurde, nahm die Verehrung der energischen Jungfrau solche Dimensionen an, dass man einen der Stollen zu einer Kathedrale ausbaute; sie wurde 1953 geweiht.

Das war die Salzkathedrale, die ich 1980 besucht habe, als ich in Kolumbien wohnte, und damals war ich überwältigt von den wunderschönen Kuppeln im spanischen Barockstil. In den Gewölben sah man deutlich die mächtigen, glitzernden Salzschichten, die sich mit dunklen Tonbändern abwechselten. 2008 war ich wieder in Zipaquirá, doch als ich die Kathedrale besuchte, erkannte ich nichts wieder. Schon der Eingang glich in nichts dem von 1980, die barocken

Die zweite Salzkathedrale von Zipaquirá

Kuppeln waren verschwunden, alles wirkte modern und sachlich, außerdem viel höher und weiter, und ganz hinten im größten Gewölbe hatte man ein riesiges Kreuz aus dem Salz gehauen, das im Halbdunkel schimmerte, von versteckten grünen Lämpchen angeleuchtet. Was war geschehen? Hatte man wie früher in den unterirdischen Städten Kappadokiens einfach die alten Räume erweitert und umgestaltet?

Die Lösung entdeckte ich in dem Buch *El milagro de la sal* von dem in Zipaquirá geborenen Gustavo Castro Caycedo, einem Bruder des renommierten kolumbianischen Journalisten und Schriftstellers Germán Castro Caycedo. Während meiner Zeit in Kolumbien war Germáns Buch *Colombia amarga (Bitteres Kolumbien)* das eindrucksvollste Zeugnis der gewalttätigen kolumbianischen Geschichte und Gegenwart. *El milagro de la sal (Das Wunder des Salzes)* ist ganz anders: zahm, obrigkeitstreu und ein chaotisches Sammelsurium; Gustavo besaß nicht das Talent seines Bruders. Immerhin fand ich, was ich suchte: Die Kathedrale, die ich 1980 besichtigt hatte, existiert nicht mehr. Der alte, 100 Meter tief in den Berg getriebene Stollen war instabil geworden und drohte einzustürzen, weshalb die Kathedrale 1991 geschlossen wurde.

Die neue wurde in eine 60 Meter tiefer gelegene Schicht gesprengt und gehauen, in der man elf Jahre zuvor Salz gefördert hatte. Bis zu zehntausend Menschen gleichzeitig passen hinein, und auch Konzerte finden in dieser gewaltigen

Kirche statt, die zu einem der wichtigsten Touristenmagnete des Landes geworden ist.

Ist das nicht eine schöne Geschichte? Auf Anregung der Wissenschaft in Person Alexander von Humboldts wird ein unterirdischer Hohlraum geschaffen, die Religion nimmt ihn in Besitz, doch die Natur schlägt zurück! Denn nicht die Hölle bestraft – von unten her – das Eindringen in ihr Reich, sondern die Natur, die damit droht, die Decke einstürzen zu lassen. Die Religion weicht in größere Tiefen aus, rückt also der Hölle noch näher, aber früher oder später wird eine Katastrophe erweisen, was Degryse und Lévy-Leblond schon für Dantes Hölle ausgerechnet haben: Die Decke ist nicht stark genug, um den gewaltigen Hohlraum auf Dauer überspannen zu können. Welche Sorte Menschen hatte Dante noch im vierten Höllenkreis vorgefunden, wo Geizige und Verschwender büßen?

> [...] Geistliche, die keinen Haardeckel haben,
> auch Päpste und Kardinäle,
> bei denen die Habsucht Triumphe feiert.
> Dante Alighieri, *Die Hölle*, VII, 46–48

Dass Gruben einstürzen können, wusste niemand besser als die alten Bergleute im schwedischen Falun. Das älteste und berühmteste Kupferbergwerk Nordeuropas war mindestens seit dem 13., möglicherweise sogar seit dem 10. Jahrhundert in Betrieb. Während seiner Blütezeit, vom 16. bis 19. Jahrhundert, lieferte das Bergwerk von Falun 70 Prozent des in Europa verarbeiteten Kupfers. Das Dach des Schlosses von Versailles besteht aus Falun-Kupfer.

*

Im Rahmen meines Studiums der Physischen Geographie in Amsterdam habe ich auch an petrologischen und lagerstättenkundlichen Lehrveranstaltungen bei Professor Willem Paul de Roever, meinem späteren Doktorvater, und bei Professor Oen Ing Soen teilgenommen, einem in Indonesien geborenen Lagerstättenkundler chinesischer Herkunft, der 20 Jahre lang im Bergslagen-Gebiet um Falun geforscht hatte. Beide Fachgebiete stillten meinen Hunger nach schönen Mineralen und Gesteinen. Stundenlang konnte ich mich über das Polarisationsmikroskop beugen, um Gesteins-Dünnschliffe zu bestimmen. Wir hatten einäugige Studentenmikroskope, bei denen das Licht noch über einen drehbaren Spiegel genau auf die richtige Stelle gelenkt werden musste. Nicht einfach bei meinen langen Haaren, die mir ständig in die Quere kamen – es waren die wilden Sechzigerjahre. Bei Erzmineralen muss man anders vorgehen als bei den durchleuchtbaren Dünnschliffen, weil sie wie Metalle undurchsichtig sind. Man bestimmt sie anhand von Reflexionseigenschaften ihrer polierten Oberflächen, von subtilen Farbnuancen und sogenannten Innenreflexen, diffuser Reflexion an Grenzflächen. Das ist eine Kunst, die man schnell wieder verlernt. Das Handstück, eine Gesteinsprobe in handlicher Größe, bekommt man zum Bestimmen dazu, meistens ist es schon von vielen Studentengenerationen befummelt worden und entsprechend speckig. Die winzigen Einschlüsse von Erzmineralen darin sind dann kaum noch zu erkennen.

Höhepunkt dieser Studien war im Jahr 1970 eine Exkursion in die schwedischen und norwegischen Bergbaugebiete, unter anderem zu den Eisenerzen von Taberg (Småland), zur Zinkgruvan („Zinkgrube") im gleichnamigen Ort nahe Åmmeberg (Örebro) und zu den Eisenerzgruben von Grängesberg (Dalarna). Grängesberg! Dort erreichten wir den tiefsten Punkt auf unserer Reise, 400 Meter unter der Erde. Ich war beeindruckt: von der Geschwindigkeit des Fahrkorbs im Schacht, der Höhe und Breite der Strecken, der Bohrmaschinerie, den wunderschönen Gesteinen, am meisten aber vielleicht von dem Gärtlein, das die Bergwerksgesellschaft in der Tiefe vor dem Eingang ihres Büros angelegt hatte. Ein paar Quadratmeter Garten 400 Meter unter der Erde, und unter den starken Lampen schien sogar alles recht gut zu gedeihen. Elysische Gefilde im Miniaturformat.

Und dann besuchten wir das berühmte Kupferbergwerk von Falun, betrieben von dem Unternehmen Stora Kopparbergs Bergslag, dem ältesten der Welt. Außer den dort tätigen Geologen war Oen Ing Soen unser Unterweltführer, und wir lernten viel von ihm. Er sprach fließend Dänisch, weil er schon einmal auf Grönland gearbeitet hatte. Kein vollwertiger Ersatz für das Schwedische, doch es half. „Das hat man hier sicher noch nie gesehen, einen Chinesen, der Dänisch spricht", sagte de Roever bewundernd und auch ein wenig eifersüchtig. Andere Zeiten.

Statt armseliger Handstücke sahen wir in Falun plötzlich meterdicke Gänge von glänzendem Kupfererz in den aufgerissenen Felswänden. Zwei Milliarden Jahre alte Gesteine, die man in jedem Lehrbuch findet. Und all die seltenen Minerale, die man nur als Bröckchen gesehen hatte, aufbewahrt in kleinen Pappschachteln in den Schubladen des Praktikumssaals, konnte man hier von den Abraumhalden des Bergwerks aufsammeln. Die Gesteinsproben sollten eine gewisse Mindestgröße haben; wenn ein Handstück in de Roevers Augen zu klein war, sagte er verächtlich: „Das ist ein Damenhandstück." Diesen Ausdruck hatte er von seinem Schweizer Lehrmeister Ernst Niggli. Zentnerweise Gestein sammelten wir, es war ein Wunder, dass der Bus die Fahrt ohne Achsenbruch fortsetzte.

In Falun ließen wir uns, mit Regenmänteln und Helmen angetan, in einer Art Fahrstuhl zu einer alten Strecke in 60 Metern Tiefe hinunterfahren – was für ein Komfort, wenn man bedenkt, wie die Bergleute im Mittelalter einfuhren. Auch damals waren es sieben gleichzeitig, in einem kleinen, geflochtenen Fahr- und Förderkorb, der an einem Hanfseil von einem Göpel hinabgelassen wurde. Das Bündel von sieben Männern passte nur deshalb in den Korb, weil jeder ein Bein über den Rand hängen ließ. Dabei hielt man sich mit einer Hand am Seil fest. Wenn es zu reißen drohte, konnte man das hören.

Der berühmte schwedische Naturforscher, Botaniker und Zoologe Carl von Linné ist 1734, ein Jahr vor seinem Aufbruch nach Deutschland und Holland, auf einer Reise durch Dalarna in das Bergwerk hinabgestiegen. In seinem Reisetagebuch schildert er die Mühen und Leiden der Bergleute:

> Wir stiegen nur auf Holzleitern hinab, die meisten mit zwanzig Sprossen, senkrecht aufgehängt und nicht an der Wand festgemacht. Manchmal waren zwei nur an den Enden zusammengebunden, sodass sie hin und her schwangen. Unten waren die Gänge so niedrig, dass wir uns bücken oder kriechen mussten, und so schmal, dass unsere Körper nur seitlich verdreht hindurchpassten; immer wieder stieß ich mir den Kopf an Spitzen, die aus der Decke hervorstanden – einer Decke mit Krusten aus kristallisiertem Vitriol, von einem seltsamen Schwarz. Alle Männer trugen Fackeln im Mund. Unten wehte ein kalter Wind, stark genug, um eine Windmühle anzutreiben. Die Pferde am Göpel wurden von einem Mann angetrieben, der nah an der Hauptwelle stand, es gab Ställe, Heu und eine Schmiede. Das Erz wurde auf Schubkarren oder vierrädrigen Wägelchen transportiert.
>
> An solchen düsteren Orten, zu denen niemals Tageslicht dringt, arbeiteten und lebten diese verdammten Wesen, es waren ungefähr zwölfhundert. Dennoch wirkten sie zufrieden, die Leute rissen sich um eine Anstellung. Sie sind an allen Seiten von Stein und Grus umgeben, von tropfendem, ätzendem Vitriol, von Rauch, Dampf, Hitze und Staub. Jederzeit droht ein plötzlicher Tod durch den Einsturz einer Decke, sodass sie sich keinen Augenblick sicher fühlen können. Die große Tiefe, die Dunkelheit und die Gefahr ließen mir die Haare zu Berge stehen, und ich wollte nur noch eines: zurück nach oben. Diesen beklagenswerten Männern steht immer der Schweiß auf der Stirn, sie arbeiten mit nacktem Oberkörper und einem Wolllappen vor dem Mund, der möglichst verhindern soll, dass sie Dämpfe und Staub einatmen. Der Schweiß läuft an ihnen hinunter wie Wasser aus einem Sack. Man könnte leicht in ein Loch stürzen oder auf der Leiter eine Sprosse verfehlen; oder ein Steinbrocken könnte herabfallen und einen Unglücklichen zermalmen. Alles, was ich sah, erinnerte an die Hölle.

Im gleichen Jahr veröffentlichte ein Landsmann Linnés, der Philosoph, Naturforscher und damalige Bergwerksinspektor Emanuel Swedenborg, sein Werk *Opera philosophica et mineralogica*, in dem er unter anderem die Bergbautechniken in Falun beschrieb. Swedenborg sah etwas völlig anderes als eine Hölle. In der Vorrede schreibt er:

> Man stelle sich vor, welch gewaltige Mengen von Kupfer diese Mine [...] in Tausenden von Jahren hervorgebracht hat und wie viel ihr unerschöpflicher Schoß noch heute gebiert [...] Kurz und gut, der gesamte Boden dieser Mine, all ihre Wände, Türen, Kammern, Säle und Pfeiler, alle Oberflächen glänzen und senden in alle Richtungen die glitzernden goldenen Strahlen dieser wunderbaren Ader aus. Der Besucher könnte glauben, man habe ihn zu Venus selbst geführt und die Göttin warte wie eine Braut in einem geschmackvoll dekorierten Gemach auf ihre Gäste aus Falun, um sie glücklich willkommen zu heißen.

In seinem späteren Leben hat Emanuel Swedenborg eine radikale Wende vollzogen. Am 6. April 1644, während eines Aufenthalts in Delft, hatte er eine Vision; danach gab er die Wissenschaft auf und wurde tief religiös. Von seinen zahllosen theologischen Werken wurde vor allem eines bekannt, das 1758 in London gedruckte Buch *De Coelo et eius mirabilibus, et de inferno, ex auditis et visis* (*Himmel und Hölle. Beschrieben nach Gehörtem und Gesehenem*). Darin schildert er – immerhin mit wissenschaftlicher Präzision –, wie Himmel und Hölle aussehen; ihm sei es nämlich „gegeben worden", sie mit eigenen Augen zu schauen.

Swedenborg spricht von einer „Vielheit" der Höllen. Einige Höllen glichen „den ausgesprengten Stollen und Gängen, wie sie in den Bergwerken sind, mit Schächten gegen die unteren Teile zu"; es bestehe „Verbindung zwischen einigen durch Durchgänge, und [...] zwischen vielen durch Ausdünstungen". Es gebe „auch Höllen unterhalb der Höllen"; er habe gesehen, „dass Höllen unter jeglichem Berg, Hügel und Felsen und auch unter jeder Ebene und jedem Tal sind, und dass sie unter diesen sich in die Länge, Breite und Tiefe ausdehnen; mit einem Wort, der ganze Himmel und die ganze Geisterwelt sind gleichsam unterhöhlt und unter ihnen eine fortlaufende Hölle". All dies scheint von Falun inspiriert zu sein. Die Verdammten seien „durch Blattern, Beulen und Geschwüre verunstaltet". Außerdem weiß der Seher, „dass sie das Licht des Himmels fliehen und sich in ihre Helle hinabstürzen, die wie die Helle von glühenden Kohlen und hie und da auch wie die von brennendem Schwefel ist". Und wofür werden sie bestraft? Die größten Sünden, für die man in die Hölle kommt, sind „Selbstliebe und Weltliebe". Der ewige Junggeselle Swedenborg hatte den Tempel der Venus anscheinend vergessen. Ob Venus oder die Hölle, auf jeden Fall weckte Falun religiöse Assoziationen. Hans Christian Andersen war nüchterner: Er verglich den Schwefelgestank bei Falun mit dem der Solfatara.

Die größte Katastrophe hatte sich in Falun aber schon ein halbes Jahrhundert vor Linnés Dalarna-Reise und der Veröffentlichung von Swedenborgs Bergbaubuch ereignet. Am 25. Juni 1687 brach die Gesteinsdecke über vier der Strecken ein: Blankstöten, Skeppstöten, Bondestöten und Måns Nils stöt. Damals konnte man die Mächtigkeit einer Gesteinsdecke über Stollen oder Strecken noch nicht so gut berechnen, und man wird auch nicht genau gewusst haben, wie stark die einzelnen Strecken sich einander inzwischen angenähert hatten. Die unterirdischen Hohlräume wurden immer größer, die Pfeiler, die man beim Abbau stehen ließ, immer dünner; außerdem war, wie der schwedische Bergbauhistoriker Felix Tegengren in seinem Buch *Sveriges ädlare malmer och bergverk* (1926) berichtet, auf der Gesteinsdecke bergeweise Abraum abgeladen worden. Bei dem Bergschlag entstand eine gewaltige Pinge, ein Einsturzkrater von anderthalb Kilometern Durchmesser und 95 Metern Tiefe. Zum Glück war gerade ein Feiertag, an dem die Bergleute nicht arbeiteten, sodass niemand ums Leben kam; der weibliche Berggeist von Falun, *Gamla Mormor*, die Alte Großmutter, war an diesem Tag barmherzig. Sie war die Tochter einer Riesin, die ihre Schätze eifersüchtig bewachte und jeden Entdecker ihres Kupferbergs mit Felsbrocken zu erschlagen versuchte. Die Legende von den Riesinnen hat Selma Lagerlöf sehr schön im Falun-Kapitel ihres Romans *Nils Holgerssons wunderbare Reise mit den Wildgänsen* erzählt – der die Jugend auch ganz nebenbei über die Geographie Schwedens belehren sollte.

Berühmt ist die Geschichte von dem Bergmann Mats Israelsson, genannt Fet Mats, der schon 1677 beim Einsturz eines Grubengangs verschüttet worden war und dessen sterbliche Überreste erst 1719, lange nach dem großen Bergschlag, gefunden wurden. Seine inzwischen greise Verlobte Margareta Olsdotter erkannte den Leichnam, sie hatte nie aufgehört, auf ihren Liebsten zu warten. Er wirkte unverändert, so jung wie zur Zeit seines Verschwindens; Schwefelsäure, die bei der Oxidation des Kupfererzes freigesetzt wurde, hatte den toten Körper konserviert. Als Linné, dessen Frau aus Falun stammte, den ausgestellten, angeblich versteinerten Leichnam sah, sagte er voraus, dass der Tote bald zerfallen werde, weil er in Wirklichkeit nur mit einer Kruste aus „Vitriol" (Sulfaten) bedeckt sei. Das geschah auch, und 1749 wurde Mats begraben.

Die Geschichte inspirierte E.T.A. Hoffmann zu seiner Erzählung *Die Bergwerke zu Falun*. Darin wird ein junger Seemann namens Elis von einem freundlichen alten Bergmann dazu überredet, die Seefahrt aufzugeben und nach Falun zu gehen, um in den dortigen Bergwerken zu arbeiten. Der tüchtige Elis hat bald Erfolg und verlobt sich mit der Tochter des Altermanns (Vorstehers). Doch dann begegnet er unter Tage dem alten Bergmann wieder, der sich als böser Berggeist entpuppt und prophezeit, dass Elis seine Geliebte nie heiraten werde. Am Morgen des Hochzeitstages fährt Elis allein in die Grube ein, um einen besonderen Schatz heraufzuholen; seiner Braut, die ihn nicht zurückhalten kann, schildert er noch, was ihm nachts im Traum offenbart worden sei: „Unten in der Teufe liegt in Chlorit und Glimmer eingeschlossen der kirschrot funkelnde Almandin, auf den unsere Lebenstafel eingegraben, den musst du von mir empfangen als Hochzeitsgabe." Doch als er unter Tage ist, verschüttet ein Einsturz des Deckgebirges die ganze Grube, der junge Mann kehrt nicht zurück. Erst 50 Jahre später wird sein Leichnam unverändert gefunden; als Einzige erkennt ihn seine ergraute Verlobte, die all die Jahre auf ihn gewartet hat.

*

Im Jahr 2008 habe ich erneut ein schwedisches Bergwerk besichtigt, im Erzberg Kiirunavaara bei Kiruna, der größten Eisenerzlagerstätte Europas. Das Einfahren ist noch komfortabler als 1970, denn man braucht nicht einmal mehr einen Fahrstuhl zu betreten: Sobald wir mit Helm, Kopflampe, Sicherheitsweste und Stiefeln ausgerüstet sind, fährt uns ein Bus des Unternehmens – *Welcome to the underground* – durch einen Tunnel mit zehn Grad Gefälle, immer weiter in die Tiefe. Man sieht kein Licht am Ende des Tunnels, denn dieses Ende liegt 1365 Meter unter der Erde. Durch das Innere des Erzberges führen heute Asphaltstraßen von 400 Kilometern Länge, ausgestattet mit Verkehrsschildern und mit Ampeln an den Kreuzungen. Jede Minute werden 100 000 Kubikmeter Frischluft in das Grubensystem geblasen. Wir fahren zunächst nur bis auf 530 Meter Tiefe. Dort ist das „Besucherbergwerk“ mit einem Informationszentrum untergebracht. In einem Büro hinter einer Glaswand sitzen junge Leute vor Monitoren und Tastaturen. Ich schaue mich unauffällig nach einem unterirdischen Gärtlein um, wie ich es vor knapp vier Jahrzehnten in der Eisenerzgrube von Grängesberg gesehen hatte – vergebens. Aber den Kiirunavaara besuchen jedes Jahr eine Viertelmillion Touristen, man kann hier sogar unter der Erde heiraten wie in Neapel im Krieg. Das Ganze hat etwas Unwirkliches, man spürt nicht, dass ein halber Kilometer Gestein über einem liegt.

Wir werden in ein unterirdisches Kino geführt. Unser Gastgeber, Kari Niiranen, erzählt die Geschichte des Bergwerks. Die Lagerstätte wurde schon 1696 entdeckt. In großem Umfang abgebaut wird das Erz aber erst seit etwa 1900; den einheimischen Samen (Lappen) war der Berg nämlich heilig – sie wollten keinen Abbau. Außerdem war der hohe Norden Schwedens lange Zeit zu abgelegen und unwirtlich, als dass sich eine Erschließung gelohnt hätte. Wie man heute weiß, hat die Eisenerzlagerstätte eine durchschnittliche Mächtigkeit von annähernd 100 Metern und eine Länge von fünf Kilometern, sie fällt steil ein und reicht bis in mindestens zwei Kilometer Tiefe. Zwei Kilometer! Deshalb der endlose Tunnel. Das sind völlig andere Dimensionen als in vergangenen Jahrhunderten. Und die Schweden wollen noch eine weitere Hauptsohle in Betrieb nehmen. In der Empfangshalle steht ein großes Modell des Bergwerks; jede Sohle ist durch eine waagerechte Acrylglasscheibe dargestellt. Ich zähle nicht weniger als dreißig Haupt- und Teilsohlen. Es gibt auch einen in Stein gravierten Querschnitt; er lässt erkennen, dass man seit 1960 immer schneller in die Tiefe vordringt, erst zehn, heute mehr als 20 Meter pro Jahr. Von der heutigen Spitze des Kiirunavaara an gemessen ist das Erz schon bis in etwa 100 Meter Tiefe abgebaut. Aber es sind ja noch mindestens 1300 Meter übrig. Eigentlich könnte man also noch lange einfach weitermachen.

Dass es so einfach nicht ist, wird einem klar, wenn man die dritte Darstellung betrachtet, eine Karte des Gebiets mit der Stadt Kiruna. Dann sieht man nämlich, dass die Lagerstätte bis unter die Stadt reicht. Beim weiteren Ausbau der Grube erhöht sich die Bergschlaggefahr, weshalb die ganze Stadt verlegt werden muss. Im Jahr 2010 wurde beschlossen, sie fünf Kilometer weiter östlich neu aufzubauen; die Arbeiten haben 2012 begonnen und müssen bis 2033 abgeschlossen sein. Die Arbeit unter Tage ist heute erheblich angenehmer, doch über Tage müssen große Opfer gebracht werden.

Wir besteigen wieder den Bus und fahren noch weiter ein, bis ans Ende einer Strecke in 700 Metern Tiefe. Die Strecke ist dunkel, nur unmittelbar vor Ort gibt es Licht, also dort, wo das Erz gefördert wird. Kein Mensch ist zu sehen, alle Maschinen werden ferngesteuert; das ist es, was die jungen Leute vor den Monitoren

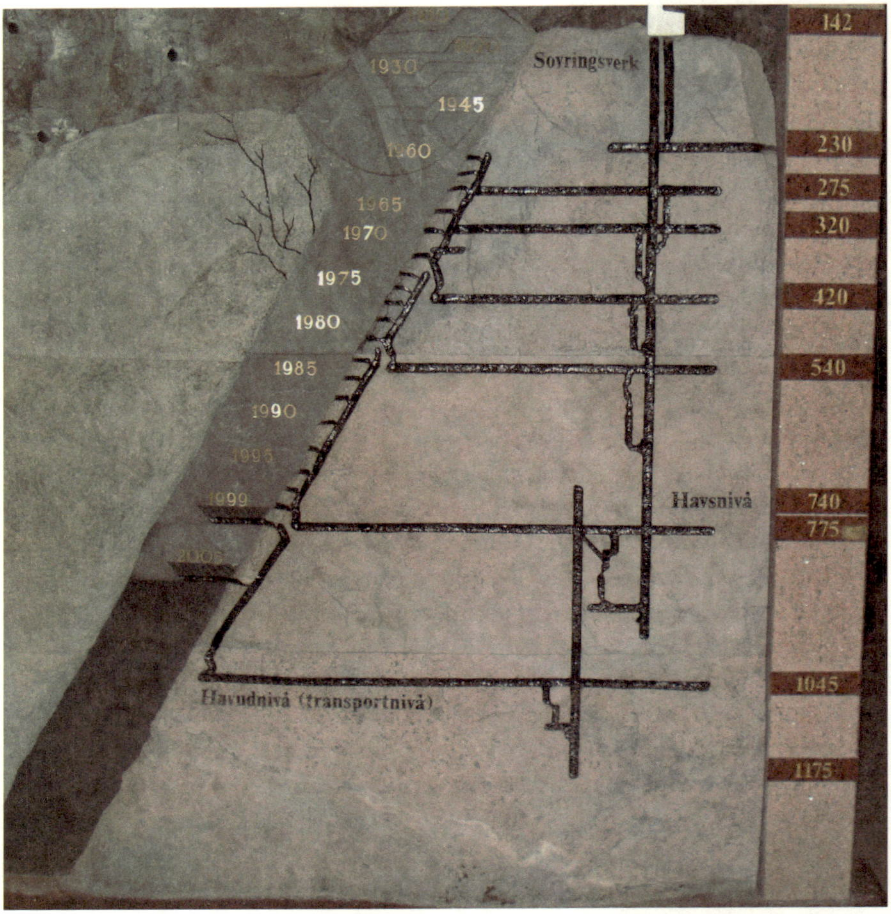

Querschnitt der Eisenerzgrube Kiruna: Das diagonale dunkle Band links ist der Erzkörper, die schwarzen Linien sind die Sohlen, rechts ist die Tiefe angegeben.

tun. Wir steigen aus und nehmen ein paar Proben: Magnetit, das eigentliche Eisenerz, und Apatit, ein Phosphatmineral, das in feinen hellen Äderchen im Erz vorkommt. Das Eisenerz liegt zwischen zwei Schichten vulkanischen Gesteins, das fast zwei Milliarden Jahre alt ist. Ich schlage mit meinem Hammer ein paar ordentliche Stücke Erz aus der Wand. Auch diesmal muss man für die Rückfahrt einen Achsenbruch befürchten. Später, in Rovaniemi im finnischen Lappland, schicke ich eine Kiste Steine nach Hause, 44 Kilo. Ich bin unverbesserlich.

Die prähistorischen Feuersteingruben waren bis zu zwölf Meter tief, Kupferbergwerke in der chinesischen Provinz Hubei vor knapp 5000 Jahren schon 50 Meter, die Silberminen von Laurion 100 Meter, die Kupferbergwerke von Kitzbühel im 16. Jahrhundert schließlich 800 Meter. Noch zu Anfang des Industriezeitalters kam man nicht viel tiefer. Heute ist die Eisenerzgrube von Kiruna bis in

1300 Meter Tiefe erweitert worden, gebohrt hat man schon bis in 2000 Meter Tiefe, wie übrigens auch in Falun, und auch damit wird man sich nicht zufriedengeben.

In Südafrika wird Gold schon in fast 4000 Metern Tiefe abgebaut: Das ist die größte Tiefe unter der Erdoberfläche, in die Menschen physisch, also nicht nur mit Maschinen, vorgedrungen sind. Gut auszuhalten ist es dort nicht. Die Hitze ist so groß, dass Eis und Eiswasser zur Kühlung hinabgepumpt werden müssen, teilweise ziehen die Bergleute mit Eis gefüllte Spezialwesten an. Dantes Idee eines am Mittelpunkt der Erde im Eis eingeschlossenen Luzifer war also gar nicht so abwegig. Die Südafrikaner planen, bis auf 5000 Meter vorzustoßen.

An der Technischen Universität Delft gibt es einen Fachverein der montanwissenschaftlichen Studiengänge. Einmal habe ich eine Flasche Wodka als Preis für den Studierenden oder Absolventen ausgesetzt, der am tiefsten in die Erde vorgedrungen war. Der Gewinner war auch der einzige Einsender, der Bergbauingenieur Theo Gerritsen. Für die Preisverleihung in der vereinseigenen Kneipe schoben die Studenten einen Tisch an die Seitenwand, die mit gestohlenen Schildern aus Bergwerken auf der ganzen Welt vollgehängt war. Theo, ein agiler, kräftiger Mann, stieg auf den Tisch und erzählte seine Geschichte.

Er hatte von 1997 bis 2000 als *strata officer* in bis zu 2940 Metern Tiefe gearbeitet, in der South-Deep-Mine im südafrikanischen Goldabbaugebiet Witwatersrand. Seine Aufgabe bestand darin, vor Ort mithilfe von Kompass und Neigungsmesser Risse und Brüche im Gestein zu kartieren, die beim Abbau des Golderzes möglicherweise gefährlich werden konnten.

> Manchmal musste man vom Schacht aus eine Stunde lang durch Strecken und Querschläge gehen, bis man vor Ort war. Die Wirkung der Wetterkühlmaschinen am Schacht reicht nicht so weit, deshalb kann es vor Ort bis zu 65 oder 70 Grad heiß sein. Die Kumpel arbeiten mit nacktem Oberkörper, sie haben nur eine lange Hose an, Schaftstiefel, Helm, Gehörschutz, teilweise eine Schutzbrille, teilweise auch nicht. Man muss ständig große Mengen trinken, sonst bekommt man rasende Kopfschmerzen, weil man austrocknet. Die vier Liter gefrorene Cola, die ich immer mitgenommen habe, waren nach zwei Stunden alle. Ein Neuling hält es da höchstens zwanzig Minuten aus. Am schlimmsten ist das *shaft sinking*, das Abteufen. Das wird immer noch mit einem Abteufkübel gemacht, aber immerhin hat der einen Durchmesser von fünf Metern. Eine Kolonne von zwölf Mann bohrt dann vom Kübel aus eine Art Lochrosette ins Gestein und füllt die Löcher mit Sprengstoff. Dann wird der Kübel ein Stück hochgezogen, die Ladung wird gezündet, die herausgesprengten Brocken eingesammelt und hochgefördert, und dann macht man einen Meter tiefer genauso weiter. Beim Abteufen passieren viele Unfälle. Auf diese Weise geht man 800 Meter senkrecht nach unten. Wenn man von da nach oben schaut, ist das Tageslicht nur noch ein weißer Stecknadelkopf.

Damit endete Theos Bericht, und die Studenten sangen „Glück auf“, sie waren erleichtert, dass er überlebt hatte. Er hatte sich seinen Wodka wirklich verdient.

*

Wer an die Entbehrungen der Bergleute denkt, die tief unter der Erde, in Dunkelheit und Ausdünstungen, gebückt, hockend oder liegend schwere Erzbrocken aus hartem Gestein hauen müssen, der möchte Lukrez recht geben: Was man im Jenseits zu erleben fürchtet, in der Hölle, geschieht in Wirklichkeit während unseres Lebens hier auf Erden.

> „Ist man nicht besser im Tod als im ruhigsten Schlafe gesichert?
> Nun erst die Fabelgestalten, die da in des Acheron Tiefen
> Hausen! Du findest natürlich sie alle in unserem Leben [...]“
> Lukrez, *Von der Natur*, III, 977–979

Woran dachten die frühen Bergleute, wenn sie mit ihren Werkzeugen die glitzernden Erzgänge bearbeiteten? Haben sie sich nicht gefragt, woher all das Wunderbare stammte, wie es entstanden war? Denn wenn sie sich diese Fragen stellten, hätten sie eigentlich auch darüber nachdenken müssen, wie es in größerer Tiefe aussehen mochte, im Inneren der Erde. Empedokles meinte, alles müsse durch ein Zusammenspiel der Elemente Wasser, Feuer, Erde und Luft entstanden sein. Da er nur 135 Kilometer vom Ätna entfernt lebte, ist es nicht unwahrscheinlich, dass ihn der Vulkan zu seiner Vier-Elemente-Lehre inspiriert hat: Flüssige Lava ist Feuer, Rauch ist Luft, Dampf ist Wasser und Erde ist erstarrte Lava – oder der Brennstoff des Feuers, sagt Emile den Tex in seiner großartigen geologischen Kulturgeschichte *Een voorspel van de moderne vulkaankunde in West-Europa*.

Aristoteles hat die Vier-Elemente-Lehre erweitert. Feuer ist warm und trocken, Luft warm und feucht, Wasser kalt und feucht, Erde kalt und trocken; so konnte man jedes der Elemente als Kombination verschiedener Eigenschaften auffassen, wie wir schon gesehen haben. Theophrast wiederum greift in dem schon erwähnten Buch *Von den Steinen* auf die Vorstellungen seines Lehrers Aristoteles zurück, um die Entstehung von „Steinen“ und „Erden“ zu erklären.

Eine gewisse Eleganz kann man seinen Ideen nicht absprechen. Wasser und Kälte zusammen bilden Eis, Kälte lässt geschmolzene Metalle gerinnen, Wärme lässt sie wieder schmelzen – folglich sind Metalle kalt und feucht. Salzkristalle dagegen entstehen durch Erwärmung (das Verdampfen von Salzwasser); Steine (Edelsteine, Minerale) müssen also trocken und heiß sein. Schlamm, ein Gemisch aus Erde und Wasser, kann sowohl durch Hitze als auch durch Kälte eintrocknen. Erdartige Substanzen haben so große Poren, dass sie Wasser aufnehmen können, und Wärme kann das Wasser wieder hinaustreiben.

So kurz gefasst und nüchtern Theophrast sein Thema behandelt, so bildreich lässt sich Lukrez über die Entstehung von Erzen aus.

Kupfererz (Chalcopyrit), Aitik-Mine, Gällivare, Nordschweden

Schließlich nun wurde das Kupfer entdeckt und das Gold und das Eisen
Und zugleich auch des Silbers Gewicht und die Wirkung des Bleies.
Dies fand statt, als ein Feuer auf hohem Gebirge den Urwald
Hatte verbrannt, sei's dass dort ein Blitz aus dem Himmel gezündet,
Oder dass Menschen das Feuer im Waldkrieg, den miteinander
Sie dort führten, entfacht, um hierdurch die Feinde zu schrecken,
Oder dass andre verlockt durch die Güte des Bodens mit Feuer
Boden und fruchtbaren Acker und Weideland wollten gewinnen
Oder auch Wild erjagen und sich mit der Beute bereichern;
Denn das Jagen mit Feuer und Gruben ward früher erfunden
Als das Umstellen des Forstes mit Netzen und Hetzen mit Hunden.
Was nun auch immer der Grund zur Entstehung des Brandes gewesen,
Der mit schaurigem Prasseln den Wald bis zur untersten Wurzel
Hatte verzehrt und den Boden verbrannt durch die Gluten des Feuers:
Aus den siedenden Adern verfloss in die Mulden der Erde
Ein sich sammelnder Bach von Gold und Silber und Kupfer,
Ebenso auch von Blei [...]
Lukrez, *Von der Natur*, V, 1241–1257

Eine auch in anderer Hinsicht interessante Schilderung: Lukrez stellt sich das Innere der Erde nicht feurig vor, wie wir es heute tun; für ihn stammt vielmehr das Wasser aus dem Erdinneren, das Feuer dagegen von außen. Andere lateinische Autoren wie Plinius haben den Ideen von Aristoteles und Theophrast wenig hinzugefügt. Mehr als anderthalb Jahrhunderte nach ihnen findet man ihre Gedanken noch fast unverändert in dem Werk *La composizione del mondo* von dem Dante-Zeitgenossen Ristoro d'Arezzo wieder. Dieser hat sie zum größten Teil von dem persisch-arabischen Gelehrten Alfraganus (Farghani) übernommen, der auch Dante beeinflusste.

Sogar Agricola, der doch ein erfahrener und genauer Beobachter war, löst sich noch nicht von den überlieferten Vorstellungen. In seinem Werk *De ortu et causis subterraneorum* (1544), aus dem auch die Hoovers ausführlich zitieren, schreibt er die Entstehung von Erzen bestimmten Vorgängen in *canales* zu, geformt von unterirdischen Gewässern, also durch Erosion. Hier schimmert noch etwas von Platons Gedanken durch. Die Gewässer wiederum sollen durch Versickern von Regenwasser entstanden sein, aber auch durch Kondensation von Dampf, erwärmt durch unterirdische Brände von „Bitumen“, Steinkohle und anderen brennbaren Stoffen. Durch die *canales* zirkulieren Wasser und „Säfte“, die sich als „Erde“, „geronnene Säfte“, „Stein“, „Metalle“ und „Verbindungen“ absetzen. Mit „Erde“ sind Ton und andere Böden gemeint, aber auch Pigmente, Gips oder Mergel; zu den „geronnenen Säften“ gehören Salz, Soda, Vitriol und Bitumen; „Stein“ steht für Edel- und Halbedelsteine, zum Beispiel Quarz und seine Varietät Amethyst; „Metalle“ sind gediegene, also in reiner Form in der Natur vorkommende Metalle wie Gold, „Verbindungen“ wiederum Erzminerale mit Metallglanz, aus denen Metalle gewonnen werden können, vor allem Schwefelverbindungen wie Chalcopyrit, ein Kupfererz aus der Mineralklasse der Sulfide und Sulfosalze. Woher die „Säfte“ kommen, bleibt unklar. Nicht zu überhören sind hier die Echos der griechischen Kalklandschaft, die auch nach zwei Jahrtausenden noch nicht verstummt sind.

Erst bei Descartes wandelt sich das Bild allmählich, und das Feuer spielt wieder eine größere Rolle. Im vierten Teil der *Principia philosophiae* heißt es über Bodenschätze:

> Aus dem Erdinneren steigen nicht nur die aus den unter der Erde verborgenen Gewässern austretenden Dämpfe, sondern auch viele scharfe (ätzende) Gase und ölige Ausdünstungen auf, die sowohl Quecksilberdämpfe als auch Partikel anderer Metalle mit sich führen. Aus verschiedenen Mischungen dieser Stoffe sind alle Bodenschätze zusammengesetzt. [...] Wenn die Dämpfe des Quecksilbers die kleinen Spalten und etwas größeren Gänge der Erde durchkriechen, lassen sie in ihnen die in sie eingemischten Partikel anderer Metalle zurück und reichern sie mit Gold, Silber, Blei und anderen Metallen an. [...] Und schließlich ziehen die Gase und Ausdünstungen auch einige Metalle wie Kupfer, Eisen und Glaserz (Spießglas, Augenschwärze) aus dem Erdinneren zur äußeren Erdschale mit.
>
> Descartes, *Die Prinzipien der Philosophie*, IV, 70, 72

In Descartes' Gobstopper-Modell gibt es also eine spezielle Kugelschale, aus der die Metalle stammen.

Thomas Burnet liegt mit seiner *Sacred Theory of the Earth* (1681) eher auf der Linie von Lukrez. In seiner paradiesischen, glatten, vorsintflutlichen Erde gab es noch keine Erze und Metalle: Niemand brauchte sie.

> Ich glaube, es gab auf der Ersten Erde kein Bedürfnis nach unterirdischen Dingen, Metallen und Mineralen, und man war glücklicher so, ohne Gold, ohne Silber, ohne gröbere Metalle. Ihr Nutzen ist bloße Einbildung, oder man hatte wenig Verwendung dafür in der Welt, wie sie war. Minerale dienen entweder für bestimmte Arzneien, die man, von Kräutern abgesehen, nicht brauchte, oder für bestimmte Künste, die damals nicht geübt wurden oder für die man mit anderem versehen war. Jene unterirdischen Dinge, Metalle und metallische Minerale, sind künstlich, keine ursprünglichen Körper, die gleichzeitig mit der Erde entstanden wären. Sie haben sich erst im Laufe der Zeit herangebildet, in langsamem Fortgang, unter der Einwirkung der Sonne tief in der Erde.
>
> Thomas Burnet, *The Sacred Theory of the Earth*, Book 2, Chapter VI

Es ist bemerkenswert, dass der Vorrangstreit zwischen Wasser und Feuer bis heute andauert. Wie Magmen entstehen, ist seit dem schottischen Naturforscher James Hutton (1726–1797), einem der Begründer der modernen Geologie, unumstritten, doch die Entstehung von Erzen blieb noch lange ein Rätsel. Der britische Metallurge Thomas Crook hat in seinem Buch *History of the Theory of Ore Deposits* (1933) anschaulich das Hin und Her im Kampf der Lehrmeinungen geschildert. Dass Magmen mineralhaltige Gase bilden können, bei deren Abkühlung die Minerale ausgefällt werden, war bekannt, doch Vorkommen und Gestalt von Erzablagerungen sind häufig so eigenartig und bizarr, dass der Zusammenhang mit magmatischen Gasen nicht immer ohne Weiteres herstellbar ist. Crook selbst betonte die Bedeutung von Wasser atmosphärischen Ursprungs, das zwar in tieferen Erdschichten erhitzt werde, dabei Stoffe lösen und anschließend ausfällen könne, aber selbst nicht aus dem Magma stamme. Viele andere Geologen, unter anderem der Amerikaner Josiah Spurr, wiesen jedoch auch damals noch dem Magma eine wesentlich bedeutendere Rolle zu.

*

Besonders die Entstehung mächtiger Lagerstätten von sulfidischem Kupfererz wie in Falun stellte die Forscher vor schwierige Probleme. Auch wir Studenten mussten uns während unserer Exkursion mit der Diskussion über dieses Thema befassen.

Die Frage, was sich vor zwei Milliarden Jahren in der Erdkruste in zehn Kilometern Tiefe ereignet hat, ist natürlich nicht leicht zu beantworten, doch es gibt Methoden, es herauszufinden. Wie die Eisdecke auf einem Gewässer darauf schließen lässt, dass die Temperatur unter dem Gefrierpunkt liegen muss, kann man von einigen Mineralen in Gesteinen auf die Höhe der Temperatur und des Drucks in der Erdkruste zum Zeitpunkt des Entstehens dieser Minerale schließen. Außerdem finden sich in Mineralen bisweilen winzige Flüssigkeitseinschlüsse, aus denen man die Beschaffenheit der früher im Gestein vorhandenen Flüssigkeiten ableiten kann.

In meinen Exkursionsunterlagen vom 17. September 1970 – ich bewahre solche Dinge auf, aus einer Art Nostalgie, aber auch, weil ich glaube, dass ich sie vielleicht noch einmal brauchen kann, so wie jetzt – in meinen Exkursionsunterlagen also finde ich Oen Ing Soens Darstellung der damaligen Diskussion. Die schwedischen Geologen Geyer und Magnusson beharrten auf dem Standpunkt, das Kupfererz müsse aus dem Magma der Granite abgeschieden worden sein, die in der Nähe von Falun vorkommen. Ihr Kollege Hans Koark von der Universität Uppsala dagegen dachte an Wasser- und Sedimentwolken am Meeresboden als Ursprung von Erzen, an Meerwasser, das auf irgendeine Weise ins Gestein gesickert sei, dort erhitzt wurde, Kupfer und Zink aufgenommen und dann zwischen Schichten vulkanischer Gesteine Erzschichten abgelagert habe.

Das Problem war, dass Prozesse wie der von Geyer und Magnusson oder der von Koark angenommene nie beobachtet worden waren. In der Geologie ist es üblich, an einen bestimmten Vorgang als Erklärung für ein Phänomen nur dann zu glauben, wenn man ihn auch heute noch irgendwo registrieren kann: Rippelmarken in 500 Millionen Jahre alten Gesteinen ähneln den bekannten Rippeln am Strand und sind deshalb wahrscheinlich auf die gleiche Weise entstanden. Dieses Prinzip, von heute beobachtbaren Vorgängen auf Bildungsprozesse in der Vergangenheit zu schließen, nennt man in der Geologie Aktualismus. Nur hatte noch niemand jemals mächtige Gänge von sulfidischem Kupfererz entstehen sehen.

Der Lösung näherte man sich erst in den 1960er- und 1970er-Jahren, als man die Tiefsee erforschte und das Modell der Plattentektonik entwickelte. In der Tiefsee wurden an den mittelozeanischen Rücken, also dort, wo sich die Platten voneinander wegbewegen, sogenannte Schwarze Raucher entdeckt: Durch Schlote treten aus tiefen Spalten im Meeresgrund Wolken von siedend heißem Wasser und Schwefelwasserstoff aus, mit hohen Konzentrationen von Metallen wie Kupfer, Zink, Blei, Mangan oder Eisen. Die Schwarzen Raucher entstehen genau so, wie Koark es vorausgesagt hatte, obwohl er dieses Phänomen noch nicht kennen konnte: Meerwasser dringt in das heiße vulkanische Gestein der Spreizungszone ein und löst dort verschiedene Metalle, die dann von der austretenden „Wolke" als Sulfide rings um den Schlot abgelagert werden. Seit man um diese Vorgänge weiß, entdeckt man auch immer mehr Übereinstimmungen zwischen den alten Erzablagerungen und denen der untermeerischen „Raucher". Während meines Studiums habe ich aber nie von diesen Zusammenhängen gehört, und ich bezweifle, dass Oen Ing Soen damals schon etwas darüber gelesen hatte.

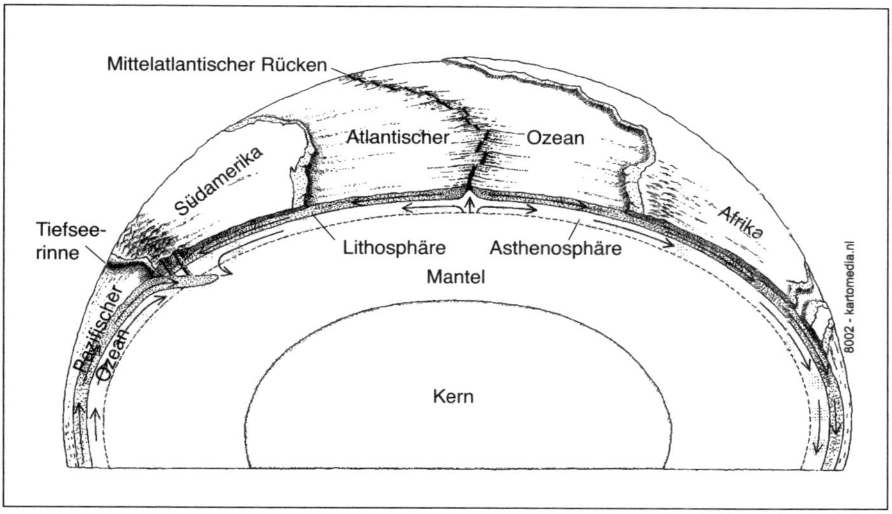

Das Prinzip der Plattentektonik. Eine Lithosphärenplatte ist 100 bis 150 km mächtig und besteht aus dem jeweiligen Teil der Erdkruste und der äußersten Schicht des oberen Erdmantels, des sogenannten lithosphärischen Mantels über der Asthenosphäre. An einem mittelozeanischen Rücken wie im Atlantik zwischen der afrikanischen und der südamerikanischen Platte driften zwei Platten auseinander. Dort tritt basaltischer Vulkanismus auf. Vor der Westküste Südamerikas wird eine andere Lithosphärenplatte unter die südamerikanische Platte geschoben (Subduktion), wobei es zu Gebirgsauffaltung, Erdbeben und sogenanntem andesitischen Vulkanismus kommt. Die Asthenosphäre ist die plastisch verformbare „Gleitschicht" des oberen Erdmantels, auf der sich die Lithosphärenplatten bewegen.

Doch auch die Schwarzen Raucher können nicht alle Erzablagerungen erklären. Man weiß zum Beispiel immer noch nicht, ob das Gold der tiefen südafrikanischen Vorkommen in Form von Körnern in Flüssen abgelagert wurde, die dort vor knapp drei Milliarden Jahren strömten, oder ob es später über Fluide ins Gestein gelangte. Dabei wäre es wichtig, das zu wissen, weil sich dann besser vorhersagen ließe, wie sich die goldführende Schicht in größerer Tiefe fortsetzt.

Es besteht allerdings die Gefahr, dass man es nie wissen wird. Warum? Weil man sämtliche Spuren vernichtet. Denn je effizienter der Abbau, desto weniger Gestein bleibt übrig, aus dem noch auf die ursprüngliche Lage des jeweiligen Erzes geschlossen werden könnte.

Erinnern wir uns an das Zinnbergwerk bei Kestel in der Türkei: Dort ist fast nicht mehr zu erkennen, *dass* es sich um eine frühere Zinnerzlagerstätte handelt, geschweige denn, wie sie einmal ausgesehen hat. Die Silbermine von Potosí ist fast vollständig ausgebeutet, ihr Silber findet man heute hauptsächlich in alten spanischen Silbermünzen und in Prunkstücken der Silberschmiedekunst, die von europäischen Museen präsentiert werden. Die niederländische Wirtschaft hat mehr als ein Jahrhundert lang von der Steinkohle gelebt, aber nirgendwo in

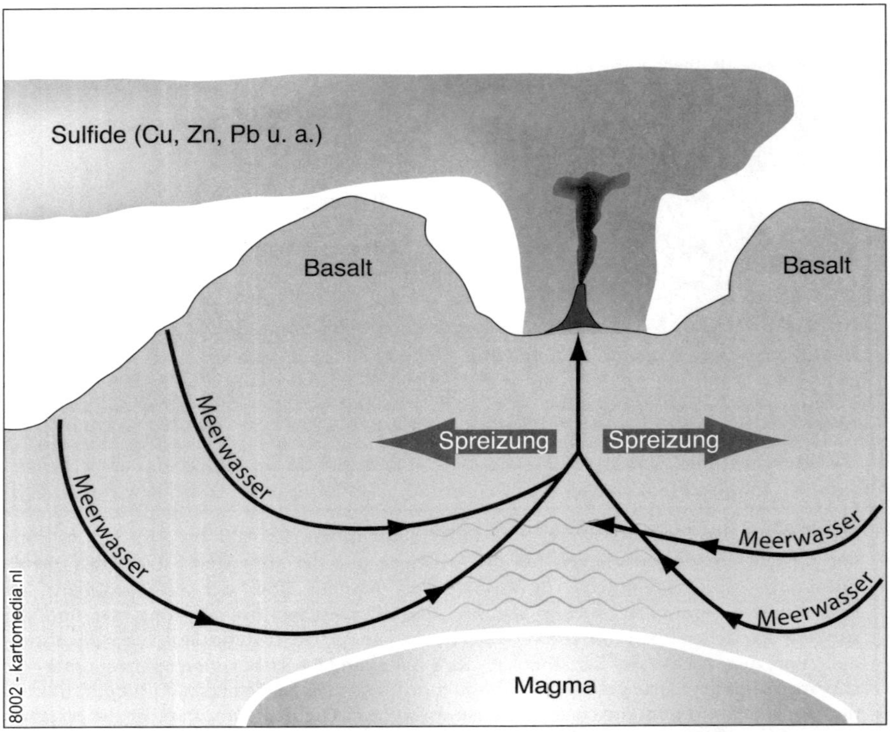

Schwarzer Raucher: Meerwasser dringt an einem mittelozeanischen Rücken ins Gestein, löst daraus Metalle und Schwefelverbindungen, die dann wieder in untermeerischen schwarzen (Wasser-)Wolken, durch Schlote ausgestoßen, auf dem Meeresboden abgelagert werden.

diesem Land kann man noch ein Steinkohleflöz in seinem natürlichen „Habitat" sehen.

Vielleicht sollte man aus Respekt in jedem Bergwerk wenigstens ein schönes Stück Felswand mit einem mächtigen Erzgang darin übrig lassen – für wissenschaftliche und didaktische Zwecke. Dann könnten auch meine Enkel noch eine Exkursion nach Falun unternehmen, statt auf die allerletzten speckigen Erz-Handstücke im Praktikumssaal angewiesen zu sein. Die Schönheit der Welt unter unseren Füßen muss sichtbar bleiben. Doch habsüchtige Bergbauunternehmen scheren sich den Teufel um solche Dinge.

Der Feuerregen

Über die ganze Sandfläche regneten, in langsamem Fall,
breite Bahnen von Feuer wie von Schnee
im Gebirge ohne Wind.
[...]
in solcher Weise kam die ewige Glut herab;
wovon der Sand aufbrannte wie Zunder am Feuerstein,
um den Schmerz zu verdoppeln.
Ohne Ruhe war je der Hüpftanz der armseligen Hände,
die, jetzt hierhin, jetzt dorthin,
den frischen Brand abschüttelten.
Dante Alighieri, *Die Hölle*, XIV, 28–30; 37–42

Bei dem Vorrangstreit zwischen Wasser und Feuer ging es nicht nur um die Entstehung von Erzen, sondern um das Innere der Erde insgesamt. Descartes war der Erste, der so etwas wie einen heißen Erdkern für wahrscheinlich hielt, andererseits vermutete er auch eine Wasserschicht unter der Erdkruste. Thomas Burnets *Sacred Theory of the Earth* (1681) lässt das Ausmaß der Verwirrung erahnen. Burnet glaubte, das heutige unregelmäßige Relief der Erde sei dem Einbrechen der Erdkruste in die darunterliegende Wasserschicht während der Sintflut zuzuschreiben. Doch damit hört seine Geschichte nicht auf. Denn in der Zukunft, so prophezeit er, werde die ganze Erde in einem Flammenmeer untergehen; dieser Weltenbrand werde zum Teil von der Sonne entfacht, zum Teil aber auch von dem Feuer im Erdinneren. Der Frage, wie dieses innere Feuer entstanden ist, weicht er aus. Einmal vergleicht er die Erde mit einem Ei, in dessen Innerem es statt eines Dotters vermutlich eine Art zentrales Feuer gebe, bemerkt dazu jedoch nur noch: „Obwohl dies durchaus vernünftig ist, hatten wir keine Gelegenheit, dieser Frage in unserer Theorie des Chaos Aufmerksamkeit zu schenken."

Zu erklären, wie die ganze Erde in Flammen aufgehen könnte, bereitet ihm ebenfalls Schwierigkeiten. Seine rationalen, kritischen Überlegungen sprechen jedoch für ihn. Ich erteile gern ihm selbst das Wort; seine *Sacred Theory* ist ein großartiges, klar formuliertes Buch.

> Ein Hindernis wird zweifellos die große Masse des Wassers auf unserem Erdball sein, mit der sich die Natur gegen den Ausbruch von Feuer abgesichert und uns gegen diesen Feind geschützt zu haben scheint, besser als gegen jeden anderen. Wir sehen die Hälfte der Erde mit Meeren bedeckt, von gewaltiger Tiefe und Ausdehnung. Zudem gibt es zahllose Flüsse, große und kleine, die das Antlitz des Landes feucht halten und es unaufhörlich mit ihrem Nass durchtränken. Alsdann finden sich in der Erde unterirdische Wasserspeicher, die als Reserve für den Fall dienen, dass die Ozeane und die Flüsse dem Feuer zum Opfer fallen sollten. Wasser ist auch nicht unser einziger Schutz, denn harte Gesteine und felsige Gebirge, denen das Feuer nichts anhaben kann, bilden auf den Kontinenten und Inseln lange Bergketten, die dem Vordringen des feurigen Feindes Einhalt gebieten können.
>
> Schließlich ist auch die Erde selbst nicht überall entflammbar. Nicht jede Art von Boden eignet sich als Nahrung für das Feuer. Lehm und Schlamm und ähnliche Böden werden es eher ersticken und zum Halten bringen, als dass sie ihm weiterhelfen. Man könnte sagen, die Erde sei dadurch sicher, und wenn es auch in bestimmten Gegenden hier und dort örtlich begrenzte Feuer oder Brandherde geben wird, könne kein alles erfassendes Feuer auf der ganzen Erde wüten. Zumindest dürfte man hoffen, sich an den Polen in Sicherheit bringen zu können, wo nur Schnee und Eis liegen und es bitter kalt ist. Diese Gegenden laufen nicht Gefahr, verbrannt zu werden, was immer auch in anderen Klimaten der Erde geschehen mag.
>
> Hinsichtlich des zentralen Feuers bin ich überzeugt, dass es kein Produkt der Fantasie ist [...] Und wenngleich ich keine einzige spezielle Beobachtung kenne, die direkt beweisen würde, dass es im Inneren der Erde eine solche feurige Masse gibt, wie auch keine, die dem widerspräche, so legen unsere besten Darstellungen der Entstehung des Planeten doch eine solche Annahme nahe. Und es ist gut für den gesamten Haushalt der Natur, wenn sie im Herzen ein Feuer hat, das sie in Bewegung setzt und Rohstoffe hervorbringt. [...] Dieses zentrale Feuer muss in einer Schale von großer Stärke und Festigkeit eingeschlossen sein, denn da das Feuer das leichteste und aktivste aller Elemente ist, wird es sich nicht ohne starke Bewachung im tiefsten Kerker einsperren lassen. Wir können praktisch nicht herausfinden, wie dick jene Schale ist, doch wenn wir annehmen, dass die Größe des Feuers den zwanzigsten Teil des Erdradius betrage [...] blieben noch neunzehn von zwanzig Teilen für unsere Sicherheit und unseren Schutz. Und diese neunzehn Zwanzigstel des Erdradius entsprechen einer Trennwand von 3268 Meilen Dicke zwischen uns und dem zentralen Feuer.
>
> Thomas Burnet, *The Sacred Theory of the Earth*, Book 3/4, Chapter VI

Burnet meint außerdem, es gebe keine Anzeichen dafür, dass dieses innere Feuer im Begriff sei, sich aus seinem Gefängnis zu befreien. Die Vulkane der Welt gäben uns lediglich einen Vorgeschmack auf das große Feuermeer; die Vorsehung habe sie mit Bedacht geschaffen, um uns wachsam zu machen und uns beständig vor dem zu warnen, was letztendlich kommen werde. Über die schrecklichen Feuerströme des Ätna bei seinem Ausbruch im Jahr 1669, von dem er bei dem Mathematiker Alphonsus Borellus aus Pisa gelesen habe, sagt er: „Dies übertrifft alle höllischen Seen und Flüsse wie den *Acheron*, *Phlegethon*, *Kokytos*, von denen die Dichter gesprochen haben. Ihre größten Höllenfantasien verblassen vor der Wirklichkeit unserer brennenden Berge auf der Erde." Man müsse sich vorstellen, dass jenes Feuermeer kommen werde, wenn alle Vulkane der Welt gleichzeitig ausbrechen und alle Steinkohlenflöze, alle Pech- und Schwefelseen sich entzünden. „Also müssen wir dann mit weiteren Ausbrüchen rechnen und mit neuen Schwefelseen und Ölquellen, die aus dem Boden hervorsprudeln. Und all dies zusammen mit dem Brennstoff, der von Natur aus auf der Erdoberfläche wächst, wird dafür ausreichen, dass die Feuer um sich greifen und die gesamte bewohnbare Welt und alles darauf versengen" (Book 3/4, Chapter VII).

Wenn die ganze Welt in dem Feuermeer zugrunde gegangen sei, werde sie wieder vollkommen glatt sein und der ersten, paradiesischen Erde gleichen. Deshalb meint Stephen Jay Gould, Burnets Erdgeschichte sei nicht nur eine in der Zeit voranschreitende Entwicklung (dahinter steckt die Vorstellung von einem „Zeitpfeil"), sondern auch ein Kreislauf (ein „Zeitzyklus").

In dem neuen Paradies werden nur noch die Gerechten übrig sein, und die Seelen der Bösen verbrennen im Feuermeer. Wie aber, überlegt Burnet, können die Geister von Toten noch brennen? Fragen eines Wissenschaftlers. Nach einer solchen Apokalypse würde natürlich auch die Hölle keinen Zweck mehr erfüllen, eben weil alle Sünder verbrannt wären. Ob die Hölle zeitlich oder ewig sei, war eine Streitfrage, die nicht nur Burnet, sondern die gesamte Kirche und die Theologen seit den Anfängen des Christentums beschäftigt hat, wie der britische Historiker Daniel Walker in seinem Buch *The Decline of Hell* nachweist. Ist sie ewig, ist sie zugleich sinnlos, weil Reue nicht hilft und man ohnehin nur an seine Brandwunden statt an seine schlechten Taten denkt.

Descartes' und Burnets visionäre Vorstellungen von der Erde beruhen letztlich allein auf Bücherweisheit und Nachdenken. Keiner von beiden hat selbst so etwas wie Feldforschung betrieben – im Gegensatz zu ihrem in dieser Hinsicht dann doch verdienstvollen Zeitgenossen Athanasius Kircher, dem wir schon bei der Grotta del Cane begegnet sind.

Kircher war eine faszinierende Persönlichkeit, ein deutscher Jesuit, der einen großen Teil seines Lebens am päpstlichen Hof in Rom verbracht und Dutzende von Büchern über die unterschiedlichsten Themen geschrieben hat, Musik, Archäologie, Sprache, Mathematik, Astronomie, Optik, Magnetismus, Geologie, Kabbalistik, Alchemie, Geheimschriften. „Zur höheren Ehre Gottes", doch eigentlich wollte natürlich er selbst mit seinen Schriften Ehre einlegen. Für Kircher hing alles mit allem zusammen, er war ein Holist avant la lettre.

Einmal behauptete er, den Pestbazillus entdeckt zu haben – in einer Zeit, als die Mikroskope dafür noch gar nicht leistungsfähig genug waren. Ein anderes Mal gab er vor, ägyptische Hieroglyphen entziffern zu können; sieben Zeichen auf dem Obelisken Agonalis (*Obeliscus pamphilius*) in Rom übersetzte er folgendermaßen: „Der Urheber aller Fruchtbarkeit und allen Gedeihens ist Osiris, dessen Zeugungskraft der heilige Mophtha vom Himmel herab in sein Reich bringt." Damit wurde er weltberühmt. Was wirklich dort stand, erfuhr man zwei Jahrhunderte später, nachdem Jean-François Champollion mithilfe des Steins von Rosetta ein System zur Entzifferung der Hieroglyphen entwickelt hatte: nur der Titel „Autokrator Sohn der Sonne und Herrscher der beiden Kronen".

Kircher entwarf unzählige seltsame Apparate, die sich nicht alle durch besondere Zweckmäßigkeit auszeichneten. Zum Beispiel ein sogenanntes Katzenklavier, bestehend aus einigen Kästchen, in denen Katzen eingesperrt werden sollten, mit Öffnungen für die Schwänze. Diesem Instrument sollte der Spieler durch Tritte auf die heraushängenden Schwänze eine Melodie entlocken. Außerdem gab sich Kircher als geistiger Vater zahlreicher Erfindungen aus, die in Wirklichkeit andere gemacht hatten. In seinen Büchern sind auch allerlei zugleich komische und banale Experimente beschrieben, die seine Behauptungen untermauern sollten. Wissenschaft, Fantasie, Plagiat und Betrug bilden bei ihm ein unentwirrbares Knäuel.

Schon im 18. Jahrhundert erkannte man, dass von all seinen Theorien und Behauptungen keine einzige einer Überprüfung standhielt. Sogar die meisten seiner Zeitgenossen reagierten kritisch. Paula Findlen zitiert in ihrem Buch *Athanasius Kircher, the last man who knew everything* den Mathematiker Antonio Baldigiani, der selbst Jesuit war: „Ich verspüre keine Lust mehr, mit Kircher über Wissenschaft zu sprechen, weil ich befürchte, mich in einem seiner Bücher als Urheber irgendeines großen Irrtums wiederzufinden." Für Christiaan Huygens war Kirchers *Iter extaticum*, die Beschreibung einer Reise in den Himmel und die unterirdische Welt, „nichts als eine Anhäufung von Belanglosigkeiten und blühendem Unsinn". Der berühmte Mathematiker und Philosoph Gottfried Wilhelm Leibniz, ebenfalls ein Zeitgenosse, urteilte über Kircher: „Er begreift nichts." Henry Oldenburg, Naturphilosoph und Sekretär der Londoner Royal Society, schrieb nach der Lektüre von Teilen des *Mundus subterraneus* in einem Brief an Spinoza: „All seine Argumente und Theorien sprechen nicht für seine geistigen Fähigkeiten." Newton ließ sich nicht dazu herab, Kircher auch nur ein einziges Mal zu zitieren. Kirchers Bibliothek und seine Sammlungen sind verschollen, bis auf zwei Handstücke, die laut Éric Asselborn, Konservator an der Pariser École des Mines, im Museum der Universität La Sapienza in Rom aufbewahrt werden: ein Stück gediegenes Silber und ein Brocken tiefrot glänzender Proustit, ein Silbererz, beide aus Südamerika.

Der niederländische Schriftsteller Anton Haakman lässt in einem komischen Roman über Kircher und zwei seiner modernen Anhänger eine dieser fragwürdigen Figuren sagen: „Ich glaube mittlerweile, er war so besessen von seinen Forschungen, dass er zwischen Fantasie und Wahrheit nicht mehr unterscheiden konnte. In seiner Begeisterung glaubte er selbst, was er schrieb, denn er schrieb es in Ekstase" – die Ironie liegt darin, dass diese Aussage auch auf den Bewunderer zutrifft. Und Paula Findlen sagt 2004:

> Er war ein Mann, der Wahrheit und Fiktion durcheinanderwarf, ein Archäologe, der eine römische Lampe mit einer griechischen Urne verwechselte, ein Spracherfinder, der nicht einmal Buchstaben und Ziffern unterscheiden konnte.

Trotzdem, und darin liegt das Faszinierende an diesem Mann, war er in gewissem Sinne auch ein Visionär, denn auf einigen Gebieten dachte er anscheinend intuitiv in die – nach heutigem Wissen – richtige Richtung. Jedenfalls war er der Erste, der unter der Erdkruste keine Wasserschicht vermutete, sondern ein allgegenwärtiges unterirdisches Feuer. Der berühmte Stich aus *Mundus subterraneus*, der sein Modell des Erdinneren abbildet, kommt in manchen Punkten, wie wir später sehen werden, modernen Konzepten verblüffend nah.

> Dass es ein *unterirdisches Feuer* gibt, ist so gewiss, dass kein Philosoph, er sei denn seines Verstandes und seiner Sinne beraubt, dieses leugnen kann. Denn jeder, der die *feuerspeienden Berge*, die *Schwefelfeuer*, welche nicht nur *aus der Erde*, sondern sogar aus dem Meer hervorschießen, die Vielfalt und Mannigfaltigkeit der [heißen] *Quellen*, die an vielen Orten gefunden werden, betrachtet, wird unbedingt und frei heraus bekennen müssen, dass diese *Feuer*, diese *Hitzen*, diese *Gluten*, diese *glühenden Herde* nicht in der Luft, nicht im Wasser, sondern in den *innersten Räumen der Erde* selbst ihren Ursprung haben. Denn wie sollte es möglich sein, einen solchen *Überfluss* an *Mineralen*, eine so große *Menge* an *Schwefel*, *Leim* und *brennbaren Stoffen*, welche wir allerorten finden, wie also, sage ich, sollte es möglich sein, dies alles ohne Feuer, ohne jedwede Hitze der erwärmten Natur in jenen kalten Verstecken der Finsternis, so weit entfernt von allem Einfluss der Sonne, als etwas nur aus dem Kampf der Luft und des Nassen Hervorgegangenes zu verstehen?

Diese Passage ist typisch für Kirchers selbstgefällige Prosa, für seine Art, ganz unwissenschaftlich jeden herunterzumachen, der seine Ansichten nicht teilt – wie es später übrigens auch Karl Ernst von Baer getan hat. Zum Beispiel behauptet Kircher an anderer Stelle, nach Demokrits Auffassung entstehe die Erdwärme in Kalk und durch „Widerdrang", das heißt, den Kampf zwischen Warmem und Kaltem. Und dies sei ein so verrückter Gedanke, dass er „nicht durch Gründe" (Argumente) bekämpft werden solle, sondern indem man ihn „von alten Weibern *verhöhnen* und verlachen" lasse.

Dennoch ist die Frage interessant, wie Kircher zu seinen Vorstellungen vom unterirdischen Feuer gekommen ist. Dazu äußert er sich in der Vorrede zu *Mundus subterraneus*. 1638 habe er zunächst von einem Schiff aus Eruptionen des Ätna und des Stromboli beobachtet („so sah ich, dass der Berg Ätna und der Strongylus ungewöhnlich große Brocken und Rauch, wie ganze Berge, auswarfen"); wenig später besteigt er nachts den Vesuv, kaum sieben Jahre nach dem großen Ausbruch von 1631:

Kirchers Vorstellung vom Erdinneren, mit unterirdischen Feuerkanälen, die von einem zentralen Feuer gespeist werden und durch Erdspalten feurige Winde an die Oberfläche dringen lassen, wo sie in Vulkanen austreten. Kupferstich aus *Mundus subterraneus*, 1665.

So ergriff mich ein starkes Verlangen zu erfahren, ob der Berg Vesuv in seinem großen Ungestüm irgendeine Gemeinsamkeit mit der Insel Strongylus und dem Berg Ätna besäße. [...] Dort oben angekommen, fanden wir den gesamten Berg von Feuer erleuchtet, mit einem unerträglichen Gestank nach Schwefel und Juden-Leim [Erdpech, SK]. Verwundert über ein derart schreckliches Schauspiel, bildete ich mir ein, die Hölle zu sehen, woran auch nichts fehlte als die Gestalten der Teufel. Wir hörten furchterregendes Dröhnen und Donnern, während beständig ein rätselhafter Dunst, Rauch vermischt mit roten feurigen Klumpen, aus elf verschiedenen Spalten austrat, sodass es mich drängte auszurufen: „O Gipfel des Reichtums der göttlichen Weisheit, wie unerforschlich sind deine Wege! Wenn du deine Macht gegen die Bosheit des ungetreuen Menschengeschlechts schon dergestalt in den schrecklichen Wunderzeichen der Natur offenbarst, was wird dann erst am Jüngsten Tag geschehen, an dem die Erde durch deinen Zorn untergehen wird, die Elemente sich in Hitze auflösen?"

Am Morgen sieht er vom Rand des Kraters aus auf dessen Boden den kleinen Kegel, der bei dem Ausbruch von 1631 entstanden ist. „Erde, Schwefel und an-

Das war der Vesuv, wie Kircher ihn vor seinem „inneren Auge" sah, kommentiert Dieter Richter nicht ohne Spott in seinem Buch *Der Vesuv: Geschichte eines Berges*. Der Querschnitt sollte zeigen, dass die aus dem Berg schlagenden Flammen aus den Tiefen des Erdballs kommen.

dere Minerale schießen hervor, was einen so furchterregenden Lärm macht, dass auch dem Kühnsten die Haare zu Berge stehen."

Mit dem Feuerregen wird im dritten Ring des siebten Kreises von Dantes Hölle auch der Riese Kapaneus bestraft (einer der sieben Helden, die Theben erobern wollten), und wofür? Zuerst spricht Kapaneus, danach Vergil als Dantes Höllenführer:

„Wenn Jupiter auch seinen Schmied zu Schanden machte,
von dem er im Zorn den scharfen Blitz sich geben ließ,
womit ich am letzten Tage erschlagen wurde,
oder wenn er zu Schanden machte reihum die andern
in Mongibello an der schwarzen Esse, rufend:
‚Braver Vulkan, hilf, hilf!',
so wie er in der Schlacht von Phlegra es tat,
und mit allen seinen Kräften auf mich zielte,

er könnte keine frohe Rache dabei erlangen."
Da sprach mein Führer mit solcher Heftigkeit,
dass ich ihn nie so heftig gehört hatte:
„O Kapaneus, damit, dass dein Übermut
sich nicht dämpfen lässt, bist du am meisten gestraft."
Dante Alighieri, *Die Hölle*, XIV, 52–64

Übermut, ja, das war es, worunter Kircher am meisten litt. Eines aber muss man ihm wie seinen Zeitgenossen zugute halten: Keiner von ihnen war der Meinung, unter der Erdoberfläche liege wirklich die Hölle. Das Wort „Hölle" bot sich einfach als Metapher für die Phänomene des Vulkanismus an; es warnte vor dem Weltenbrand des Jüngsten Gerichts, stand aber bei Kircher und anderen Naturphilosophen nicht mehr für das unterirdische Totenreich, das den Sünder im schlimmsten Fall erwartete und in dem die Übeltäter früherer Zeiten schon für ihre Sünden bestraft wurden. Im 17. Jahrhundert verlor die Hölle allmählich an Bedeutung, nicht nur, weil Gnade wichtiger als Vergeltung wurde, wie Walker in *The Decline of Hell* erklärt, sondern auch dank der stürmischen Weiterentwicklung der Wissenschaften. Der Jesuit Athanasius („der unsterbliche") Kircher, der in päpstlichen Diensten stand, hielt seine Ansichten über die wirkliche Hölle mit Bedacht zurück. Trotzdem wollte ihn die katholische Kirche nicht selig sprechen: Bei seiner Besteigung des Vesuvs war er der Hölle wohl doch zu nahe gekommen.

Das Ungeheuer Geryon

„Da siehst du das Untier mit dem Stachelschwanz,
das die Berge übersteigt, die Mauern und Waffen bricht;
da siehst du es, das die ganze Welt verpestet."
So begann mein Führer zu mir zu sprechen
und er bedeutete ihm, es sollte an das Ufer kommen
nahe dem Ende der von uns begangenen Marmorstrecke.
Und dieses widerliche Abbild des Betruges kam heran
und brachte den Kopf und den Oberkörper an Land,
doch den Schwanz zog es nicht auf das Ufer.
Sein Gesicht war das Gesicht eines Biedermannes,
so wohlgesinnt zeigte es sich nach außen;
doch von einem Reptil war der ganze übrige Rumpf;
zwei Pranken hatte es, behaart bis zu den Achseln;
Rücken und Brust und beide Flanken waren gezeichnet
mit Knoten und Schnörkeln.
Dante Alighieri, *Die Hölle*, XVII, 1–15

Ende des 17. Jahrhunderts kam die Vorstellung auf, die Erde könne eine Hohlkugel sein. Das lag an einem Fehler Isaac Newtons in der ersten Auflage seines epochemachenden Werkes *Philosophiae naturalis principia mathematica* aus dem Jahr 1687, oft einfach *Principia* genannt (deutsche Ausgabe: *Die mathematischen Prinzipien der Physik*).

Im frühen 16. Jahrhundert hatte Kopernikus seine Erkenntnis formuliert, dass sich die Erde um die Sonne bewegt; Galilei hatte mit seinem Eintreten für das kopernikanische System die Inquisition herausgefordert, ein revolutionäres Teleskop konstruiert und die vier größten Jupitermonde entdeckt; Kepler hatte nachgewiesen, dass die Erdbahn und die Bahnen der anderen Planeten Ellipsen sind. Doch was die bewegende Kraft hinter all den astronomischen Phänomenen war, erkannte erst Isaac Newton: die Schwerkraft. Das ist die wichtigste wissenschaftliche Entdeckung der Aufklärung. Der Jesuit Kircher begriff von alldem nichts, er blieb dem geozentrischen Weltbild der katholischen Kirche treu, obwohl er Galileis berühmte Bücher *Dialogo sopra i due massimi sistemi del mondo* (*Dialog über die beiden hauptsächlichen Weltsysteme*) von 1632 und *Discorsi e dimostrazioni matematiche intorno a due nuove scienze* (*Unterredungen und mathematische Demonstra-*

tionen über zwei neue Wissenszweige, die Mechanik und die Fallgesetze betreffend) aus dem Jahr 1638 gekannt haben muss; auch von Galileis Verurteilung durch die Inquisition im Jahr 1632 muss er gewusst haben, denn zu jener Zeit arbeitete er in Rom für das päpstliche Collegium Romanum.

Newtons Gravitationsgesetz besagt, dass jeder Körper jeden anderen mit einer Kraft anzieht, deren Betrag proportional zum Produkt der beiden Massen ist, dividiert durch das Quadrat des Abstands der beiden Massen, multipliziert mit einer Konstante, der sogenannten Gravitationskonstante G. Damit wird es möglich, die Masse von Himmelskörpern wie der Erde, des Mondes und der Sonne zu berechnen.

Die Anziehungskraft zwischen Erde und Mond berechnete Newton anhand der Gezeiten. Der halbtägliche Wechsel von Ebbe und Flut wird ja durch die Gravitation zwischen Erde und Mond und in etwas geringerem Maße zwischen Erde und Sonne sowie durch Fliehkräfte verursacht. Als Basis wählte Newton die Unterschiede zwischen den Wasserständen bei Springtide und Nipptide nahe Plymouth und in der als Bristolkanal bezeichneten Bucht zwischen Cornwall und Wales; aus ihnen errechnete er, dass die Masse der Erde sechsundzwanzigmal so groß sei wie die des Mondes, während die Dichte der Erde nur fünf Neuntel von der des Mondes betrage. Ein überraschendes Resultat, denn wenn es zutraf, mussten die Gesteine des Mondes fast doppelt so schwer sein wie die der Erde.

Auch Newtons Zeitgenosse Edmond Halley, nach dem der bekannte Komet benannt wurde, fand dieses Ergebnis merkwürdig. 1692 stellte er in einem Artikel die These auf, dass ein Teil der Erde hohl sein müsse, weil der Dichteunterschied anders nicht zu erklären sei. Möglicherweise lagen die Ursprünge dieser Vorstellung in Thomas Burnets wassergefüllten Hohlräumen im Erdinneren, meint der britische Wissenschaftshistoriker Nick Kollerstrom. Später stellte sich heraus, dass Newton die Dichten falsch berechnet hatte: In Wirklichkeit ist die Erdmasse einundachtzigmal so groß wie die Masse des Mondes, die Dichte der Erde beträgt 5,9 Gramm pro Kubikzentimeter, die des Mondes nur 3,3 Gramm. Doch bis zu dieser Korrektur war die Idee der Hohlerde schon außerordentlich populär geworden.

Halley vermutete im Inneren der Erde eine zweite Kugel, die sich unabhängig von der uns bekannten äußeren Schale dreht – auch dies eine visionäre Idee, wie wir noch sehen werden. Die äußere Schale sollte eine Mächtigkeit von 500 Meilen haben und der Hohlraum zwischen ihr und der inneren Kugel weitere 500 Meilen hoch sein. Möglicherweise gebe es sogar mehrere Hohlkugeln um die zentrale Kugel herum, meinte Halley. Nicht jeder stimmte ihm zu. Würden die Ozeane nicht versickern, wenn durch Erdbeben Risse in der Schale entstünden?, lautete ein Einwand. Nein, entgegnet Halley, denn das Wasser werde von „Salz- und Vitriolteilchen" zurückgehalten, die „zur Versteinerung" beitrügen. Er hielt den unterirdischen Raum übrigens für bewohnbar. Diese Vorstellung wurde dank-

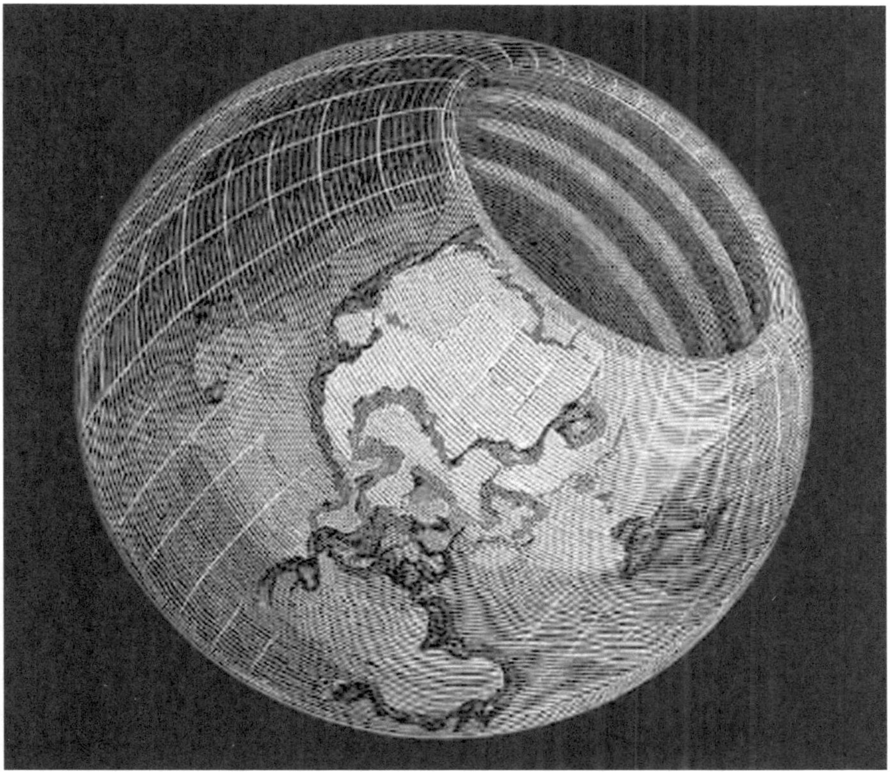

Die Hohlerde von John Cleves Symmes

bar aufgegriffen, von Science-Fiction-Autoren ebenso wie von Exzentrikern und Spinnern. Zu diesen zählte der Amerikaner John Cleves Symmes junior, der 1818 behauptete, an den Polen gebe es weite Öffnungen, durch die man ins Erdinnere gelangen könne. Bis in die Gegenwart hinein begegnet uns die Theorie der hohlen Erde in Romanen, Filmen und Computerspielen. Großen Erfolg hatte Tarzan-Erfinder Edgar Rice Burroughs mit seinen Romanen über Pelludicar, eine Welt auf der *inneren Fläche* der hohlen Erdkugel, beispielsweise mit dem Buch *At the Earth's Core* von 1914, das noch 1976 verfilmt wurde (deutscher Filmtitel: *Der sechste Kontinent*).

Zu den schönsten Büchern über die Bewohner des Erdinneren zählt der 1788 gedruckte fantastische Roman *Icosaméron ou Histoire d'Edouard et d'Elisabeth* von Giacomo Casanova. Jawohl, von dem legendären Verführer, der aber auch ein begabter Geiger, Schauspieler, Diplomat, Spion, Glücksspieler und Schriftsteller war. Der Titel spielt natürlich auf das *Decamerone* an; wie Boccaccios Novellen in zehn Tagen vorgetragen werden, so wird Casanovas Geschichte in zwanzig Tagen erzählt. Eine deutsche Ausgabe erschien übrigens erst 1922 unter dem Titel *Eduard und Elisabeth bei den Megamikren*.

Die jungen Geschwister Edouard und Elisabeth verlassen 1533 auf der *Wolsey* den Hafen von Plymouth; sie wollen ihren Onkel, einen Schiffsoffizier, auf einer Entdeckungsfahrt begleiten. Mit insgesamt drei Schiffen sollen das nördliche Eismeer erkundet und neue Länder jenseits des Nordkaps sowie eine Nordostpassage gefunden werden. Nach zwei Monaten kommt Island mit dem Vulkan Hekla in Sicht, der gerade ausbricht.

> „Auf dieser Insel [...] glaubt man, der Vulkan sei der Eingang zur Hölle und sie schwören darauf, mit eigenen Augen gesehen zu haben, wie die Teufel hineingingen, in ihren Krallen die Seelen der Verdammten haltend und sodann wieder herauskommen, um wahrscheinlich nach anderen zu suchen. Sie sagen, diese Seelen seien zum Frost verdammt, doch sei es Frost, der brenne."

Knapp 80 Jahre nachdem Casanova seinen Roman geschrieben hat, lässt Jules Verne seine Helden Professor Lidenbrock und dessen Neffen und Assistenten Axel auf Island ins Innere der Erde aufbrechen.

Auf der Weiterfahrt gerät die *Wolsey* bei den Lofoten in einen Wasserwirbel. Nicht in irgendeinen, sondern in den als „Mahlstrom" oder „Maelström" bekannt gewordenen Gezeitenstrom (den Moskenstraumen). Schon Kircher hatte den legendären Mahlstrom in *Mundus subterraneus* beschrieben, er hielt ihn für den Eingang eines unterirdischen Kanals, einer Verbindung zwischen der Ostsee einerseits und dem europäischen Nordmeer und der Barentssee andererseits. Der Strom war unter Seefahrern berüchtigt, angeblich hatte er viele Schiffe in die Tiefe gerissen. Neuere norwegische Untersuchungen des Moskenstraumen zeigen, dass der Gezeitenstrom über Untiefen zwar starke Wasserwirbel verursacht; die Auswirkungen sind aber längst nicht so dramatisch wie in Legenden und Literatur dargestellt.

*

Edgar Allan Poe schildert in seiner berühmten Kurzgeschichte *Im Wirbel des Maelström* (1841) den Untergang eines großen zweimastigen Fischerboots, auf dem drei Brüder ausgefahren sind. Im Orkan wird der jüngste Bruder samt Großmast über Bord gerissen. Nach langem Kreisen am Rand des gewaltigen Wasserwirbels wird das Boot in den Abgrund gezogen und saust mit ungeheurer Geschwindigkeit im Trichter des Strudels abwärts. Der zweite Bruder klammert sich verzweifelt an einen Ringbolzen am Fuß des anderen Mastes. Der dritte Bruder dagegen beobachtet das Verhalten der Wrackteile und Ausrüstungsgegenstände von früher untergegangenen Schiffen, die mit herumgewirbelt werden, stellt fest, dass sich zylindrisch geformte Körper am langsamsten abwärtsbewegen, bindet sich an ein Fass und stürzt sich damit ins Wasser. Während sein Bruder samt Boot in der Tiefe verschwindet, kommt der Fischer mit seinem Fass allmählich wieder an die Oberfläche, als die Gezeitenströmung sich dem Kenterpunkt nähert und die Gewalt des Strudels vorübergehend nachlässt. Der niederländische Geologe

Peter Westbroek geht in seinem auf Französisch erschienenen Buch *Terre!*, einer inspirierenden Auseinandersetzung mit den globalen Gefahren, auf Poes Geschichte ein. Das Verhalten des zweiten und dritten Bruders sind für ihn Metaphern für unseren Umgang mit der Erde. Wenn wir blind am Gewohnten festhalten, werden wir untergehen; ziehen wir aus unseren Beobachtungen die richtigen Schlüsse, können wir überleben.

Edouard und Elisabeth sind wachsam, als die *Wolsey* in den Mahlstrom gerät. Auf Deck steht eine Kiste aus Blei, die einem alten Marineoffizier gehört. Er nimmt sie auf all seine Reisen mit, um darin bestattet zu werden, falls er auf See stirbt, denn in einem solchen Sarg ist sein Leichnam vor den Seeungeheuern sicher und kann auf dem Meeresboden unversehrt bis zum Jüngsten Gericht überdauern. Die Kiste ist so groß, dass sie zwölf Leichname aufnehmen könnte, und jede ihrer sechs Flächen ist mit zwei fernrohrartigen, zweilinsigen Bullaugen versehen. Zufällig ist die Kiste geöffnet: An ihren Seitenwänden sind Taschen angebracht. Darin stecken Flaschen mit Wasser und Branntwein, ein Kompass, ein Atlas, eine lateinische Bibel, zwei Paar Pistolen, Pulver, Kugeln, Kartenbesteck, chirurgische Instrumente, Tusche, eine Schachtel Aquarellfarben, große und kleine Pinsel. In einer Ecke der Kiste steht der größte Magnet, den die Geschwister je gesehen haben. Matrosen, die gerade alle schweren Gegenstände über Bord werfen, beginnen nun die Taue zu kappen, mit denen die Kiste festgezurrt ist; im Durcheinander wird den Geschwistern ein Stoß versetzt, der sie in die Kiste stößt, sie fallen mit ihr über Bord, der Deckel schließt sich, und die Kiste sinkt in die Tiefe.

Doch statt auf dem Meeresboden liegen zu bleiben, stürzt, rutscht und rollt die Kiste immer weiter abwärts, offenbar nicht mehr durch Wasser, sondern durch Luft, weshalb Edouard und Elisabeth einige der Miniaturbullaugen öffnen. Plötzlich fällt rötliches, blendendes Licht herein, in der Kiste wird es glühend heiß, sie taumelt mit wechselnder Geschwindigkeit weiter abwärts. Schließlich wird es wieder dunkler, die Geschwindigkeit nimmt zu, von allen Seiten scheint Regen zu kommen. Nach einem Aufprall versinkt die Kiste in einem Morast, und penetranter Schwefelgeruch dringt herein, die Temperatur steigt wieder. Die Kiste dreht sich und sinkt erst langsamer, dann immer schneller, prallt mit einem harten Körper zusammen, die Geschwister werden plötzlich gewichtlos, der große Magnet schwebt aufwärts. Doch die Kiste schlägt um, Edouard und Elisabeth hängen kopfüber, der Magnet ist wieder unter ihnen. Offenbar wirkt die Anziehungskraft nun in die entgegengesetzte Richtung; die Kiste ist auf der Innenseite der Erdkruste zum Stillstand gekommen. Und zwar in rotem Wasser. Bald wimmelt es ringsum von verschieden gefärbten, zweigeschlechtlichen, menschenähnlichen Wesen, nicht größer als eine Elle und, wie sich später zeigt, mit weißem Blut in den Adern. Sie retten Edouard und Elisabeth aus dem tiefen Wasser, befreien sie aus der Kiste und bieten ihnen ihre Brüste mit den grünen Warzen, um die Erschöpften mit roter Milch zu stärken.

Willkommen bei den kleinen Innererdlingen, den *Mégamicres*. Ein Name, den ihnen Casanova offensichtlich in Anspielung auf den außerirdischen Riesen *Micromégas* verpasst, der in der 1752 veröffentlichten Erzählung seines großen Feindes Voltaire die Erde besucht. Bei den Megamikren steht die Sonne immer im Zenith, einen Wechsel von Tag und Nacht gibt es nicht. Diese Sonne ist nämlich der magnetische eiserne Erdkern: Nachdem die Megamikren die Wände der aufrecht stehenden Bleikiste aufgebrochen haben, löst sich die obere Platte samt dem Magneten und saust mit ungeheurer Geschwindigkeit aufwärts davon, auf die glühende Innensonne zu. Da sind sie wieder, die unterirdischen Elysischen Gefilde Vergils, die ja ebenfalls von einer eigenen Sonne beschienen werden. Der Durchmesser der inneren Hohlerde ist laut Edouard 188 Meilen kleiner als der unserer Erde, was bedeutet, dass die Erdkruste umgerechnet 175 Kilometer mächtig ist – nicht so mächtig, wie Halley annahm, aber die Schätzung ist gar nicht so übel.

Bruder Edouard und Schwester Elisabeth bleiben 81 Jahre in dieser unterirdischen Welt, lernen die komplexe, harmonische Gesellschaft der Megamikren kennen und erleben politische Veränderungen mit. Sie bekommen gemeinsame Kinder und Enkel, und weil man in der dortigen Welt schneller reift und die Frauen immer Zwillinge, und zwar verschiedenen Geschlechts, zur Welt bringen, werden sie insgesamt vier Millionen Nachkommen haben. Sie altern jedoch nicht, sondern bleiben bis zu ihrer Rückkehr in die obere Welt jung. Für sie liegt im Inneren der Erde nicht die Hölle, sondern das Paradies.

Eines Tages möchte Edouard für einen befreundeten Megamikren-Senator eine Goldader am Ende eines Stollens freisprengen und lässt sich dafür alles verfügbare „grüne und blaue Pulver“ schicken. Doch bei der Sprengung fliegen nicht nur wie erwartet ein paar Gesteinsbrocken durch die Luft, sondern eine riesige Felsplatte, auf der er und seine Frau in einiger Entfernung stehen, wird im Ganzen emporgeschleudert. Bei dem anschließenden Sturz, der viel länger dauert als die Aufwärtsbewegung und sich zum Schluss immer weiter verlangsamt, landen sie in einem stockdunklen unterirdischen Hohlraum, zusammen mit einem buntgescheckten Megamikren. Beim Licht ihrer Karfunkel schleppen sie sich durch unterirdische Gänge, gequält von Hunger, Durst und Schmerzen, denn bald bluten ihre Füße. Nach einigen Wochen steigen die Gänge immer steiler an, sie sind wieder auf dem Weg in ihre eigene Welt. Zum Glück haben sie inzwischen einen unterirdischen See entdeckt, dann einen weiteren, schließlich einen Fluss, dem sie folgen. Der treue Megamikre holt Muscheln, Austern, Fische und krebsartige Tiere aus den Gewässern, und der Sand an den Seeufern erweist sich als ölhaltig, sodass sie die Fische auch braten können. Hier und dort wachsen fenchel- und lilienartige Pflanzen, deren Knollen essbar sind. Sie erleben unterirdische Eruptionen, ein Erdbeben, und endlich erreichen sie die Oberfläche.

E quindi uscimmo a riveder le stelle – Diese italienische Zeile, eingefügt in den Text, erschreckt mich geradezu, ich erkenne sie sofort. Es ist die letzte Zeile aus

Dantes *Hölle*: „und dort traten wir hinaus und sahen wieder die Sterne." Der zweite Schreck folgt wenig später: Die drei haben die Unterwelt bei dem Dorf Zirknitz in der Unterkrain (im Süden Sloweniens) verlassen. Der See bei Zirknitz, heute Cerknica, ist ein besonderes Gewässer: Vom Herbst bis zum Frühjahr füllt er sich mit Regen- und Schmelzwasser aus den Bergen, im Sommer fällt er trocken, und auf dem Seeboden wachsen Pionierpflanzen. Es ist ein Sickersee in einer Polje, mitten in einem typischen Karstgebirge aus Jura- und Kreidekalk; die weltberühmten Höhlen von Postojna sind ganz in der Nähe. Es gibt sie also tatsächlich, die unterirdischen Seen und Flüsse des *Icosaméron*, genau wie den Mahlstrom. Auch Athanasius Kircher erwähnt in *Mundus subterraneus* den See bei Zirknitz, das „wundersame Feld von Krain": Das Wasser laufe „durch eine unterirdische Öffnung" ab – ein Schluckloch! Casanova, der in Venedig geboren wurde und auf Reisen auch nach Triest kam, dürfte die Höhlen und den See, oder zumindest Kirchers Buch, gekannt haben. Er war belesen. Beinahe möchte man selbst an die Existenz der Megamikren glauben.

Und sogar die Muscheln und Krebstiere in den unterirdischen Flüssen und Seen sind nicht unbedingt bloße Fantasieprodukte. Die Höhlen von Postojna sind ein europäischer Biodiversitäts-Hotspot, wie man Regionen und Orte mit einer großen Zahl nur dort vorkommender, bedrohter Arten nennt. Tiere, die unter der Erde leben, häufig in Grotten und Grundwasser, werden in der Biologie als Stygobionta bezeichnet, Lebewesen der Stygale, von Grundwasser durchströmter, unterirdischer Hohlräume. Man könnte auch sagen: Bewohner des Styx. Stygobionta leben nur unterirdisch, Stygophile teils ober-, teils unterirdisch, während Tiere, die vorwiegend oberirdisch leben und nur hin und wieder Schutz unter der Oberfläche suchen, Stygoxene genannt werden.

Bei Zählungen in europäischen Karsthöhlen kam man vor Kurzem auf 1239 Arten, die ausschließlich unterirdisch leben, vor allem viele Muscheln und Krebstiere. Als hätte Casanova es gewusst.

*

Wer es ebenfalls wusste, war mein Onkel, Lipke Bijdeley Holthuis. Mitte der Fünfzigerjahre, ich war acht oder neun, reiste er auf die Niederländischen Antillen, um dort in Höhlen Großkrebse und Krabben zu sammeln, und ich wollte mit. Ich liebte es, mich über Atlanten zu beugen und in ferne Länder zu träumen, und nun, da Onkel Lipke tatsächlich zu solchen Ländern aufbrach, wollte ich mit! Ich kannte die ausländischen Kollegen, die er zu uns mitbrachte: Manning von der Smithsonian Institution, Lewinsohn aus Israel, Sivertsen aus Norwegen, die kleine Amerikanerin Miss Pettibone, die eine Brille trug und sich stolz mit den Worten vorstellte: „I am a specialist on marine worms." Lauter Menschen aus fernen Ländern, die mit ihm auf Schiffen über tropische Meere fuhren, mühsam durch tiefe Höhlen wateten und sogar exotische Fischmärkte abklapperten, um neue Fisch- oder Garnelenarten zu entdecken. Ich war eifersüchtig! Ich wollte mit! Aber da konnte ich meinen Eltern die Ohren vollquengeln, so viel ich wollte, ich durfte nicht. Stattdessen durfte ich ihn nach Antwerpen zum Boerentoren begleiten, es war meine erste Reise ins Ausland. Immerhin schickte er mir, als er dann in der Karibik unterwegs war, große Briefumschläge, die ganz mit bunten Briefmarken für meine Sammlung vollgeklebt waren, und nach seiner Rückkehr bekam ich seltsame, gerändelte oder achteckige Münzen, denn Münzen sammelte ich auch. Die mitgebrachten exotischen Garnelen warteten in Onkel Lipkes Arbeitszimmer reglos in ihren mit Alkohol gefüllten zylindrischen Gläsern darauf, unters Mikroskop zu kommen. Dann wurden sie minutiös abgezeichnet und vom Präparator für die Ewigkeit fit gemacht – im Magazin am Raamsteeg.

Erst als Lipke im Jahr 2008 starb, habe ich die Garnelen wiedergesehen, in seinen Veröffentlichungen und im Internet. Was hat er nicht alles beschrieben: Großkrebse, Krabben, Garnelen, Asseln und Wasserflöhe aus der ganzen Welt – Ambon, Mexiko, Marokko, Vereinigte Staaten, Israel, Thailand, Borneo, Neuguinea, Niederländische Antillen, Japan, Surinam, Tristan da Cunha, Bahamas, aber auch aus den Niederlanden. Eines seiner Standardwerke behandelt zum Beispiel die Asseln in den Kalksteingruben unter dem Sint Pietersberg bei Maastricht.

Dutzende neuer Arten hat er entdeckt, die nach den geltenden Regeln „Holthuis" als dritten Namen bekommen haben, wie etwa *Edoneus atheatus (Holthuis)*, eine Garnele aus einer Höhle auf den Philippinen. Zusammen mit Manning hat er bis dahin unbekannte Tiefwasserkrabben aus der Familie der *Geryonidae* beschrieben, die zunächst auch die Gattungsbezeichnung *Geryon* bekamen, nach dem Ungeheuer, das Dante und Vergil im Flug den Abgrund zwischen dem siebten und achten Höllenkreis hinunterträgt.

Etwa sechzig Arten wurden auch direkt nach Onkel Lipke benannt, ihnen wurde *holthuisi* als zweiter, also als Artname gegeben. Das hat er nicht selbst getan, denn es gilt als unfein, eine Spezies nach sich zu benennen, man überlässt das lieber anderen. Eine neuseeländische Garnele wurde sogar auf den Namen *Lipkius holthuisi* getauft. Mein Favorit ist allerdings *Stygomysis holthuisi* (*Gordon)*, eine Schwebegarnelenart, die Lipke in einer Höhle auf der niederländisch-französischen Antilleninsel Sint Maarten gefunden, zur Bestimmung aber an Isabella Gordon vom British Museum geschickt hatte, eine Dame in langen braunen Kleidern, wenn ich mich recht erinnere. Isabella hatte den Holotypus erst *Rhopalonurus holthuisi* genannt, doch später wurde er in *Stygomysis holthuisi* umgetauft, was so viel wie „Holthuis' Schwebegarnele aus dem Styx" bedeutet. (Er war übrigens eine Sie, also von einem Geschlecht, von dem Lipke bei Menschen wenig verstand.) *Stygiomysis holthuisi* ist der einzige echte Styxbewohner in der Familie.

Mehr als sechshundert Artikel hat Onkel Lipke über seine Krebstiere geschrieben, eine unglaubliche Menge für einen Wissenschaftler, auch wenn er in vielen dieser Beiträge nur ältere, fehlerhafte Klassifizierungen korrigiert hat. Andererseits hat er in seinem ganzen Leben, so gestand er mir kurz vor seinem Tod, nie

Geryon fenneri (heute *Chaceon fenneri*, Manning und Holthuis 1984), nach Onkel Lipke

einen Vortrag auf einem wissenschaftlichen Kongress gehalten. Das lag ihm nicht, er stellte seine Erkenntnisse lieber schriftlich vor. Trotzdem galt er weltweit als der Crustacea-Experte schlechthin.

Anders als er selbst interessierten sich seine Kollegen durchaus für Evolution. Ich habe einen Artikel des erwähnten Raymond Manning von der Smithsonian Institution gefunden, in dem er die These aufstellt, dass die *Stygiomysis*-Schwebegarnelen eine sehr alte Gattung aus Jura oder Kreide repräsentieren, aus der Zeit, bevor Nordamerika und Europa auseinanderdrifteten; man findet sie nämlich an beiden Küsten des Atlantiks. Wieder ein Berührungspunkt zwischen Lipke und mir, von dem ich nichts wusste. Schade.

Man braucht übrigens nicht unbedingt Höhlen aufzusuchen, um unterirdisches Leben zu finden, es gibt schon genug im Boden, im Grundwasser und in den Poren und Spalten des Gesteins, auch noch in großer Tiefe. Während einer von Lipkes Expeditionen nach Neuguinea, im Jahr 1955, klagte sein Kollege und Reisegefährte Leonard van der Hammen: Du hast es leicht, du kennst deine Arten wenigstens schon; wenn ich mir die Milben im Boden von Neuguinea ansehe, finde ich nur neue! Ich würde auch gerne mal etwas einfach wiedererkennen!

Bis heute gehört der Boden weltweit zu den am wenigsten erforschten Ökosystemen. Allein in den Niederlanden gibt es sechsundachtzig Asselarten, wie aus dem 2010 erschienenen Buch *De Nederlandse biodiversiteit* hervorgeht. Sein Inhalt

Dantes Geryon, nach Gustave Doré

lässt sich kurz folgendermaßen zusammenfassen: Biodiversität bedeutet in den Niederlanden vor allem Vielfalt an Würmern und Insekten. Insgesamt wurden 47 800 Tier-, Pflanzen-, Pilz- und Einzellerarten gezählt, und man vermutet, dass noch etwa 10 000 weitere Arten unentdeckt sind.

Die Anzahl der Spezies an sich ist aber noch nicht das Interessanteste. Man fragt sich doch vor allem: Wovon leben all diese Arten? Welche ökologischen Nischen haben die sechsundachtzig Asselarten im Boden gefunden? Oder tobt zwischen ihnen ein ständiger Kampf, weil sie es alle auf dieselbe Sorte Wurmkot abgesehen haben? Welche Rollen Kaninchen, Hirsche oder Wildschweine in unseren Ökosystemen spielen, wissen wir ziemlich genau. Aber davon, was die unglaublich vielen Ringelwürmer, Springschwänze, Fadenwürmer, Milben und Asseln im Boden treiben, haben wir kaum eine Vorstellung. Und es ist nicht sehr wahrscheinlich, dass wir sie jemals noch in ihrer natürlichen Umgebung studieren können. In unseren dicht besiedelten Regionen gibt es nämlich kaum einen Quadratmeter Boden, der nicht umgepflügt, geeggt, entwässert, gedüngt, bepflanzt oder abgetragen worden wäre, für Ackerbau, Wohnungsbau, Straßenbau, Wasserbau, sogenannten naturnahen Umbau von Flächen oder irgendwelche anderen bodenzerstörenden Bauaktivitäten, denn in dieser Hinsicht ist der Mensch höchst einfallsreich.

Und wer glaubt, nur in den oberen Schichten der Erdoberfläche sei Lebendiges zu Hause, der irrt gewaltig. Höhlensysteme können bis zu zwei Kilometer tief unter die Erde reichen, und überall ist Leben. Blinde Fische, blinde Salamander, blinde Frösche und jede Menge Kleinzeug, das nie jemand zu Gesicht bekommen hat. Ein Bakterium, das ein paar Meter pro Jahr mit einsickerndem Grundwasser abwärtstransportiert wird, hat jede Menge Zeit. In 1000 Jahren kann es einen Kilometer Tiefe erreichen. Dort findet es zwar nur sehr wenig Nahrung vor, aber Bakterien brauchen auch nicht viel: Sie kommen meistens ohne Sauerstoff aus und ernähren sich durch die „Reduktion“ von Eisenoxiden oder Sulfat aus Gesteinen. In einem schwedischen Granitbohrkern haben Forscher anaerobe, thermophile (wärmeliebende) Bakterien entdeckt, die in über drei Kilometern Tiefe bei einer Temperatur von 65 °C bis 75 °C leben. In jenen südafrikanischen Goldminen, von denen schon die Rede war, existieren sulfatreduzierende Bakterien in Tiefen zwischen 2,7 und 3,4 Kilometern, zum Teil unter extrem alkalischen Bedingungen. Sogar bei Tiefseebohrungen wurden Bakterien einen Kilometer unterhalb des Meeresbodens gefunden. Auch bei der Entstehung von Methan aus Erdöl in tief liegenden Vorkommen scheinen Bakterien eine Rolle zu spielen. Im Grunde herrscht unter der Erde Hochbetrieb. Die Forschung interessiert sich heute sehr für all diese Extremophilen, nicht zuletzt, weil Erkenntnisse über ihre Eigenschaften und Lebensweisen bei der Suche nach außerirdischem Leben helfen können. Außerdem zeigen die neueren Entdeckungen, dass sich unsere irdischen Ökosysteme viel weiter in die Tiefe fortsetzen, als man früher angenommen hatte. Das müssen wir vor größeren Eingriffen berücksichtigen. Zumal wir bis in die Tiefe der Megamikrenwelt, 175 Kilometer unter der Erde, bisher noch gar nicht vorgestoßen sind.

Grabgänge von Termiten in verwittertem Granit, Kenia

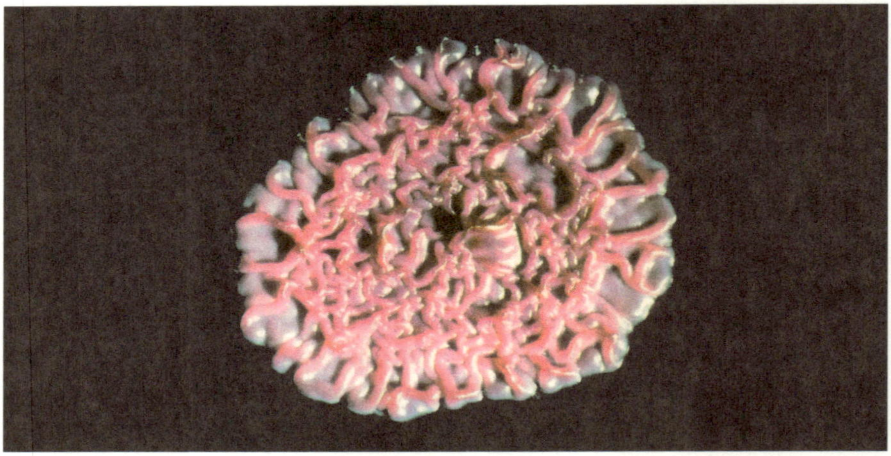

Kolonie von Actinobacteria, isoliert aus kieseligen Sedimenten in 122 m Tiefe, Idaho, National Engineering Laboratory

Der Pechstrom

So, nicht mit Feuer, sondern mit göttlicher Kunst,
siedete dort unten ein dickes Pech,
das überall die Ufer verklebte.
Das sah ich, doch ich sah darin nichts als die Blasen,
die beim Sieden aufstiegen, und das Ganze sich aufblähen
und sich, zusammengefallen, wieder niederlassen.
Dante Alighieri, *Die Hölle*, XXI, 16–21

Nach langem Suchen finde ich die Agentur. Sie liegt versteckt hinter einer Tankstelle und kleinen Läden für Baubedarf. Das hohe, rostige Tor hängt schief in den Angeln. Der Pförtner ist ein kleiner Mann von mindestens 80 Jahren. Er will mich nicht einlassen. Russisch spricht er nicht, nur Aserbaidschanisch. Ich zeige ihm die Visitenkarte des Direktors Fuad Mahmudoglu Haji-Zadeh. Der Greis kramt in einer Schublade und findet ein Blatt Papier, das wohl aus einem Schulheft stammt und auf dem kreuz und quer Nummern notiert sind. Er wählt eine dreistellige, die nicht auf der Karte steht, und führt ein kurzes Gespräch. Danach darf ich eintreten.

Nichts auf dem verfallenen Innenhof verrät, dass in dem Gebäude die Azerbaijan National Aerospace Agency (ANASA) untergebracht ist. Diese Unauffälligkeit ist beabsichtigt, denn in der Sowjetzeit waren die Aktivitäten der ANASA geheim. Jetzt ist die Lebensader zwischen Baku und Moskau zerschnitten, und die Agentur leidet Not. Der Direktor bittet mich sofort herein. Man serviert uns Tee, dazu Bonbons, groß wie Dominosteine. Ich brauche Luftbilder. Gut, sagt Fuad Mahmudoglu. Er blickt auf eine handgeschriebene Liste, schaut einen großen Stapel Schnellhefter auf einem anderen Tisch durch und händigt mir einige der benötigten Fotos aus. Die zweite Serie ist nicht so leicht zu finden. Eine Dame bringt ein dickes Filmröllchen herein. Sie reicht mir das Ende des Streifens, wir ziehen ihn auseinander, hantieren damit wie mit einem Tischtuch und betrachten die Negative im Fensterlicht. Ich zeige dem Direktor die Bilder, die ich haben möchte. Gut, sagt er, das kostet dreihundert Dollar. Im Voraus, sonst könne er das Papier nicht kaufen. Übermorgen sollen sie fertig sein. Und sie sind es tatsächlich.

*

Das war 1999. Nun sitze ich in Delft am Computer und hole mir die gleichen Bilder, die ich damals suchte, innerhalb weniger Sekunden von Google Earth. Nicht so scharf zwar, aber ich kann erkennen, was ich auch 1999 gesehen habe: die alten Ölquellen von Baku. Wenn ein Erdölgeologe von Ölquellen spricht, denkt er an Bohrungen. Dazu kommen wir noch, sie sind aber jetzt nicht gemeint. In diesem Fall meine ich nämlich Erdölförderung durch Graben. Denn lange vor der ersten Ölbohrung wurde Erdöl tatsächlich über gegrabene Schächte gefördert.

Erdöl war in Form von Erdpech schon den Sumerern und Babyloniern bekannt; Erdpech wurde unter anderem als Mörtel, Lampenöl, Schmiermittel, Heilsalbe und Dichtstoff verwendet. Über die Erbauer des Turms zu Babel heißt es: „Und sie sprachen untereinander: Wohlauf, lasst uns Ziegel streichen und brennen! – und nahmen Ziegel als Stein und Erdharz als Mörtel“ (1. Mose 11, 3–4). Am Anfang brauchte man nicht einmal zu graben, weil das Öl häufig von selbst an die Oberfläche tritt; man spricht dann von *oil seep*. Marco Polo berichtet aus Aserbaidschan:

> „In diesem Grenzgebiet entspringt eine ergiebige Erdölquelle. Hundert Schiffe können gleichzeitig mit Öl beladen werden. Das Öl ist ungenießbar, aber geeignet zum Brennen; es dient auch als Salbe gegen die Krätze und die Furunkel der Kamele. Die Leute kommen von weit her, um sich das Öl zu beschaffen. In jener Gegend ist es das einzige Brennmaterial.“

Auch Erdgas tritt an manchen Stellen einfach aus dem Boden oder der Wand aus, wie schon Alexander der Große festgestellt hat. Der britische Kaufmann und Entdeckungsreisende Jonas Hanway berichtete 1746, die Bewohner der Halbinsel Abşeron, auf der Baku liegt, hätten in ihren Hütten ein Gasrohr, verschlossen mit einem Lehmpfropfen. Wenn sie kochen wollten, nähmen sie den Pfropfen ab und entzündeten das Gas, nach dem Kochen werde das Rohr wieder verschlossen. So hatte jeder praktisch sein eigenes Erdgasfeld unter dem Haus.

Die Nachfrage nach Erdöl oder Erdpech war groß, jahrhundertelang wurde es von Aserbaidschan in die Türkei, nach Persien und sogar nach Zentralasien geliefert. Schon im 16. Jahrhundert begann man in Aserbaidschan, Erdöl im Untertagebau zu fördern. Dafür wurde ein bis zu 35 Meter tiefer Schacht gegraben und mit Holz ausgebaut. An einer Winde oder einem Göpel wurde ein Mann mit einem ledernen Wassersack hinabgelassen, füllte den Sack mit Öl und wurde dann mit Menschen- oder Pferdekraft wieder heraufgezogen. Es ist die Methode, mit der die Uiguren in China Steinkohle förderten, und sie war nicht ungefährlich, denn häufig stand das Öl unter hohem Druck; viele Bergleute ertranken, weil das Erdöl im Schacht plötzlich emporquoll. Man denkt an die Bestechlichen, die Dante im Pechstrom der Hölle zappeln lässt. Nur waren hier wohl eher die Besitzer der Gruben korrupt als die armen Schlucker, die das Erdöl heraufholen mussten. Das Öl konnte auch mit gewaltiger Kraft aus der Grube

Oil seep an einem kleinen Schlammvulkan, Maly Charami, Aserbaidschan

Oberflächlich austretendes Erdgas, Yanar Dağ („Brennender Berg"), Aserbaidschan. An freien Tagen halten Bewohner umliegender Ortschaften dort ihr Schaschlik über die Flammen.

schießen, Dutzende Meter hoch; bis weit ins 19. Jahrhundert hinein hatte diese sogenannte Primär- oder Eruptivförderung einen hohen Anteil an der gesamten Erdölgewinnung.

Was ich auf Fuad Mahmudoglus Luftbildern sehen wollte, waren die Positionen dieser Ölquellen. Auf den Fotos sind sie deutlich zu erkennen: An vielen Stellen hat die Landschaft eine Art Lochmuster, beinahe, als wären dort in irgendeinem Krieg Bombenteppiche gelegt worden, nur so gleichmäßig, wie es selbst mit Präzisionsbomben nicht machbar wäre. Fünfhundert solcher Quellen oder mehr gibt es in der Gegend, mindestens seit dem 16. Jahrhundert.

Zwei Orte sind von besonderer Bedeutung: der Kirmaky-Hügel östlich von Baku und der Yasamal-Hügel westlich der Stadt. Warum gerade sie? Wie sich auch hier wieder zeigt, hatte man schon vor Jahrhunderten ein feines Gespür für geologische Gegebenheiten: Es handelt sich um Antiklinalen, durch Faltungen entstandene Aufwölbungen, denen wir schon am Acheron begegnet sind. Erdöl sammelt sich gern in solchen Strukturen.

Erdöl entsteht in Binnenmeeren mit wenig Wasseraustausch wie zum Beispiel im heutigen Schwarzen Meer. Abgestorbenes Plankton sinkt auf den Meeresgrund. Gibt es dort ausreichend Sauerstoff, wird es zersetzt; wenn dagegen – wegen geringer Wasserzirkulation – sauerstoffarme Bedingungen herrschen, lagert sich das organische Material über lange Zeiträume ab. Noch handelt es sich dabei nicht um Erdöl; wird der organische „Bodensatz" aber von immer mehr jüngeren Sedimenten überdeckt, entsteht hoher Druck, und die Temperatur steigt; so werden chemische Prozesse ausgelöst, durch die in mehreren Schritten die Biomasse in Erdöl oder Erdgas umgewandelt wird. Auch hierbei scheinen Bakterien eine bedeutendere Rolle zu spielen, als man früher angenommen hat. Die ideale Temperatur für diesen Umwandlungsprozess beträgt zwischen 50 °C und 180 °C; sie herrscht in der Erdkruste gewöhnlich in Tiefen von zwei bis vier Kilometern. Man nennt diesen Bereich deshalb auch Erdölfenster.

Die Lagerstätten im und am südlichen Kaspischen Meer, unter anderem in Aserbaidschan, weichen von der Regel ab, denn hier liegt das Erdölfenster viel tiefer, in sechs bis neun Kilometern Tiefe. Die Temperatur steigt dort nämlich nach unten hin wesentlich langsamer an als im Durchschnitt, nur um 15 statt um 30 Grad pro Kilometer. Zum Glück braucht das Öl meistens nicht aus den Muttergesteinen gefördert zu werden; da Erdöl leichter ist und eine geringere Dichte hat als Wasser, wandert es von selbst aufwärts. Stößt es nicht auf Hindernisse, quillt es irgendwann an die Oberfläche, gewöhnlich als flüssiges Erdpech (Bitumen). Manchmal sind jedoch undurchlässige Schichten im Weg, das Öl gerät in eine sogenannte Erdölfalle; es sammelt sich dann in einer porösen oder von Klüften durchzogenen Gesteinsschicht, dem Speichergestein. Oft handelt es sich dabei um Sandsteine oder Riffkalke. Sind diese Speichergesteine gefaltet, wandert das Öl natürlich weiter aufwärts, sammelt sich also in den Antiklinalen und nicht in den nach unten gerichteten Teilen der Falte, den Synklinalen. Diese Zusammenhänge hatten offenbar schon die alten Geologen von den Yasamal- und Kirmaky-Hügeln erfasst: Beide sind Antiklinalen, die sich deutlich als solche erkennen lassen.

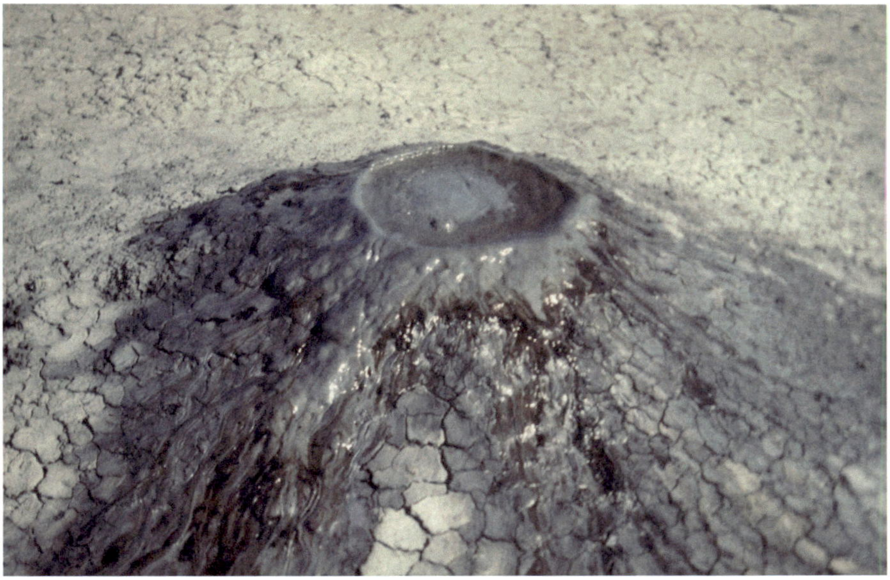

Kleiner Schlammvulkan mit ein wenig Erdöl, Achtarma Paschaly, Aserbaidschan

Aktiver Schlammvulkan mit sich ausbreitendem Schlammstrom, Bacher, Aserbaidschan

Den Kirmaky-Hügel krönt außerdem ein kleiner Schlammvulkan. Das ist kein Zufall, denn die Ölfelder liegen auf einem Paket aus weichen Sand- und Tonsteinen, die viel Wasser, Erdöl und Erdgas enthalten. Die Speichergesteine sind Sandsteine, die vor fünf Millionen Jahren von der Wolga abgelagert wurden, als ihre Mündung ins Kaspische Meer noch in der Gegend von Baku lag. Das Paket hat dort eine Mächtigkeit von etwa anderthalb Kilometern, wird aber in südlicher Richtung noch mächtiger, bis zu acht Kilometer. Und diese elastische Masse steht unter hohem Druck, weil im Süden des Kaspischen Meeres die arabische und die eurasische Platte kollidieren. Die Sedimente werden deformiert und aufgefaltet, und so entstehen die Antiklinalen, in denen sich das Erdöl sammelt. Der Druck kann so hoch werden, dass die Antiklinale aufbricht und das Gemisch aus Sand, Ton, Wasser, Erdöl und Erdgas an die Oberfläche quillt. Man braucht sich nur vorzustellen, eine acht Kilometer dicke Lasagne würde in einem titanischen Schraubstock zusammengepresst: Natürlich würde die Bechamelsoße kräftig herausspritzen. Zum Teil bilden sich in Schlammvulkanen nur Schlammblasen, die sich aufblähen und nach ein paar Minuten platzen, es kann aber auch zu starken Eruptionen kommen, bei denen Gasflammen Dutzende von Metern in die Höhe schießen, weil sich das mit dem Schlamm austretende Methan entzündet. Der Schlammvulkan Lokbatan („ertrunkenes Kamel") südlich von Baku ist 2001 auf diese Weise ausgebrochen; Gasflammen schossen bis zu 70 Meter hoch in die Luft, und ringsum ergoss sich ein Schlammstrom anderthalb Kilometer weit über die Abhänge. Dadurch können Schlammvulkane übrigens fast so groß wie echte Vulkane werden, bis zu 400 Meter hoch.

Kein Wunder, dass der Legende nach die Zoroastrier hier das Feuer anbeteten. Wer Zoroaster oder Zarathustra war, liegt im Dunkeln; er könnte im 10., vielleicht aber auch im 18. Jahrhundert vor unserer Zeitrechnung gelebt haben, und sämtliche Regionen, die einmal zum Perserreich gehörten und unter dem Einfluss von Zoroasters Religion standen, beanspruchen seinen Geburts- und Wohnort für sich. So auch Aserbaidschan. Im Tempel von Surachani bei Baku wird für die Feueranbeter Erdgas in Rohren zum Altar geleitet. Das Feuer war hier kein Vorbote der Hölle, sondern ein Symbol der Reinheit, Gerechtigkeit und Wahrheit. „*Il y a peu de religion aussi innocent que ça*", schreibt Alexandre Dumas der Ältere, als er den Tempel 1858 besucht. Das Gas aus der Erde erinnert ihn an die Solfatara bei Neapel, nur dass der Vulkan hier den Vorteil habe, nicht erloschen zu sein. Allerdings scheint das Feuer in der zoroastrischen Religion nicht von Anfang an eine solch wichtige Rolle gespielt zu haben. Die Zoroastrier kannten zwar eine Hölle, das Reich des zerstörerischen bösen Geistes Angra Mainyu oder Ahriman – des *Lord of the Lies*, wie Alice Turner ihn in ihrer *History of Hell* nennt, eine augenzwinkernde Anspielung auf William Golding. Beim Endkampf zwischen Gut und Böse wird die Hölle vernichtet werden, reingebrannt durch glühendes Metall. So kommen Erz und Erdöl zusammen.

Mit meinen Kollegen Elmira Aliyeva und Dadash Huseynov vom Geologischen Institut von Aserbaidschan besteige ich den Kirmaky-Hügel. Fuad Mahmudoglus Luftbilder sind jetzt sehr nützlich. Der Schlammvulkan verhält sich ruhig, und am Grunde der Ölschächte schimmert kein Öl mehr. Die meisten Schächte sind eingestürzt, in einigen sind noch Überreste des hölzernen Ausbaus zu sehen. Eigentlich müsste die Gegend zum technischen Denkmal erklärt werden, denn hier fördert niemand mehr Erdöl. Warum die Gruben aufgegeben wurden, zeigt ein Blick zur anderen Seite des Tals. Dort stehen die Bohrtürme von Balachany. Schon im frühen 19. Jahrhundert stieg die Nachfrage nach Erdöl so stark an, dass die alten Fördermethoden nicht mehr ausreichten. Die erste Erdölbohrung der Welt wurde hier von dem Ingenieur Semjonow nach einem Plan von Nikolai Woskoboinikow im Jahr 1848 ausgeführt – anderthalb Jahrzehnte vor der ersten Bohrung in den Vereinigten Staaten, wo man gern, aber zu Unrecht die Weltpremiere für sich beansprucht.

Eigentlich war es nur die erste Bohrung des Industriezeitalters. Schon viel früher hatten die Chinesen mit Bohrtechniken zu erkunden versucht, was unter unseren Füßen liegt. So wurde im 11. Jahrhundert in Sichuan mit einem eisernen Bohrkopf an einer Bohrstange aus Bambus nach Salz gebohrt; durch das hohle Innere der Stange wurde mithilfe eines dünneren Bambusrohrs die Lake gefördert. Manchmal stiegen dann auch Erdöl oder Erdgas mit herauf. Schon 1512 erreichten chinesische Ingenieure eine Tiefe von dreihundert, im Jahr 1835 sogar von 1000 Metern. Mit Bambus!

Dem Hügel bei Balachany sieht man nicht ohne Weiteres an, dass es sich um eine Antiklinale handelt, die Faltenstruktur ist unter der Erde verborgen. Aber er

Schacht für manuelle Ölförderung, Kirmaky, Aserbaidschan; mein Schatten vermittelt einen Eindruck von den Abmessungen.

liegt auf der gleichen Linie wie eine Reihe von Antiklinalen, die oberirdisch gut zu erkennen sind. Was hier herumsteht, könnte im Grunde auch schon zum technischen Denkmal erklärt werden. Ein Wald von verrosteten Bohrtürmen und Gestängetiefpumpen (auch Pferdeköpfe oder Nickesel genannt) aus den 1940er- und 1950er-Jahren. Industriearchäologische Monumente aus der Sowjetära. Doch einige arbeiten immer noch, obwohl man sich fragt, wie das möglich ist, sie sehen aus wie mit Nadel und Faden zusammengeflickt. Es herrscht ein unbeschreibliches Chaos, überall liegen Rohre kreuz und quer auf dem Boden, manche sind miteinander verbunden, andere enden im Nichts. Erdölpfützen, wohin man schaut, die flachen Gewässer rund um die Türme sind pechschwarz von dem Öl, das auf ihnen treibt. Hier wächst nichts mehr, und das nicht nur wegen des Wüstencharakters der Landschaft, sondern auch, weil der Boden von Öl durchtränkt ist. An einem Hang stehen kahle Beifußsträucher, an jedem ist ein herangewehter Plastiksack von einer nahe gelegenen Mülldeponie hängen geblieben. Plastik als Gewächs. Das Ganze bietet einen trostlosen Anblick. Elmira, Dadash und ich freuen uns über die wenigen Stellen, an denen man sich in den Hügel hineingegraben hat, denn dort können wir die aufgefalteten Speichergesteine aus dem alten Wolgadelta untersuchen, nur müssen wir ständig über Müll klettern.

Welch ein Kontrast zu all dem, was sich gerade vor der Küste abspielt. Denn Aserbaidschan erlebt einen Erdölboom. Nicht den ersten, denn den gab es schon in der Zeit um 1900, als das Land der größte Erdölförderer der Welt war. In Baku stehen rings um die mittelalterliche Altstadt mit ihrem Festungsring wunderschöne Belle-Époque-Häuser, den üppigen Park hat man damals mit fruchtbarer Erde angelegt, die von Öltankern auf der Rückfahrt mitgebracht wurde. Dieser erste Boom verdankte sich dem Bibi-Heybat-Ölfeld an der Küste unmittelbar südlich von Baku. Hunderte rostiger Bohrtürme stehen dort in der öligen Brühe, halb überflutet, weil der Wasserspiegel des Kaspischen Meeres von den 1970er- bis in die 1990er-Jahre um drei Meter angestiegen ist. Leute wie Alfred Nobel, die Brüder Siemens oder der Shell-Gründer Henri Deterding haben einen großen Teil ihres Vermögens mit dem Öl von Bibi Heybat gemacht.

Und jetzt läuft die zweite Runde, vor allem *offshore*. Baku war die Erdölhauptstadt der Sowjetunion, doch die Fördertechnik blieb auf dem Stand der Fünfzigerjahre stehen. Als Aserbaidschan 1991 unabhängig wurde, nutzten viele westliche Unternehmen ihre Chance; man nennt Aserbaidschan auch das Kuwait des Kaspischen Meeres. Bereits zu Sowjetzeiten wurde vor der Küste Öl gesucht und gefunden. Dort zu suchen lag auch nahe, schließlich hatte schon der russische Admiral Graf Marko Iwanowitsch Woinowitsch bei einer Erkundungsfahrt auf dem Kaspischen Meer in den Jahren 1781–82 zu seiner Verblüffung weit vor der Küste das Wasser brennen sehen: Es war von einer Schicht Öl bedeckt, die vermutlich aus einem unterseeischen Schlammvulkan stammte. Ein gewisser Hadji Kasumbek erschloss 1803 eine erste „Offshore"-Ölquelle im untiefen Wasser des

Bibi-Heybat-Feldes, mit Holzplanken als Wasserbarrieren. Besonders lange hielt die Konstruktion nicht stand.

Aber wie sucht man Erdöl unter Wasser? Wie können moderne Erdölgeologen die großen Lagerstätten in den Kontinentalschelfen, in der Nordsee, im Golf von Mexiko, im Kaspischen Meer „sehen"? Selbst wenn man durch das Wasser hindurchschauen könnte, das über einigen dieser Vorkommen mehr als ein oder zwei Kilometer tief ist, würde man ja zunächst nur den Meeresboden sehen. Woher weiß man, dass zwei bis vier Kilometer darunter Erdöl und Erdgas liegen? Fuad Mahmudoglus Luftbilder oder Google Earth helfen da nicht weiter, unsere Augen sind nun einmal nicht fürs Sehen durch Wasser und Gestein gemacht. Völlig hilflos sind wir aber nicht.

*

Mein eigenes Vorhaben ist bescheidener, so tief in den Boden schauen wie die Erdölgeologen muss ich nicht. Ich bin kein Erdölgeologe. Mich interessiert, wie sich das Delta des größten Flusses Aserbaidschans und des ganzen Kaukasus, des Kura, unter Wasser fortsetzt; vielleicht finden wir dann bessere Erklärungen für die schnellen Wasserspiegelschwankungen im Kaspischen Meer während des vergangenen Jahrhunderts. Dafür reicht mir der Blick in bis zu 50 Meter Tiefe unter dem Seeboden. Nach meinem Besuch bei Fuad Mahmudoglu Haji-Zadeh begebe ich mich zu einem anderen Institut, dem KMGRU, im Hafen von Baku. Auch dort arbeitende Rentner, schmuddelige, gesprungene Marmorfliesen im Gang, blasiges, braunes Linoleum im Büro des Direktors. Doch das Forschungsschiff *Geophysics* unten an der Pier ist, soweit ich sehen kann, in gutem Zustand, ich bin erleichtert. Karten werden auf den Tisch gelegt, Kurse festgesetzt. Wann können Sie anfangen?, frage ich. Von uns aus morgen, antwortet der Direktor. Aber bitte Vorauszahlung, wir müssen auftanken.

*

Geophysics, Geophysik, das ist das Schlüsselwort. Die angewandte Geophysik verleiht uns Augen für das Sehen unter dem Meeres- oder Seeboden. Ob man 50 Meter tief, fünf Kilometer tief oder durch den ganzen Erdball blicken möchte, spielt im Grunde keine Rolle, das Prinzip der Seismik bleibt das Gleiche. Von einem Messschiff aus werden in gleichmäßigen Abständen starke Wasserschallwellen ausgelöst, zum Beispiel, indem man mit einem Luftpulser, auch *Air gun* genannt, große Luftblasen erzeugt. Beim Platzen einer Blase entsteht eine Stoßwelle, die sich im Wasser ausbreitet, bis sie den Boden erreicht. Von dort wird ein Teil des Wasserschalls in Richtung Oberfläche reflektiert, ein anderer Teil breitet sich weiter nach unten aus. An der Grenzfläche zwischen zwei Schichten unterschiedlichen Charakters kann der Schall erneut reflektiert werden, wobei die Laufzeit der Welle natürlich länger ist als bei der Reflexion direkt am Meeres- oder Seeboden. Das Messschiff schleppt einen sogenannten Streamer mit einer

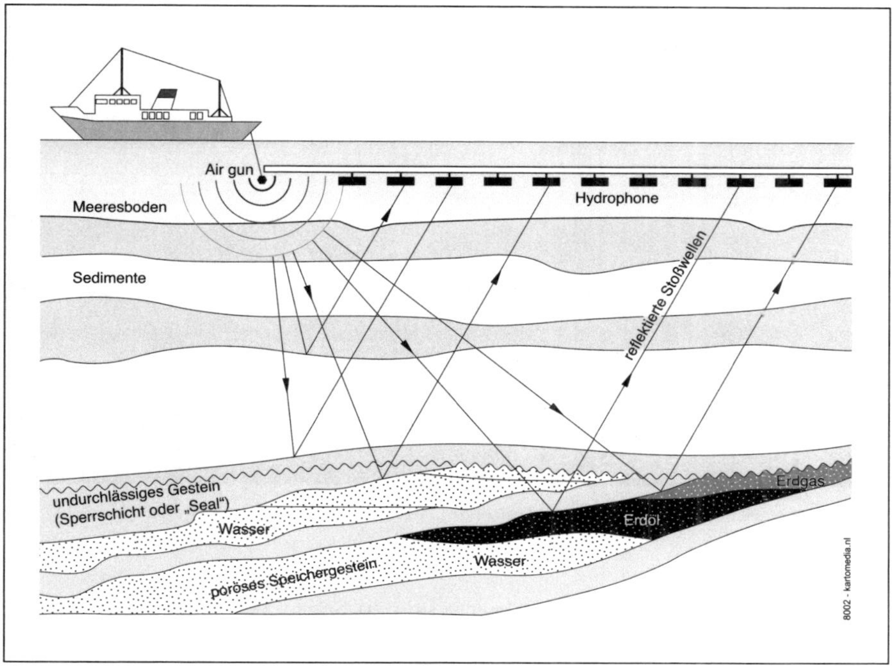

Das Prinzip der seismischen Exploration

großen Zahl regelmäßig angebrachter Hydrophone hinter sich her, von denen die reflektierten Wellen aufgezeichnet werden. Aus den Laufzeiten und Amplituden dieser Wellen kann der Computer ein zweidimensionales Bild des unterseeischen Schichtenaufbaus errechnen – das übrigens oft an eine schlechte Strickarbeit erinnert. Da eine Offshore-Bohrung schnell zig Millionen Dollar verschlingen kann, erkunden Erdölgeologen die Schichten unter dem Meeresboden lieber erst mit seismischen Messungen, bevor sie zu bohren beginnen.

Von der Frequenz der ausgesandten Wasserschallwellen hängt ab, wie tief man messen kann. Mit hochfrequenten Wellen lassen sich sehr dünne Schichten sichtbar machen, aber diese Wellen dringen nur wenige Meter in den Meeresboden ein. Damit können Erdölgeologen nichts anfangen. Wie schon erwähnt, liegen erdölführende Schichten oft in zwei bis vier Kilometern Tiefe, und seismische Profile lassen sich dort nur mit niederfrequenten Wellen aufnehmen. Die Auflösung ist dabei zwar viel geringer, aber Strukturen wie Antiklinalen sind sehr gut zu erkennen. Was Erdölgeologen nicht oder nur ausnahmsweise sehen können, ist das Erdöl selbst. Man sieht nur, ob die Strukturen auf das Vorhandensein von Erdöl oder Erdgas hindeuten, und zusammen mit dem Wissen über Mutter- und Speichergesteine muss diese Information ausreichen, um sich für eine Bohrung zu entscheiden.

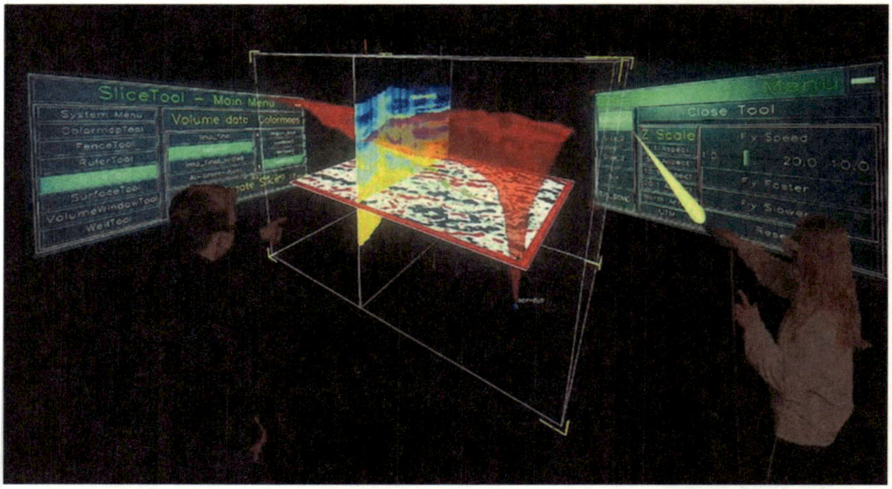

Dreidimensionale Visualisierung seismischer Daten

Seismische Exploration gab es hier schon zu Sowjetzeiten, aber die Technik war noch nicht so ausgereift wie heute. Bessere Aufzeichnungsgeräte und bessere Interpretationssoftware sorgen für erheblich genauere Daten. Den größten Fortschritt brachte aber die dreidimensionale Seismik. Hält man ein bestimmtes Gebiet für vielversprechend, wird ein ganzes Netz aus zweidimensionalen seismischen Profilen erstellt, indem man abwechselnd in der einen und der anderen Richtung misst; *boustrophedon* hätten die alten Griechen das genannt: wie beim Pflügen.

Aus den erhaltenen Daten lässt sich ein dreidimensionales Abbild der unterirdischen Strukturen formen. Man kann sich dann durch eine virtuelle unterseeische Erdöllagerstätte bewegen, und zwar in einer CAVE (Cave Automatic Virtual Environment), einem Raum, in den eine dreidimensionale Illusionswelt projiziert wird – es ist eine Art kleines Theater, in dem man mithilfe einer Spezialbrille Zweidimensionales dreidimensional sieht. In dem dreidimensionalen Bild lassen sich außerdem die unterschiedlichsten Informationen visualisieren, die durch Bohrungen gewonnen wurden: die elektrische Leitfähigkeit der Gesteine, die Radioaktivität (ein Indikator für den Anteil an Ton), die chemische Zusammensetzung und viele andere Parameter, die man mit Techniken der sogenannten Bohrlochgeophysik ermittelt. So bewegt man sich „virtuell" an alten Wolga-Armen vorbei, an alten Korallenriffen oder durch unterseeische Schlammströme. Nur allzu lange sollte man nicht in der CAVE bleiben, sonst wird man seekrank von dem überwältigenden 3-D-Effekt. Dank der neuen Techniken ist die Erfolgsquote von Erdölbohrungen in die Höhe geschossen: von 20 bis 30 auf 50 bis 60 Prozent. Auch in Aserbaidschan. Das Erdöl hat unglaublich viel Geld ins Land gebracht.

Heute ist Baku nicht mehr schmuddelig, das mittelalterliche Stadtzentrum wurde nach einem Erdbeben saniert, die Belle-Époque-Häuser restauriert, die Küstenpromenade wunderschön ausgebaut, die alten Sowjethotels – knarzende Parkettböden, abgewetzte Läufer, rostige Wasserhähne und schmale Betten mit Hängematteneffekt – wurden abgebrochen, an ihrer Stelle erheben sich Luxusherbergen von Hilton, Marriott und anderen, weniger bekannten Ketten. Viele *Chruschtschoby*, heruntergekommene Häuserblocks aus der Chruschtschow-Zeit (Truschtschoby bedeutet Schutthaufen, daher der Name), haben glitzernden Glaspalästen Platz gemacht. Die winzigen Läden, in denen Granatäpfel oder Gewürze verkauft wurden, sind heute Filialen von Lanvin, Estée Lauder und Benetton. Normale Aserbaidschaner haben dort nichts zu suchen, man sieht nur die Sorte von Leuten, die eigentlich in Dantes Pechstrom zappeln sollten. Baden in Reichtümern reinigt nicht.

Den gastfreundlichen Fuad Mahmudoglu habe ich nicht wieder besucht, aber seine Website verrät, dass auch seine Einrichtung eine beeindruckende Modernisierung erlebt hat. Und das Geologische Institut verfügt jetzt über ein hypermodernes Labor, in dem geowissenschaftliche Fernerkundungsdaten ausgewertet werden – wenn man auch immer noch auffällig viele Mitarbeiter im Rentenalter sieht. Als ich im Jahr 2007 im KMGRU wegen weiterer seismischer Messungen nachfragte, konnte man nicht mehr am nächsten Tag anfangen. Wartezeit anderthalb Jahre, sagte der Direktor, so viele Aufträge von Ölfirmen lägen vor. Auf den Fußböden keine Sprünge oder Blasen mehr.

Die größten technischen Fortschritte gab es beim Bohren. Eines der Hauptprobleme besteht darin, dass sich eine Bohrplattform nicht ohne Weiteres in weichem Meeres- oder Seeboden verankern lässt, die Gefahr des Abrutschens ist sehr groß. Als ich den ExxonMobil-Geologen David Puls, der lange in Aserbaidschan gearbeitet hat, einmal nach der Stabilität des Bodens fragte, antwortete er mit Grabesstimme: „*Sea-bed stability? There isn't any.*" Geologen von BP haben den Boden des Kaspischen Meeres mit Joghurt verglichen. Deshalb hat sich dieser größte See der Erde inzwischen zu einem technologischen Versuchsfeld entwickelt, auf dem Methoden der Offshore-Förderung unter extrem schwierigen Bedingungen getestet werden. Auf Pontons schwimmende Bohrinseln sind ein Teil der Lösung. Jede Bohrplattform oder -insel muss im Kaspischen Meer selbst gebaut werden, da sie wegen fehlender Verbindungen nicht herangeschleppt werden kann.

Als unberechenbar erweist sich häufig nicht nur der Boden selbst, sondern auch und vor allem die Schichten darunter. Weil die weichen Sedimente unter hohem Druck stehen, muss sehr vorsichtig gebohrt werden. Bei einer Bohrung im Erdgasfeld Shah Deniz südöstlich von Baku, einem der größten der Welt, fiel der Druck plötzlich ab, der Bohrkopf sackte sozusagen in ein Loch. Vermutlich war es das kurz zuvor geleerte Reservoir eines unterseeischen Schlammvulkans. Ähnliches hat sich auch in einer ganz anderen Weltgegend ereignet.

Auf dem Nang-Nuan-Ölfeld vor der thailändischen Küste fiel der Druck bei einer Bohrung ebenfalls unvermittelt ab. Die Ursache war aber eine andere: Man war auf eine mit Erdöl gefüllte Karsthöhle in Jura-Kalkstein gestoßen, drei Kilometer unter dem Meeresboden. Ob irgendjemand auf Shah Deniz oder Nang Nuan im ersten Moment geglaubt hat, man habe das Dach der Hölle durchbohrt?

Ein lasagneartiges Sediment anzubohren, das unter hohem Druck steht, kann nämlich lebensgefährlich sein; nicht immer lässt sich ein *Blowout* verhindern. Bei Bohrungen an Land funktionieren die sogenannten *Blowout-Preventer* recht zuverlässig. Doch offshore, vor allem bei großer Wassertiefe, sind die Risiken immer noch gewaltig, wie die Explosion der Plattform *Deepwater Horizon* im Golf von Mexiko im Jahr 2010 gezeigt hat. Für die elf dabei ums Leben gekommenen Arbeiter war das tatsächlich die Hölle. „Vögel fielen vom Himmel", heißt es in einer Rekonstruktion des Unglücks im amerikanischen Wirtschaftsmagazin *Fortune*. Eine ähnliche Katastrophe hatte sich im September 2008 auf dem Ölfeld Azeri Chirag Güneşli ereignet, einem der größten von Aserbaidschan – was übrigens erst durch Wikileaks bekannt wurde.

Im Süden des Kaspischen Meeres gibt es ein weiteres Problem: Die Erdöllagerstätten liegen zum Teil in sehr großer Tiefe. Im Zafar-Mashal-Feld hat der Ölkonzern ConocoPhillips bei einer Wassertiefe von 600 Metern mehr als sechs Kilometer tief gebohrt und musste dennoch wegen technischer Schwierigkeiten aufgeben, bevor das Speichergestein erreicht war. Sechs Kilometer! Das ist tiefer, als je ein Mensch physisch in die Erde vordringen konnte, tiefer als die tiefste Mine Südafrikas. Die tiefste Ölbohrung war aber auch dies noch nicht, denn im Jahr 2009 erreichte *Deepwater Horizon* – ja, die später havarierte Plattform – im Golf von Mexiko eine Tiefe von über zehn Kilometern.

Wird nach erfolgreichen Explorationsbohrungen mit dem Fördern begonnen, ist es von Vorteil, nicht an allen neuen Abschnitten einer Lagerstätte neue Plattformen aufbauen oder vorhandene Plattformen dorthin schleppen zu müssen. Deshalb ist man längst dazu übergegangen, auch schräg zu bohren, am Ende sogar horizontal, um eine Lagerstätte von der Seite aufzuschließen – alles von derselben Plattform aus. Bei diesem sogenannten Richtbohren entsteht unter dem Meeresboden ein Wald von Bohrkanälen. Die Technik ist inzwischen weit fortgeschritten. Sollte statt Erdöl plötzlich Wasser in den Kopf eindringen, weil beispielsweise ein Teil der Lagerstätte erschöpft ist, wird von einem Sensor im Bohrkopf aus ein Signal an die Plattform gesendet. Von dort gelangt es über Satellit zu einer Zentrale an Land, die den Bohrkopf per Fernsteuerung verschließen kann. Es gibt aber auch Bohrköpfe mit Ventilen, die sich automatisch schließen und so das Einströmen von Wasser verhindern.

Mithilfe von Sensoren auf dem Meeresgrund werden in regelmäßigen Abständen dreidimensionale seismische Profile erstellt, sodass man beobachten kann, wie sich die Lagerstätte und ihre Umgebung verändern; man nennt das 4-D- oder

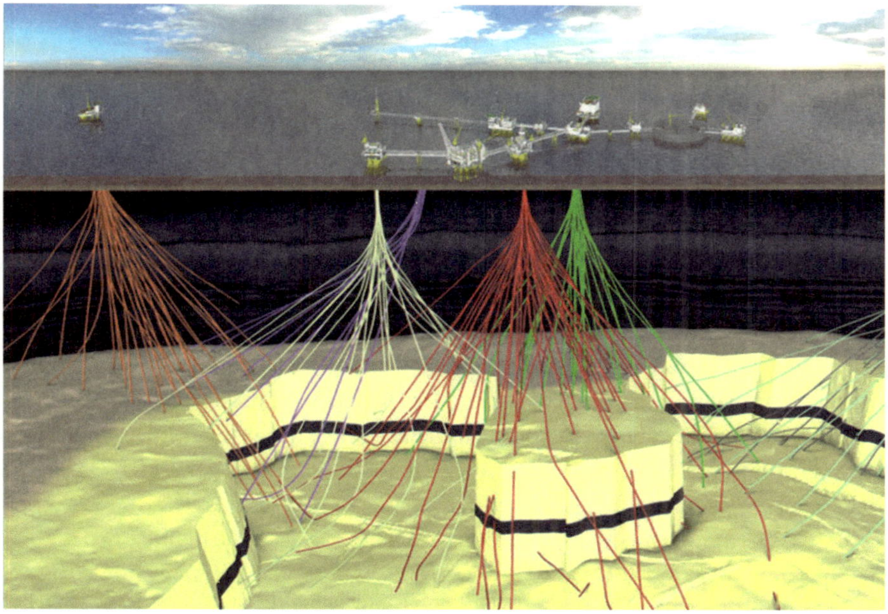

Richtbohren von Produktionsplattformen aus, Ekofisk-Feld, norwegischer Kontinentalschelf

Zeitraffer-Seismik. Solche Messungen haben schon Erstaunliches ergeben, zum Beispiel, dass sich der Meeresboden über dem Ekofisk-Feld im norwegischen Kontinentalschelf infolge der Öl- und Gasförderung um mindestens zehn Meter gesenkt hat. Bodenabsenkung unter dem Meer: Für unsere Augen unsichtbar verändert sich vieles, auch Kilometer unterhalb des Meeresbodens, in sämtlichen Weltmeeren.

In den Erdöl- und Ergasfeldern im und am Kaspischen Meer findet man häufig ein Gaskondensat, ein Gemisch aus Erdgas, leichten Kohlenwasserstoffen und Schwefelwasserstoff (H_2S). Auch in diesem Fall ist der Schwefel ein Produkt von Bakterien: Sie haben weit unterhalb des Meeresbodens Sulfat aus dem Meerwasser zu Schwefel reduziert. Nur kann niemand diesen Schwefel verwerten. Bei der Erdölförderung im Tengiz-Feld im westlichen Kasachstan, nordöstlich vom Kaspischen Meer, fällt so viel davon an, dass Flächen von der Größe ganzer Stadtviertel mit Schwefelblöcken vollgestapelt werden.

Bei Tiefbohrungen werden wichtige, oft auch überraschende geologische Erkenntnisse gewonnen. Inzwischen fördert sogar eine internationale Organisation mit dem Namen International Continental Scientific Drilling Program Tiefbohrprojekte zu Forschungszwecken. Man versucht, so tief wie möglich in die Erdkruste zu bohren; *deep continental drilling* heißt das. Eine solche Bohrung wurde in Aserbaidschan bei Saatly im Kura-Tal vorgenommen, hat allerdings trotz der erreichten Tiefe von 8324 Metern nicht viel Neues erbracht. Die vulkanischen Gesteine aus dem Jura, in die man dabei vorgestoßen ist, kommen nämlich im Nordosten des Kleinen Kaukasus auch an der Oberfläche vor.

Die bisher tiefste Bohrung wurde schon vor Jahrzehnten auf der Halbinsel Kola im äußersten Nordwesten Russlands ausgeführt, nahe der Grenze zu Norwegen. Die Region ist interessant, weil es dort einige der ältesten Gesteine Europas gibt, etwa zweieinhalb bis drei Milliarden Jahre alt. Durch eine Bohrung hoffte man auf noch ältere Gesteine zu stoßen. Außerdem vermutete man aufgrund seismischer Daten, dass die Erdkruste in größerer Tiefe eine andere Dichte und Zusammensetzung als in den oberflächennahen Schichten habe. Es war beabsichtigt, 15 Kilometer tief zu bohren. Begonnen wurde im Jahr 1970, und 1989 war schließlich eine Tiefe von 12 262 Metern erreicht. Weiterzubohren war nicht möglich, die Temperatur betrug schon 180 °C, obwohl man für diese Tiefe erst 100 °C erwartet hatte. In fünfzehn Kilometern Tiefe hätte vermutlich sogar eine Temperatur von 300 °C geherrscht, und für solch hohe Temperaturen waren die Bohrgeräte nicht ausgelegt. Außerdem war die vermutete Grenzzone zwischen Ober- und Unterkruste nicht gefunden worden. Eine überraschende Entdeckung machte man aber doch: Das Gestein enthielt Wasser, das offenbar aus größerer Tiefe stammte. Ältere Gesteine fand man nicht, das älteste war 2,7 Milliarden Jahre alt, ungefähr so alt wie die Gesteine, die auf der norwegischen Seite der Grenze an der Oberfläche liegen.

Als die Kola-Bohrung 1989 ihre größte Tiefe erreicht hatte, berichtete der amerikanische christliche Fernsehsender Trinity Broadcasting Network, irgendwo in Sibirien sei es Wissenschaftlern gelungen, die Hölle anzubohren. Der Bericht wurde von allerlei obskuren Blättchen übernommen. In 14,4 Kilometern Tiefe sei der Bohrkopf durchgedreht. Die Temperatur sei auf 2000 °C angestiegen. Man habe ein Mikrophon hinabgelassen und die Schreie von Tausenden, wenn nicht gar Millionen verdammter Seelen gehört. Der Projektleiter, ein gewisser Azzacov, habe behauptet, die Erde sei hohl.

Es war natürlich ein klassischer Hoax. Einen Geologen namens Azzacov gibt es nicht, die Tiefbohrung hatte auf der Halbinsel Kola und nicht in Sibirien stattgefunden, auch Tiefe und Temperatur stimmten nicht, ganz zu schweigen von der Geschichte mit dem Mikrophon. Der amerikanische Journalist Rich Buhler hat vergeblich versucht, dem Ursprung des Berichts auf die Spur zu kommen. Aber für gewisse Christen war nun der Beweis erbracht, dass die Hölle existiert, also auch Gott. Sie glaubten, eine Glocke läuten zu hören, und fantasierten selbst den Klöppel dazu.

Einstürze

Es war der Ort, wohin wir gelangten, um den Hang
hinabzugehen, schroff und dank dem, was noch dort war,
so, dass jeder Blick zurückschaudern möchte.
Wie der Bergsturz, der diesseits von Trient
seitwärts in die Etsch niederging,
sei es durch ein Erdbeben oder durch mangelnde Stützung,
sodass vom Gipfel des Berges, von wo er herkam, zur Ebene
hin der Felsen so abschüssig ist, dass er jemandem,
der oben wäre, auch nicht einen Weg bieten würde,
so war der Abstieg in diese Schlucht.
Dante Alighieri, *Die Hölle*, XII, 1–10

Ist es purer Frust über unser Scheitern an der Zwölf-Kilometer-Marke, der uns dazu treibt, *horizontal* gewaltige Löcher zu bohren, nicht nur enge Tunnel für Pipelines und Leitungen, sondern weite, kilometerlange Tunnelsysteme unter Gebirgen und Gewässern hindurch? 57 Kilometer für den neuen Gotthard-Basistunnel, zwei Kilometer unterhalb des höchsten Gipfels! Hätte man die 57 Kilometer statt horizontal vertikal gebohrt, würden wir schon mehr über den Aufbau des Erdinneren wissen. Eine großartige Leistung ist es aber in jedem Fall.

Ganz neu ist die horizontale Wühlarbeit im größeren Maßstab nicht. Der französisch-britische Ingenieur Marc Brunel hat schon vor der Mitte des 19. Jahrhunderts den ersten Tunnel unter der Themse mithilfe eines großen Tunnelbohrschildes erbaut. Es war eine raffinierte Konstruktion aus vertikalen Gestellen, vor denen jeweils kleine Stücke des weichen Tons (*London Clay*) weggeschabt wurden, bevor man den Schild mit Schrauben weiterbewegte. Einfach war die Arbeit nicht, stinkender Faulschlamm aus dem Fluss sickerte durch die Decke, Methan verpuffte, und mehrmals kam es zu Wassereinbrüchen, bei denen Arbeiter ertranken. Nach seiner Fertigstellung im Jahr 1842 konnte der knapp 400 Meter lange Tunnel trotz seiner großzügigen Abmessungen ausschließlich von Fußgängern und nicht von Kutschen oder Fuhrwerken genutzt werden, weil die Eingänge nur über riesige Treppenhäuser zu erreichen waren; außerdem entwickelte er sich zu einem Tummelplatz für Prostituierte und Taschendiebe und zum Unterschlupf für Obdachlose. Schon zwei Jahrzehnte später wurde er zum Eisenbahntunnel ausgebaut, heute ist er Teil des Londoner U-Bahn-Netzes.

Alles andere als jungfräulich war das Gestein, durch das gegen Ende des 19. Jahrhunderts die Tunnel für die Pariser Metro vorgetrieben wurden. Auch die französische Hauptstadt besitzt nämlich ihr Negativ; wie Jerusalem und Neapel ist Paris schon seit der Römerzeit vor allem aus Gesteinen erbaut worden, die unter der Stadt selbst gebrochen wurden; Schätzungen zufolge sind etwa zehn Prozent des Bodens unterhöhlt. Die unterirdischen Steinbrüche, aus denen die Bausteine aus grobem Lutet- und Kreidekalk sowie der Gips für Stuck und Verputz stammten, nehmen zusammen eine Fläche von über 3000 Hektar ein. Das wichtigste Abbauverfahren war der sogenannte Kammerbau, bei dem Teile des Gesteins als Pfeiler stehen gelassen werden; der englische Fachbegriff lautet deshalb *room and pillar*. Mehrmals ereigneten sich gefährliche Einstürze. Die sonderbaren fossilen Säugetierknochen, die Georges Cuvier in den Gipsbrüchen fand, bildeten den Ausgangspunkt für seinen wissenschaftlichen Triumphzug. Auch hier gab es unterirdische Flussläufe im Kalk, Wasser- und Abwasserkanäle, kleine Tropfsteinformationen, Champignonbeete und Katakomben mit den sterblichen Überresten von schätzungsweise sechs Millionen Parisern. Durch all das mussten die Metrotunnelbauer hindurch.

Brunels Schildvortriebsmethode wurde auch in Paris ausprobiert. Für die Pariser Kalke, Mergel und Sandsteine war sie jedoch nicht geeignet, sodass man auf die klassischen Vortriebsverfahren des Bergbaus samt hölzernem Streckenausbau zurückgreifen musste.

Kammerbau (*room and pillar*) in unterirdischem Basaltsteinbruch, Mendig, Rheinland-Pfalz

Beim Bau der Moskauer Metro in den Dreißigerjahren des vergangenen Jahrhunderts stießen die Arbeiter immer wieder auf Treibsand. Unter den Moränen-Sedimenten von drei Eiszeiten waren tückische, tiefe, mit Sand gefüllte Flusstäler verborgen, die sich leerten, sobald sie angeschnitten wurden. Gebohrt wurde nicht, alle Arbeiten mussten mit Schaufeln, Spitzhacken, Schubkarren und Eimern verrichtet werden. Die Qualität des Betons ließ zu wünschen übrig, die Arbeiter waren nicht ausgebildet, die Belastung hoch, die Koordination mangelhaft, und ständig machte die Geheimpolizei Jagd auf sogenannte Saboteure und „Kulaken“. Unter diesen Bedingungen war es kein Wunder, dass zahlreiche Gänge einbrachen. Am Lubjanka-Platz vor dem berüchtigten Hauptquartier und Gefängnis des Geheimdienstes stürzte ein Tunnel ein, weshalb die nahe gelegene Station Dserschinskaja vorsichtshalber ohne zentrale Halle gebaut wurde. Später kam während des Baus der Station Borowitzkaja im Stadtzentrum die berühmte Leninbibliothek zu Schaden. Anlässlich der Fertigstellung der ersten Strecke sagte Verkehrsminister Lasar Kaganowitsch, Bauleiter und Stalins rechte Hand, am siebzehnten Jahrestag der Oktoberrevolution:

> „Wir haben mit der Natur gekämpft, wir haben mit dem schlechten Moskauer Boden gekämpft. Die Geologie Moskaus ist vorrevolutionär, eine Anhängerin des alten Regimes, sie mag die Bolschewiki nicht, sie arbeitet gegen uns.“

Bei diesem Thema liegt es nahe, an die unterirdische Geröllhalde zu denken, die Dante und Vergil zwischen dem sechsten und siebten Höllenkreis erreichen. Der durch einen Bergsturz entstandene Geröllabhang bei Trient, mit dem Dante sie vergleicht, ist auch heute noch ein markanter Punkt in der Landschaft um Lavini di Marco. Und im achten Kreis, in den *Malebolge*, stoßen die Höllenwanderer erneut auf eine Geröllhalde, entstanden durch einen Einsturz:

> Er antwortete darauf: „Eher als du hoffst,
> nähert sich ein Felsgebilde, das von der großen Steilwand
> ausgeht und alle die grausigen Täler überspannt, außer
> dass es über diesem hier zerstört ist und es nicht überdeckt;
> auf den Trümmern könnt ihr hinaufsteigen, denn die
> liegen auf dem Abhang und in der Tiefe im Überfluss.“
> Dante Alighieri, *Die Hölle*, XXIII, 133–138

*

November 2009. Die Stadt Amsterdam lässt Tunnel für eine neue U-Bahn-Linie bohren. Monströse Tunnelvortriebsmaschinen, deren Schneideräder den Durchmesser der späteren Tunnelröhre haben, werden sich mehr als 20 Meter pro Tag durch den weichen Boden fressen. Das ist riskant, denn die Fundamente der meisten Häuser in der historischen Altstadt ruhen auf Pfählen, die in früheren Jahrhunderten durch weiche Ton- und Moorböden bis hinunter in eine stabile

Sandschicht gerammt wurden. Diese Pfähle dürfen nicht nur nicht in Bewegung geraten, sie dürfen auch nicht - durch Sinken des Grundwasserspiegels - mit Luft in Kontakt kommen, da sie sonst zu faulen beginnen. An der Vijzelgracht sind wegen eines Lecks in einer Spundwand schon bei mehreren Häusern Absenkungen und Risse aufgetreten.

Chefingenieur Johan Bosch lädt mich zu einer Besichtigung ein. Eine einmalige Gelegenheit, denn man kann die Baustellen nicht ohne Weiteres besuchen, und ich würde gern einmal einen Blick unter die Stadt werfen, in der ich studiert habe. Am Rokin führt mich Johan an den Absperrungen vorbei und eine Treppe hinunter bis in 15 Meter Tiefe. Eine andere Welt, fern von den Touristenmassen und den unaufhörlich vorbeirollenden Straßenbahnen. Eine U-Bahn-Station samt Tiefgarage soll hier entstehen; imposante stählerne Spundwände, gestützt von waagerechten Trägern, sichern einen gewaltigen Hohlraum. Mit dem Bohren wurde hier noch nicht begonnen.

Worauf ich so neugierig bin, sind nicht die Spundwände, sondern im Gegenteil die eine Stelle, an der keine stehen, am nördlichen Ende der Baugrube. Dort kann man nämlich etwas über die Geologie von Amsterdam erfahren. Unten liegt die Sandschicht, in der die Pfähle stehen, die Stützen der Amsterdamer Häuser. Darüber sieht man, deutlich abgesetzt, eine dünne Lage Moorboden und feinschichtigen Ton. Das berühmte Basismoor! Ich gehe auf die Öffnung

Basismoor und älteste Meeressedimente über pleistozänem Sand, Rokin, Amsterdam

zu, befühle den Sand, den Moorboden, den Ton, entdecke zarte, fossile Muscheln und Grabgänge anderer Bodenbewohner. Es ist ein bewegender Moment.

Meister Pieter Pieterszoon Ente aus Halfweg war der Erste, der diesen Moorboden zu Gesicht bekam – vor vier Jahrhunderten, 1605, beim Bohren eines Brunnens am Oudemanhuispoort in Amsterdam. Es war die erste Bohrung der Welt, die wissenschaftlich beschrieben wurde! Hier seine Darstellung.

> Am ersten Tag bohrte man durch 51 Fuß aufgeschüttete Erde, Schlamm und Torf, weichen Ton, Sand und ein wenig härteren Ton. Am zweiten Tag kam man durch eine Schicht aus 22 Fuß Sand, auf dem in Amsterdam die meisten Häuser gebaut sind, ferner durch Blauton, weißen Sand, Grand und Mulm. Am dritten Tag grub man durch 14 Fuß reinen Sand. An den drei folgenden Tagen gelangte man 55 Fuß tiefer. Zuerst stieß man auf Sand mit Ton, dann Sand mit Muscheln und Schneckenhäusern, anschließend auf harten Ton, für gewöhnlich mit Muscheln vermischt, teils auch unvermischt. An den sieben Tagen drauf grub man durch 62 Fuß meist harten Ton und zuletzt durch 13 Fuß Sand, überwiegend mit Steinchen vermischt. An den letzten acht Tagen grub man durch 28 Fuß reinen Sand.

Da ein Amsterdamer Fuß 0,283 Metern entspricht, lag der Wechsel von „Schlamm und Torf" zu Sand in etwa 14 Metern Tiefe, was recht genau den Verhältnissen am Rokin entspricht. Entes Beschreibung wurde so bekannt, dass sogar Michail Wassiljewitsch Lomonossow, der Gründer der Moskauer Staatsuniversität, sie in seinem 1763 erschienenen Buch *Über die Erdschichten* paraphrasiert, allerdings ohne Quellenangabe.

Doch was bedeutet das Übereinander von Sand, Moor, Ton? Als Geologe möchte man ja nicht nur sehen, sondern auch verstehen, was man sieht. Der Sand, das ist die Landoberfläche aus der letzten Kaltzeit mit ihrem Maximum vor etwa 20 000 Jahren. Zu jener Zeit war unter anderem das Gebiet der heutigen Niederlande eine Kältewüste; die Nordsee war zum größten Teil trockengefallen, als der Meeresspiegel dramatisch absank – um 120 Meter. Eine Eiskappe lag allerdings nur weiter im Norden, auf Norddeutschland und Dänemark. Starke, eiskalte Fallwinde an den Rändern der Gletscher wehten den Sand von dem trockenen Meeresboden und lagerten ihn als Flugsand und Binnendünen ab. An sich ist das nichts Besonderes, denn im Osten der Niederlande findet man an vielen Orten diesen Sand an der Oberfläche. Hier in Amsterdam liegt er aber unter Moorboden und Ton begraben.

Der Moorboden stammt nicht aus der Kaltzeit, sondern repräsentiert die darauf folgende Erwärmung. Er erzählt die Geschichte vom Anstieg des Meeresspiegels während der letzten 8000 Jahre, verursacht durch das Abschmelzen der Polkappen. Wenn der Meeresspiegel steigt, steigt auch der Grundwasserspiegel an Land. Dadurch kommt es zu Ansammlungen von stehendem seichtem Wasser an der Oberfläche; so entwickelt sich schließlich ein Moor. Je höher der Meeresspiegel steigt, desto weiter landeinwärts bilden sich Moore. Die Tonschicht mit fossilen Muscheln, die auf dem Moorboden liegt, zeugt vom Vordringen des Meeres, als der Meeresspiegel noch weiter anstieg. Bestimmt man das Alter des Moorbodens, lässt sich also auch angeben, wie schnell der Meeresspiegel während der letzten 8000 Jahre gestiegen ist.

Die ersten derartigen Altersbestimmungen wurden übrigens in den Niederlanden vorgenommen, und sie machten das Basismoor bekannt; die Geologin Saskia Jelgersma führte sie für ihre 1961 erschienene Dissertation über Meeresspiegelschwankungen aus. Früher hatte man versucht, das Alter von Bodenschichten anhand von Pollen zu bestimmen; da auf diese Weise jedoch keine absolute Altersbestimmung möglich ist, kam man über grobe Schätzungen nicht hinaus. Jelgersma war die erste Forscherin weltweit, die systematisch die 1949 entwickelte Radiokarbonmethode auf Bodenschichten anwandte. So konnte sie die Schichten des Basismoores in verschiedenen Bohrkernen datieren, die zusammen ein Profil der westlichen Niederlande ergeben. Sie fand heraus, dass der Meeresspiegel zunächst schnell und dann immer langsamer angestiegen war. Außerdem war die gleichzeitige Bodenabsenkung in Zeeland langsamer vorangeschritten als weiter nördlich. Orson van de Plassche von der Freien Universität Amsterdam hat Jelgersmas Untersuchungen 1982 an den gleichen Stellen wiederholt, Henk Berendsen von der Universität Utrecht hat es 2007 ein zweites Mal getan, und wie sich zeigte, war an Jelgersmas Ergebnissen trotz aller Verbesserungen der Datierungstechniken in den letzten vier Jahrzehnten nicht zu rütteln. Auf Daten wie diese ist man auch angewiesen, um den vorausgesagten Anstieg des Meeresspiegels aus erdgeschichtlicher Perspektive bewerten zu können.

All das kam mir in den Sinn, als ich das Stück Basismoor in der künftigen Tiefgarage unter dem Rokin sah. 40 Jahre lang hatte ich in Lehrveranstaltungen dieses Basismoor besprochen, aber erst jetzt sah ich es in natura. Und ich dachte: Wie schade, dass dieses einzigartige Abbild „unserer" geologischen Vergangenheit demnächst mit Beton überdeckt und so vermutlich für immer unsichtbar gemacht wird. Dabei ist es auch ein einzigartiges Dokument der Wissenschaftsgeschichte. Was für eine verpasste Chance. Sowohl das Basismoor als auch Saskia Jelgersma verdienten ein Denkmal. Und hier hätte es stehen können!

Auch als in den Fünfzigerjahren der Velsertunnel unter dem Nordseekanal zwischen Nordsee und Ijsselmeer gebaut wurde, konnten unschätzbare Informationen gewonnen werden. Dort liegt das Basismoor nämlich nicht weniger als 20 Meter tief, und es ist das älteste uns bekannte, über 8000 Jahre alt – aber wo kann man es noch sehen? Nirgends.

Gleichzeitig kam mir noch ein anderer Gedanke: Alles, was hier abgegraben wurde, ist auch für die Erforschung der geologischen Geschichte Amsterdams unwiderruflich verloren. Können wir auch nur erahnen, was hier zerstört wurde und welche Informationen uns dadurch entgangen sind? Im Grunde war das Verschwundene ja ein Teil des großen geologischen Archivs. Die Erde ist ihr eigenes Geschichtsbuch, und wir besitzen nur ein Exemplar.

Man stelle sich vor, es gäbe nur ein Exemplar von *The Origin of Species*, und eine Armee von Nagekäferlarven fräße Löcher in die Blätter: Ein Teil der Informationen würde unwiderruflich verschwinden. In den Niederlanden sind mittlerweile etwa 400 000 geologische Bohrungen durchgeführt worden. Die Auswertungen sind zwar übers Internet abrufbar, selbst in Augenschein nehmen kann man die verschiedenen Bodenschichten aber in den meisten Fällen nicht mehr.

Und was ist aus dem Erdreich geworden, das man für die neue U-Bahn-Linie weggebohrt und -gegraben hat? Es ist bis zur Unkenntlichkeit zermanscht und zermahlen und wahrscheinlich für die Aufschüttung künstlicher Inseln an anderen Stellen der Stadt verwendet worden. Neuer Rohstoff, der nichts über seine Geschichte verrät. Als hätte jemand auf den Reset-Knopf gedrückt. Ich muss an die naiven Amateurgeologen denken, die vor Rotterdam, wo ein neues Hafen- und Industriegelände entsteht, den abgesaugten und aufgespülten Sand durchsieben. Sie suchen nach Fossilien vom Nordseeboden, von denen man niemals wissen wird, aus welchen Schichten sie stammen. Einzelne Buchstaben ohne Zusammenhang aus einem für immer zerstörten Geschichtsbuch.

*

Im Grunde lassen alle abgebauten Bodenschätze Hohlräume in der Erde zurück. Das Eisen der Träger in der zukünftigen Tiefgarage unter dem Rokin hat einen Hohlraum in einem Eisenerzbergwerk in Australien oder Brasilien hinterlassen. Der Kalk für den Beton, der das Basismoor gnadenlos verdecken wird, stammt aus Kalkgruben in Limburg oder Belgien, der beigemischte Kies aus Kiesgruben an Rhein oder Maas.

Überall Hohlräume. Das Erdöl, aus dem der Treibstoff für die Generatoren wird, der Asphalt auf dem Rokin, der Kunststoff in Dichtungen: Für all das werden Erdöl- und Erdgasfelder ausgebeutet. Die Vinkeveense und Loosdrechtse Plassen, große, bei Wassersportlern beliebte künstliche Seen südlich von Amsterdam, sind eigentlich ehemalige Torfabbaugebiete. Über den durch Steinkohle- und Mergelabbau entstandenen Hohlräumen kommt es bis heute zu Bergsenkungen, und über den Erdgaslagerstätten und Salzstöcken ist dieser Prozess in vollem Gang. Für ihre Energieversorgung haben die Niederlande sich selbst weitgehend unterhöhlt. Es grenzt an ein Wunder, dass wir noch nicht vollständig versackt sind. Nur die Holzgewinnung hinterlässt keine Hohlräume, sie bewirkt lediglich eine geringe Abnahme des CO_2-Gehalts der Atmosphäre, und auch das nur vorübergehend. *If it's not grown, it is mined.*

In Köln wurde im März 2009 bei Bauarbeiten für eine neue U-Bahn-Linie das Stadtarchiv zum Einsturz gebracht. Dabei sind nicht nur zwei Menschen ums Leben gekommen, es wurden auch unersetzliche Dokumente aus mehr als 1000 Jahren Stadtgeschichte zerstört. Die Menschen schreddern das Geschichtsbuch der Erde unter Köln, aus Rache hat die Kölner Erde die Geschichte der Menschen verschlungen.

Der bleierne Mantel

Nach außen sind sie vergoldet, sodass es blendet,
aber innen ganz aus Blei und so schwer [...]
Dante Alighieri, *Die Hölle*, XXIII, 64–65

Zwölf Kilometer Tiefe hat die Kola-Bohrung erreicht. Weiter hinab sind weder Menschen noch ihre Bohrköpfe je gekommen. Zwölf Kilometer, obwohl wir schon seit über 2000 Jahren wissen, dass die Entfernung zwischen Erdoberfläche und Erdmittelpunkt gut 6000 Kilometer beträgt. Wir sind also kaum von der Stelle gekommen, weniger als ein Viertelprozent vom Inneren unseres Gobstoppers haben wir mit eigenen Augen gesehen. In der Einleitung zu diesem Buch hatte ich versprochen, dass wir in jedem Kapitel ein kleines Stück tiefer hinabsteigen würden; doch immer noch liegt fast der ganze Weg vor uns.

Von jetzt an müssen wir uns mit indirekten Beobachtungen begnügen, die uns die Geophysik und besonders die Seismologie ermöglichen. Wie wir gesehen haben, erzeugt man zur Exploration von Erdöl und Erdgas Stoßwellen, die teilweise reflektiert, teilweise absorbiert und dann von Grenzflächen zwischen tieferen Schichten reflektiert werden. Viel bessere Einblicke ins Innere der Erde verdanken wir aber *natürlichen* seismischen Wellen, den Erdbebenwellen.

Der kroatische Wissenschaftler Andrija Mohorovičić war ursprünglich Meteorologe, widmete sich aber von 1901 an ausschließlich der Seismologie, „um das Innere der Erde zu erforschen und dort fortzufahren, wo der Geologe haltmacht, denn moderne Seismographen können als Ferngläser dienen, mit denen man bis in größte Tiefen blicken kann".

Man unterscheidet zwei Haupttypen von Erdbebenwellen. Die eine ist die Primär- oder P-Welle, eine Verdichtungswelle, die in Ausbreitungsrichtung schwingt (Longitudinalwelle), das heißt, Zonen mit einer Verdichtung – und ihre Gegenstücke, Zonen mit Zugspannung – verschieben sich in der Ausbreitungsrichtung. Die andere ist die Sekundär- oder S-Welle, die senkrecht zur Ausbreitungsrichtung schwingt (Transversalwelle). Primär- und Sekundärwellen werden sie genannt, weil sich die P-Wellen schneller ausbreiten und von Seismographen an der Erdoberfläche als Erste registriert werden.

In einem kroatischen Artikel aus dem Jahr 1910 mit dem bescheidenen Titel *Potres od 8. X. 1909* (Das Erdbeben vom 8. Oktober 1909) berichtete Mohorovičić, dass die P- und S-Wellen eines Erdbebens im Kupa-Tal nahe Zagreb gewissermaßen in zwei Paaren eintrafen. Daraus folgerte er, dass in einer bestimmten Entfernung unter der Erdoberfläche eine bedeutende Grenzfläche liegen müsse. Sie erhielt später seinen Namen: Man bezeichnet sie als Mohorovičić-Diskontinuität oder kurz Moho. Wie man heute weiß, bildet sie die untere Grenze der Erdkruste; sie liegt auf dem Gebiet der Niederlande in durchschnittlich 27 Kilometern Tiefe, unter den Ozeanen fünf bis zehn Kilometer, unter den Anden und dem Himalaja jedoch 70 Kilometer und mehr. Unter Gebirgen ist die Erdkruste also mächtiger als unter Flachland – ein höherer Eisberg liegt ja auch tiefer im Wasser. Man nennt dieses Prinzip Isostasie. Geodäten, allen voran George Airy und John Henry Pratt, hatten das Prinzip Mitte des 19. Jahrhunderts aus Messungen der Schwerkraft abgeleitet, die Rückschlüsse auf unterschiedliche Dichten erlaubten. Sie vermuteten, dass die Kontinente auf dichterem Material aufliegen, wenn sie auch noch keine Vorstellung davon hatten, um welches Material es sich handeln könnte. Mohorovičić hat als Erster die Existenz einer Grenzfläche nachgewiesen, die zwischen dem leichteren Krustenmaterial und dem schwereren Erdmantel liegt.

In den 1920er-Jahren entdeckte der österreichisch-amerikanische Seismologe Victor Conrad eine weitere Grenzzone, und zwar innerhalb der Erdkruste. Er hielt sie für die Grenze zwischen der etwas leichteren Oberkruste (auch kontinentale Erdkruste oder SiAl genannt, wegen des hohen Anteils an Silizium und Aluminium in Gesteinen wie Granit) und der ein wenig schwereren Unterkruste (der ozeanischen Erdkruste oder SiMa, wegen des höheren Anteils an Magnesium in Gesteinen wie Basalt). Diese sogenannte Conrad-Diskontinuität war es, die man bei der supertiefen Bohrung auf der Halbinsel Kola zu finden hoffte. Vergeblich, bis jetzt.

Der Mantel besteht zum größten Teil aus Peridotit, benannt nach dem vorherrschenden grünen Mineral Olivin oder Peridot. Bisher hat niemand diese Gesteine aus dem Erdinneren an die Oberfläche holen können. Doch wie in der Acheronschlucht, wo die Faltenstruktur einen Einblick in tiefere Schichten gewährt, hat die Erde auch aus größerer Tiefe heraufbefördert, was wir nicht erbohren konnten. Zahlreiche basaltische Vulkane, zum Beispiel in der Eifel oder der Auvergne, haben bei ihren Eruptionen faustgroße Knollen Peridotit und verwandte Gesteine aus dem oberen Erdmantel mit in die Höhe gerissen. Sogar ganze Bergmassive bestehen aus Peridotit und ähnlichen Gesteinen wie Serpentin, die aus dem Erdmantel stammen.

Aus den Lehrveranstaltungen Professor de Roevers, der unsere Falun-Exkursion leitete und später mein Doktorvater wurde, ist mir vieles deutlich in Erinnerung geblieben. Ein Bericht über eine seiner eigenen Entdeckungen übertraf aber noch alles andere. 1957 hatte die Zeitschrift *Geologische Rundschau* einen Aufsatz de Roevers mit dem Titel: „Sind die alpinotypen Peridotit-Massen vielleicht tektonisch verfrachtete Bruchstücke der Peridotitschale?“ gedruckt. In den Fünfzigerjahren hatte de Roever Peridotit-Massen auf Celebes (Sulawesi) gesehen und aus ihrer Gestalt abgeleitet, dass sie nicht aus Magma kristallisiert sein konnten,

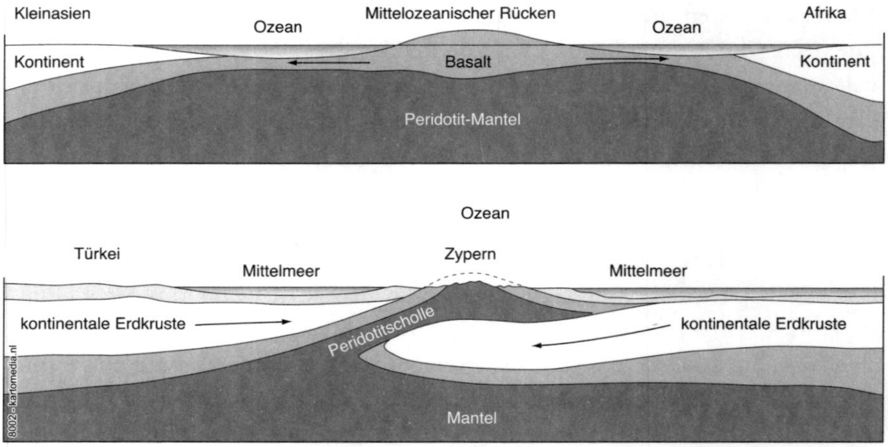

Bei der Einengung der Tethys durch die Annäherung von Lithosphärenplatten wurde an der Stelle Zyperns Mantelperidotit an die Oberfläche geschoben.

sondern als massive Gesteinsschollen bei der intensiven Gebirgsfaltung an die Oberfläche geschoben worden waren. Seine bahnbrechende These, dass es sich um Stücke von Mantelmaterial handelte, die aus großer Tiefe stammten, findet heute allgemeine Zustimmung, doch damals war das Konzept der Plattentektonik noch nicht Gemeingut der Forschung. An zahllosen Orten auf der Erde kann man also die Mantelgesteine untersuchen, ohne dafür bis zum Erdmantel vordringen zu müssen. Und da Mantelgesteine wie Peridotit und Serpentinit oft zur Verkleidung von Ladenfronten verwendet werden, braucht man nicht einmal Feldforschung zu betreiben, um sie zu sehen. Sogar grüner Asbest ist seinem Ursprung nach ein Mantelgestein.

De Roevers Begeisterung weckte in mir den Wunsch, mich intensiver mit Petrologie zu beschäftigen. In den gut sechs Jahren beim Geologisch-Montanwissenschaftlichen Dienst in Surinam erfreute ich mich an Gesteinen, die zwar nicht aus dem Mantel, aber immerhin aus den Tiefen der Erdkruste stammten. Genau genommen bestehen große Teile der heutigen Erdoberfläche aus Gesteinen solcher Herkunft: Viele sind einige oder gar Dutzende Kilometer tief in der Erde entstanden. Granit zum Beispiel ist gewöhnlich in mehreren Kilometern Tiefe auskristallisiert, und man findet ihn nur deshalb an der Erdoberfläche, weil die daraufliegenden Schichten im Lauf von Jahrmillionen erodiert sind.

Damals sammelte ich Gesteine an den Flüssen Corantijn und Coeroeni im Südwesten Surinams, unterstützt von einer Mannschaft aus zwanzig Waldarbeitern. Tagelang waren wir in Einbäumen auf den Flüssen unterwegs, tagelang zu Fuß im unberührten Regenwald, auf dem Rücken einen Tragekorb mit Hängematte, Primuskocher und Zinkkiste für Kleidung und Proviant. Ein Leben ähnlich dem von Lipke. Auch ich sammelte, nur eben Gesteine statt Krebstiere.

Gneis, der einmal Ton war. Worsteling Jacobs – Sara's Lust, Surinam

Es waren wunderschöne gebänderte Gesteine, Gneise mit hellen Adern und dunklen Bändern darin, man konnte kaum glauben, dass sie aus Tonen entstanden waren. Doch so war es, das Vorkommen bestimmter Minerale mit hohem Aluminiumanteil deutete darauf hin. Der Ton war vor zwei Milliarden Jahren in die Erdkruste gelangt und sogar teilweise geschmolzen: Die weißen Bänder waren die Schmelzen. Ich kartierte minutiös die Mineralvorkommen, untersuchte die Gesteine unter dem Mikroskop und stellte fest, dass der weiße Glimmer Muskovit plötzlich nicht mehr in den Gesteinen enthalten war, als wir auf dem Corantijn weiter nach Süden fuhren. Stattdessen traten andere Minerale auf, vor allem große Kristalle aus rotem Granat und blaugrauem Cordierit, dazu kleinere aus grünem Spinell. Auch in den dunklen Gesteinen, vermutlich alten Basaltlaven, waren einige Veränderungen zu beobachten. Indem ich auf dem Corantijn stromaufwärts fuhr, war ich offenbar tiefer in die Erdkruste vorgedrungen, denn die muskovithaltigen Gesteine waren in 20 Kilometern Tiefe bei Temperaturen um 650 °C, die granathaltigen in 30 Kilometern Tiefe bei 800 °C entstanden. Wie Laborforschungen ergeben haben, ist Muskovit bei solch hohen Drücken und Temperaturen nicht mehr stabil, andere Minerale dagegen schon. So gesehen war ich also 30 Kilometer tief in der Erdkruste gewesen, erheblich tiefer als die 700 Meter im Kiirunavaara. An die Hölle erinnerte im Regenwald nicht viel, eher schon an die Elysischen Gefilde.

Vielleicht hätte ich in noch größere Tiefen vorstoßen können, doch das wäre riskant gewesen: Die interessantesten Gesteine lagen in dem Dreieck zwischen dem Oberlauf des Corantijn und dem Coeroeni, auf das sowohl Surinam als auch Guyana Anspruch erheben. Seit einem Überfall auf den surinamischen Grenzposten Tigri im Jahr 1969 kontrollierten die Guyaner das Gebiet. Heimlich habe ich ein paar Proben nehmen können.

Ich habe etwas Tolles gefunden, schrieb ich an de Roever. Er antwortete, die Sache sei interessant, darüber könne ich promovieren. Vielleicht hätten wir mit diesen 30 Kilometern Tiefe schon die Zone unterhalb der Conrad-Diskontinuität erreicht, überlegte er; ich solle nach eventuellen CO_2-Einschlüssen in den Mi-

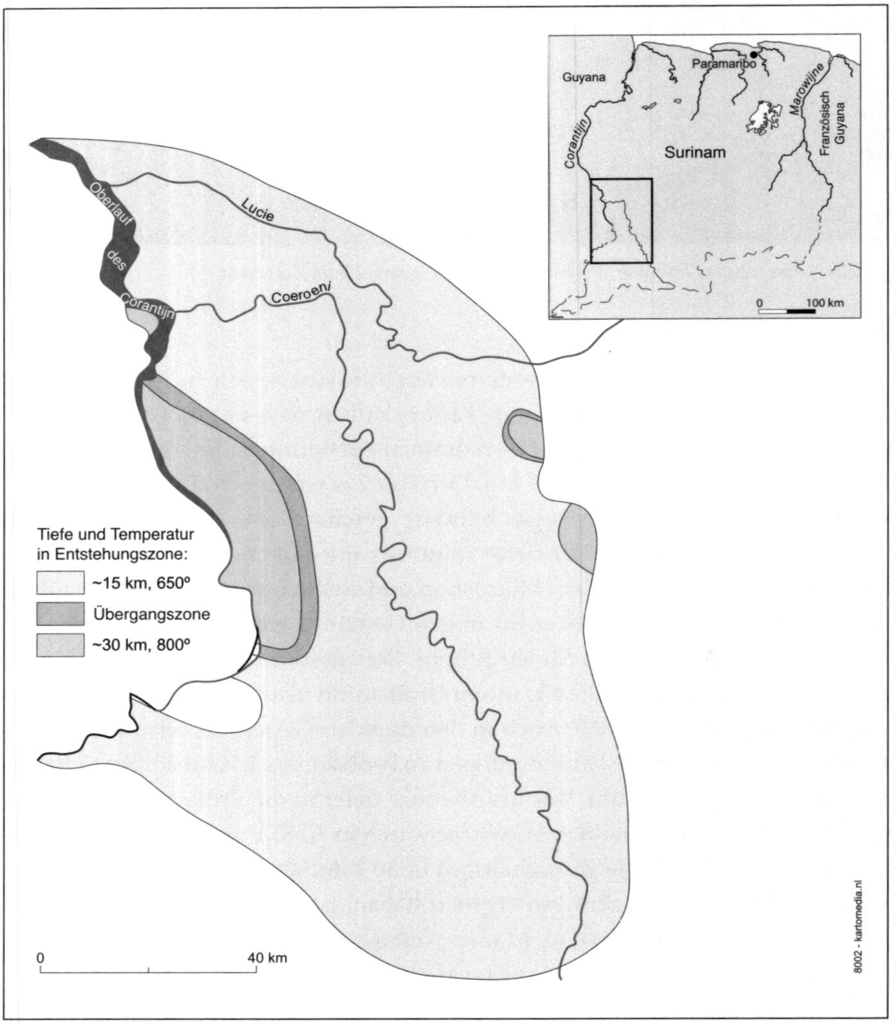

Im Kern der Struktur liegen Gesteine aus den tieferen Zonen der Erdkruste.

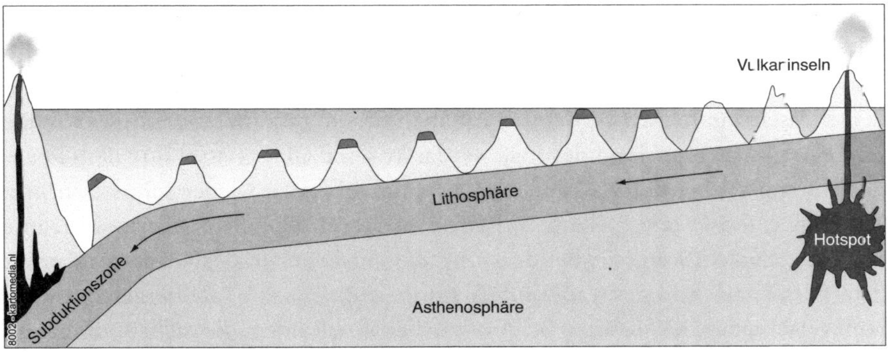

Schematische Darstellung der Aktivität eines Hotspots: Der Hotspot selbst bleibt ortskonstant, während sich die Lithosphärenplatte über ihn hinweg bewegt. Es entsteht eine Kette von Vulkanen.

neralen suchen. Nach Ansicht des Geologen Jacques Touret könnten sie unsere Vermutung bestätigen, weil bei der Entgasung des Erdmantels große Mengen CO_2 durch die Erdkruste aufsteigen. Zu diesen Untersuchungen bin ich aber nicht mehr gekommen, weil mein Vertrag in Surinam auslief.

Wir können noch viel tiefer in den Erdmantel hineinblicken. Nämlich an den Hotspots, Stellen mit sogenannten Plumes, das sind Aufströme heißen Mantelmaterials aus Zonen weit unterhalb der beweglichen Lithosphärenplatten. Das bekannteste Beispiel bieten die Hawaii-Inseln. Der Hotspot, der heute unter Hawaii liegt, bleibt annähernd an seinem Platz, doch die pazifische Platte driftet über ihn hinweg. So hat der Hotspot in der Vergangenheit eine ganze Kette von Vulkanen durch die Platte hindurch „gebrannt".

Auch Island liegt auf einem Hotspot. Die Insel ist Teil des Mittelatlantischen Rückens, jener Naht mitten im Atlantik, an deren nördlichem Abschnitt sich die eurasische und die nordamerikanische Platte voneinander entfernen. Die offen liegende Naht wird mit basaltischem Magma aus dem oberen Erdmantel aufgefüllt. Solche mittelozeanischen Rücken gibt es in allen Ozeanen, und sie bilden Ketten untermeerischer Vulkane von insgesamt über 70 000 Kilometern Länge. Auf Island erreicht der Mittelatlantische Rücken die Oberfläche, bei Þingvellir (Thingvellir) kann man ihn überschreiten: Man geht einfach von der nordamerikanischen Platte durch das Oberflächen-Rift des Grabenbruchs auf die eurasische Platte hinüber, ein unvergessliches Erlebnis.

Dass der Mittelatlantische Rücken auf der Insel die Oberfläche erreicht, ist dem unter Island liegenden Hotspot zu verdanken, der auch als Island-Plume bezeichnet wird: Er produziert so viel vulkanisches Material, dass die Insel bis über den Meeresspiegel gewachsen ist. Wahrscheinlich war dieser Hotspot sogar dafür verantwortlich, dass Europa und Amerika hier vor 55 Millionen Jahren auseinanderzudriften begannen. Jedenfalls hat er sowohl auf der nordamerikanischen als auch auf der eurasischen Platte eine Spur aus erloschenen Vulkanen hinterlassen; die Basaltsäulen des bekannten Giant's Causeway in Nordirland und die vulkanischen Ablagerungen in Westschottland zählen dazu.

Der Aufstrom heißen Gesteins sorgt auch für ein faszinierendes Spiel von Eis und Feuer. Das Hochland der Insel verdankt seine Gletscherschilde dem Feuer des Hotspots, aber der Vulkanismus lässt das Eis auch wieder schmelzen und verursacht *Jökulhlaups*, „Gletscherläufe": zerstörerische Schmelzwasserströme aus subglazialen Seen, wie bei den jüngsten Ausbrüchen des Grimsvötn unter dem Gletscherschild des Vatnajökull. Einige vulkanische Tafelberge sind während verschiedener Kaltzeiten bei Ausbrüchen entstanden, die nicht stark genug waren, um den damals viel mächtigeren Eisschild zu durchbrechen; ein mit Blutergüssen vergleichbares Phänomen.

Um sehen zu können, wo genau die Hotspots ihren Ursprung haben, müssen wir wieder Andrija Mohorovičićs „Fernglas" zu Hilfe nehmen: die Seismologie. Heute kennt man die Ausbreitungswege so vieler Erdbebenwellen, dass man eine Art dreidimensionales Echobild des Erdinneren erstellen kann, vergleichbar mit dem Ultraschallbild des Fötus im Bauch einer Schwangeren. Diese sogenannte seismische Tomografie hat auch den Hotspot unter Island sichtbar gemacht: Sein Ursprung liegt in mindestens 600 Kilometern Tiefe, an der Grenze zwischen oberem und unterem Erdmantel, nach Ansicht einiger Forscher sogar in 2900 Kilometern Tiefe, an der Grenze von Mantel und Kern.

Das sind keine willkürlich festgelegten Grenzen. Die Ausbreitungsgeschwindigkeit von Erdbebenwellen hängt stark von der Dichte der Gesteine ab, durch die sie sich fortpflanzen: Je dichter das Material, desto höher die Geschwindigkeit. Flüssige Schichten bremsen sie nämlich ab. Wenn sich die Geschwindigkeit abrupt ändert, deutet das also auf eine ebenso abrupte Veränderung der Gesteinsdichte hin. Solche Veränderungen treten im Erdmantel in Tiefen von 410 und 660 Kilometern auf. Nun haben Hochdruckexperimente im Labor gezeigt, dass Olivin – Hauptbestandteil des oberen Mantels – bei Drücken wie in 410 Kilometern Tiefe in ein anderes Mineral mit dichterer Struktur transformiert wird, den Wadsleyit; in 660 Kilometern Tiefe kommt es zu einer Umwandlung in noch dichtere Hochdruckvarianten wie Ferroperiklas. An der Erdoberfläche wurden diese Minerale an Einschlagstellen von Meteoriten gefunden; auch bei Einschlägen entstand kurzfristig extrem hoher Druck. Die Veränderungen in Material und Dichte sind wahrscheinlich Ursache der erwähnten Geschwindigkeitssprünge. Anhand dieser Veränderungen wird der Erdmantel in oberen und unteren Mantel unterteilt, die Asthenosphäre wiederum bildet den äußeren Teil des oberen Mantels.

In 2900 Kilometern Tiefe liegt die Kontaktzone zwischen dem festen unteren Mantel und dem flüssigen Eisen-Nickel-Kern, dem äußeren Erdkern. Es ist eine sehr aktive Grenzfläche; sie generiert möglicherweise die sogenannten Konvektionsströme, Ursache der Plattentektonik, und sie ist wahrscheinlich auch die

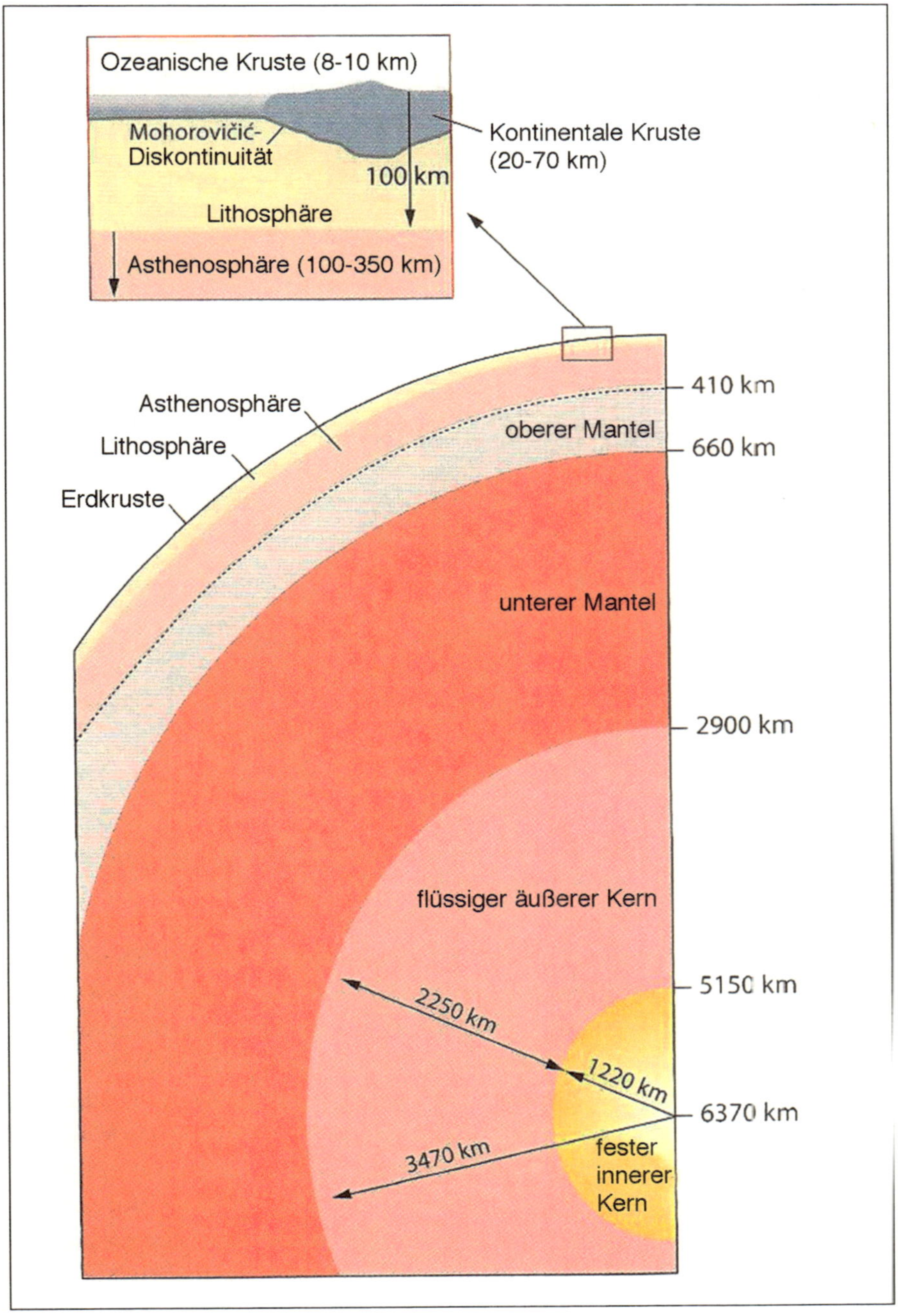

Diskontinuitäten in der Erde

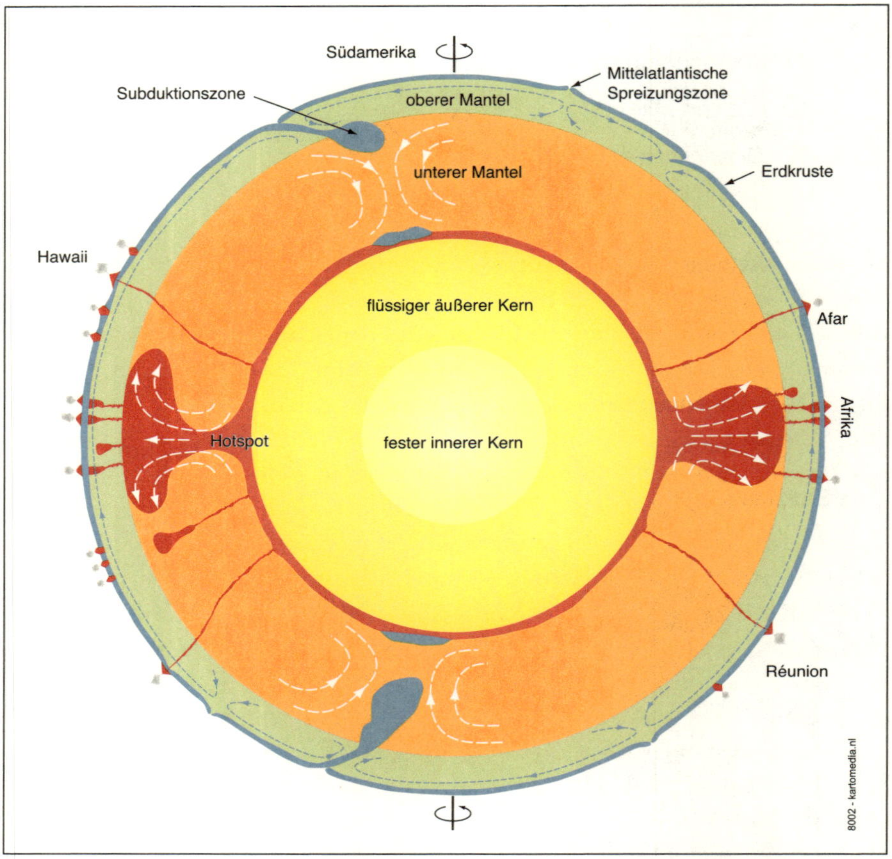

Ursprung von Hotspots im Erdmantel

Quellregion vieler Hotspots. Tatsächlich scheinen einige Hotspots, darunter der von Hawaii, ihren Ursprung in sehr großer Tiefe zu haben, andere in geringerer. Betrachtet man heutige Modelle des Erdinneren mit zahlreichen tiefen Magmaherden, fällt einem plötzlich die Ähnlichkeit mit Athanasius Kirchers Erd-Querschnitt auf. Die niederländischen Geologen Rob de Meijer und Wim van Westrenen glauben übrigens, dass an der Mantel-Kern-Grenze so etwas wie ein natürlicher Kernreaktor arbeite.

Sogar aus großen Tiefen hat die Erde freundlicherweise Materialien an die Oberfläche befördert, an die wir aus eigener Kraft niemals herangekommen wären: Diamanten. Die Geschichte der Entdeckung von Diamanten in Südafrika entbehrt nicht der Komik. Vermutlich im Dezember 1866 beobachtete ein gewisser Schalk van Niekerk auf einer Farm bei Hopetown ein paar Kinder, die mit fünf Steinchen spielten. Eins dieser Steinchen sah ganz anders aus als die anderen, er hielt es für einen Diamanten. Alle lachten ihn aus, bis der Geologe William Guybon Atherstone die Vermutung van Niekerks bestätigte. Der Stein wurde zur weiteren Untersuchung nach London geschickt, wo man zum gleichen Ergebnis wie Atherstone kam. Nur dass der Diamant aus Südafrika stammte, wollte man nicht wahrhaben. „Niemand wollte glauben, dass die verarmte Kapkolonie solche Reichtümer hervorbringen könnte", schreibt Brian Roberts in seinem Buch *Kimberley, Turbulent City*. Ein zeittypisches Vorurteil wie das gegenüber Farbigen.

Es vergingen deshalb noch zwei Jahre, bis ein Mineraloge in die Gegend von Hopetown reiste. Er hieß James Reynolds Gregory und verkündete schon bei seiner Ankunft, in dem fraglichen Gebiet könnten keine Diamanten vorkommen – wenn man welche gefunden habe, müssten sie von Straußen dorthin transportiert worden sein! „Ich habe die Distrikte, in denen angeblich Diamanten vorkommen, sehr lange erforscht", schrieb er später im *Geological Magazine*, „jedoch keinen Hinweis darauf entdeckt, dass an einer der genannten Stellen Diamanten oder diamantführende Ablagerungen gefunden werden könnten." Die geologischen Verhältnisse der Region sprächen dagegen. Vermutlich hatte man ihn beauftragt zu verhindern, dass die Märkte durch neue Funde destabilisiert würden. Als dann aber im Jahr 1869 van Niekerk einen 83,5 Karat schweren Diamanten zum Kauf anbot, waren weitere Vertuschungsversuche zwecklos.

Im Juli 1871 kam ein Goldsucher namens Fleetwood Rawstorne, ein junger bärtiger Mann mit roter Mütze, aufgeregt vom *veld* in die neue Ansiedlung gelaufen und behauptete, er habe *yellow ground* gefunden und drei Diamanten herausgewaschen. Er zeigte auf einen kleinen Hügel neben einem Wäldchen mit Nadelbäumen, den er Colesberg Copje nannte, nach seinem Heimatort. Wo sich damals dieser Hügel erhob, klafft heute ein gewaltiges, zum Teil mit Grundwasser gefülltes Loch von über einem Kilometer Tiefe: das *Big Hole* der ehemaligen Kimberley-Mine. Der Diamantenfund von Kimberley war der Erste in Muttergestein; deshalb wurde dieses Muttergestein später Kimberlit genannt. Ein anderer Name ist *blue ground*; der *yellow ground* ist das Verwitterungsprodukt.

Das Einzige, was der desinteressierte James Gregory noch als mildernden Umstand geltend machen könnte, ist die Tatsache, dass Diamant häufig in schmalen, vertikalen Röhren (*Pipes*) gefunden wird. Diese *Pipes* nehmen an der Oberfläche wenig Platz ein. In Surinam hat man 30 Jahre lang vergebens nach dem Herkunftsort der Diamanten im Rosebel-Gebiet gesucht. Kimberlit besteht überwiegend aus Peridotit-Gesteinen und tritt an der Oberfläche als Trümmergestein auf, also in Bruchstücken unterschiedlicher Größe. Wie sowohl das Gestein als auch die Form der *Pipes* vermuten lassen, handelt es sich bei diesen Röhren um Eruptionsschlote, wahrscheinlich von Hotspots. Nur hat natürlich kein Mensch je eine solche Eruption erlebt, die jüngste *Pipe* der Welt ist 50 Millionen Jahre alt. Da Diamant nur unter hohem Druck entsteht, muss er aus mindestens 150 Kilometern Tiefe stammen. Im *Big Hole* ist man ihm nur einen Kilometer entgegengekommen.

Während ihres Wachstums im Erdmantel haben Diamanten häufig winzige Kristalle anderer Minerale in sich eingeschlossen – so wie gefrierendes Wasser

Das Colesberg Kopje heute: *The Big Hole*. Die Mine wurde 1914 geschlossen.

einen heruntergefallenen Zweig einschließen kann. Einige der eingeschlossenen Minerale, zum Beispiel der erwähnte Ferroperiklas, sind nur bei einem Druck stabil, der höher ist als der in 660 Kilometern Tiefe. Diamanten mit solchen Einschlüssen stammen folglich mindestens aus einer Tiefe von etwas über 660 Kilometern; wir besitzen keine Proben aus noch tieferen Regionen, weil die Erde sie nicht für uns ausgespuckt hat. Und 660 Kilometer sind nicht viel mehr als ein Zehntel des Erdradius. Alles darunter ist jungfräulich. Im Grunde wissen wir noch nichts.

Diamant ist nichts anderes als Kohlenstoff. Der Chemiker Humphry Davy, Erfinder der zum Anzeigen von Schlagenden Wettern geeigneten Grubenlampe, hat Anfang des 19. Jahrhunderts nachgewiesen, dass sich ein Diamant mithilfe eines Brennglases entzünden lässt. Kohlenstoff kommt nicht nur als CO_2 in der Atmosphäre vor, als Bicarbonat in den Ozeanen, als Karbonat in Kalkstein, als Graphit in Glimmerschiefern, als organische Moleküle im Boden, in Erdöl, in Steinkohle und in lebenden Organismen, sondern auch als Diamant, Hunderte von Kilometern tief im Erdmantel. Woher stammt dieser tiefe Kohlenstoff? Ist auch er ein Produkt des Lebens? Das ist nicht ausgeschlossen.

Kohlenstoff hat verschiedene Isotope: das leichtere ^{12}C und das schwerere ^{13}C – beide stabil –, außerdem das radioaktive Isotop ^{14}C, das man zur Datierung von Moorboden, Holz oder Muscheln nutzt, doch das spielt in diesem Zusammenhang keine Rolle. Pflanzen nehmen bei der Photosynthese lieber ^{12}C als ^{13}C auf. In Material, das auf pflanzliches Leben zurückgeht, findet sich deshalb mehr von dem leichteren ^{12}C-Isotop, als das CO_2 der Atmosphäre enthält. In manchen Diamanten liegt der Anteil an ^{12}C um so vieles höher als der an ^{13}C, dass auch sie letztlich organischen Ursprungs sein könnten.

Abwegig ist das nicht; dank der seismischen Tomografie wissen wir heute, dass in einer Subduktionszone eine Lithosphärenplatte 700 Kilometer tief in den Mantel abtauchen kann, vielleicht sogar noch weiter. Liegen auf dem Plattenrand Sedimente, die organisches Material pflanzlichen Ursprungs wie etwa Steinkohle enthalten, werden auch sie mit in die Tiefe gezogen. Der Kohlenstoff kann durch vulkanische Tätigkeit als CO_2 wieder an die Oberfläche und in die Atmosphäre gelangen, aber auch zu Graphit und am Ende vielleicht zu Diamant zusammengepresst werden. Im ältesten Stückchen Gestein, das je auf der Erde gefunden wurde, einem 4,252 Milliarden Jahre alten Zirkonkristall aus den Jack Hills in Westaustralien, ist ein winziger Diamant eingeschlossen; er enthält so viel von dem leichten ^{12}C-Isotop, dass man selbst in diesem Fall noch einen organischen Ursprung vermuten könnte. Allerdings enthalten auch manche Meteoriten Kohlenstoff, der reich an ^{12}C ist.

Auch Schwefel spielt im tiefen Erdinneren eine nicht unwichtige Rolle. Schwefel verbindet sich mit Eisen, Nickel oder anderen Metallen zu Sulfiden wie Pyrit (Schwefeleisen) oder Eisen-Sulfid. In vielen Mantelgesteinen und Erstarrungsgesteinen (magmatischen Gesteinen) aus der tiefen Erdkruste können kleine Sulfidkristalle eingeschlossen sein. Wahrscheinlich gibt es tief in der Erdkruste sogar Magmen, die ganz aus Sulfiden bestehen, man könnte sie sich als eine Art heißes, gelbes Quecksilber vorstellen. Solche sulfidischen Magmen vermischen sich ebenso wenig mit Silikatmagmen – zum Beispiel Basaltmagma –, wie sich Wasser und Öl mischen. Wenn sich Tropfen von dieser Art Magma in größeren Einheiten konzentrieren, können sulfidische Erze entstehen. Andere sulfidische Erze werden, wie wir schon wissen, aus den heißen wässrigen Lösungen ausgefällt, die aus Schwarzen Rauchern austreten, und rings um die Schlote abgelagert. Wasser und Feuer wirken also zusammen.

Von Vulkanen ausgestoßener Schwefel wie auf Island und in der Solfatara kann demnach aus zwei unterschiedlichen Quellen stammen. Magma enthält schwefelhaltige Gase in gelöster Form; erst beim Sinken des Drucks in der Nähe der Erdoberfläche entweichen sie, wie CO_2 aus Mineralwasser oder Bier entweicht, wenn man die Flasche öffnet. Ein Teil des Schwefels kommt wahrscheinlich aus großer Tiefe.

Doch auch Meerwasser enthält viel Schwefel in Form von Sulfat. Wenn Meerwasser verdampft, wird Gips ausgefällt; gelangt er durch Subduktion in Tiefen unterhalb der Erdkruste, wird dem Mantel auch Schwefel zugeführt. Später kommt er bei Eruptionen als Schwefel, Schwefeldioxid (SO_2) oder Schwefelwasserstoff (H_2S) wieder an die Oberfläche. Auch Schwefel hat unterschiedliche Isotope; mit ihnen verhält es sich jedoch ähnlich wie mit denen des Kohlenstoffs: Nicht immer können sie darüber Aufschluss geben, ob der Schwefel primär aus dem Erdinneren stammt oder aus Meerwasser „recycelt“ wurde.

Der Geologentraum vom Erreichen des Erdmantels ist noch nicht ausgeträumt. Die Erdkruste hat unter den Ozeanen ihre geringste Dicke, um die acht Kilometer. Dort gäbe es also die besten Erfolgsaussichten. Der österreichisch-amerikanische Ozeanograph und Geophysiker Walter Munk berichtet in seiner Autobiographie von einer Sitzung der *National Science Foundation* im Jahr 1957, bei der über die Vergabe von Fördergeldern entschieden wurde; fünfundsechzig Projekte standen zur Wahl. Jemand fragte: „Wenn Geld keine Rolle spielen würde, welche Art Forschung könnte dann den wichtigsten Beitrag zur Entwicklung der Geowissenschaften leisten?" Der Geologe Harry Hess und auch Munk selbst antworteten: „Bohren bis in den Erdmantel."

Sie bekamen das Geld. „Gott sei Dank, endlich sprechen wir mal über etwas anderes als Weltraumforschung."

Das Projekt wurde Mohole genannt: ein Loch bis hinunter zur Moho (Mohorovičić-Diskontinuität). 1961 wurde nahe der Insel Guadalupe vor der Küste von Baja California, Mexiko, eine Probebohrung ausgeführt. Nachdem man 190 Meter durch Tiefseesedimente gebohrt hatte, stieß man auf Basalt. Die Probebohrung hatte 1,7 Millionen Dollar gekostet. Doch bei der Auftragsvergabe für die eigentliche Bohrung nahm die Sache eine unglückliche Wendung: Die *National Science Foundation* nahm den Wissenschaftlern die Organisation aus der Hand und beauftragte ein geotechnisches Unternehmen, das keinerlei Erfahrung im Bohren auf See besaß. Außerdem war man sich nicht darüber einig, ob an einer, zwei oder mehreren Stellen gebohrt werden sollte. Aus Mohole wurde Slowhole, und 1966, nachdem man weitere 50 Millionen Dollar ausgegeben hatte, ohne irgendein Resultat zu erzielen, schließlich Nohole. In Dantes Hölle müssen die Heuchler zur Strafe einen außen vergoldeten bleiernen Mantel tragen. Deshalb kommen sie nicht von der Stelle.

*

Erst 2005 hat ein japanisches Bohrschiff, die *Chikyu* („Erde"), in einem anderen Teil des Pazifiks einen neuen Versuch gestartet. 2007 wurde an einer von sechs geplanten Bohrstellen eine Tiefe von 1400 Metern erreicht; anschließend scheint man sich jedoch mehr für die außergewöhnlichen Lebensformen an den Schwarzen Rauchern als für das Erdinnere interessiert zu haben. Unmittelbar nach dem Erdbeben am 11. März 2011 wurde die *Chikyu*, die kurz vorher zweihundert Besucher aufgenommen hatte, vom Tsunami an die Küste getrieben, gegen eine Pier geschleudert und schwer beschädigt; zum Glück haben alle Menschen an Bord überlebt. Das Schiff wurde schnell repariert und setzte die Bohrungen fort. „Das Ziel liegt noch verschwommen in der Ferne", hieß es kurz darauf entschuldigend auf der Website des Projekts. Im April 2012 wurde aber mit einer Tiefe von 7740 Metern unter dem Meeresspiegel immerhin schon ein neuer Tiefseebohrrekord aufgestellt.

Zum Mittelpunkt der Erde

Denn es ist keine Aufgabe, die man zum Scherz unternimmt,
den Grund des ganzen Weltalls zu beschreiben.
Dante Alighieri, *Die Hölle*, XXXII, 7–8

Ein anderer Junge, ein anderer Onkel. In Jules Vernes berühmtem Roman *Reise zum Mittelpunkt der Erde* aus dem Jahr 1864 darf Axel seinen Onkel, den Geologen Professor Lidenbrock, begleiten. Ich habe Axel immer beneidet, und mein Exemplar des Buches, eine schöne niederländische Ausgabe aus dem Jahr 1912 mit Goldprägung auf blauem Leinen, hat entsprechend gelitten. Genau wie die Bücher von Vernes jüngerem Zeitgenossen und Geistesverwandten Karl May, denn auch er hat spannende Geschichten über ferne Länder erzählt, in denen er nie gewesen war. Ich wollte all diese Länder besuchen.

Professor Lidenbrock ist ein reizbarer, selbstgefälliger Wissenschaftler. Seine Vorlesungen über Mineralogie am Hamburger Johanneum sind nicht sonderlich beliebt, da er „nur für sich selbst und nicht für die anderen" lehrt. Aber er beherrscht sein Fach; „mit seinem Hämmerchen, seinem Stahlmeißel, seiner Magnetnadel, seinem Lötrohr und seinem Fläschchen Salpetersäure" kann er unfehlbar alle sechshundert Arten von Mineralen bestimmen. Sein Arbeitszimmer ist „das reinste Museum", in dem sämtliche „Musterstücke des Mineralreichs [...] mit vollendeter Ordnung gekennzeichnet" sind. Axel, zu Beginn der Handlung 19 Jahre alt, hat als Kind lieber diese Sammlung erkundet, als mit Jungen seines Alters zu spielen. Ich konnte mich sehr gut in ihn hineinversetzen.

Nachdem sie in einem alten Buch ein Pergament mit einer geheimnisvollen Botschaft entdeckt haben, reisen Onkel und Neffe nach Island, denn dort soll, nach den verschlüsselten Hinweisen des Pergaments, im Krater des Vulkans „Sneffels Jökull" der Eingang des Weges zum Erdmittelpunkt zu finden sein. Ich bin den beiden vor einiger Zeit nachgereist, allerdings nicht mit meinem Onkel, sondern mit meiner Lebensgefährtin, und nicht bis zum Ende. Einen Vulkan Snæfellsjökull gibt es nämlich wirklich an der Westküste Islands. Noch auf dem Schiff im Hafen von Reykjavík zeigt Professor Lidenbrock seinem Neffen „einen hohen Berg mit zwei Spitzen, einen Doppelgipfel, der mit ewigem Schnee bedeckt" ist. Stimmt! Verne ist aber nie auf Island gewesen, woher also kannte er solche Details?

Snæfellsjökull um Mitternacht, Eugène Robert

Ganz nebenbei gibt er einen Hinweis auf seine Quellen. Ein isländischer Gelehrter namens Fridriksson erwähnt gegenüber Lidenbrock mehrere Forschungsreisen, die von zwei Dänen, Olafsen und Povelsen, einem Franzosen mit Namen Troil, den französischen Gelehrten Gaimard und Robert auf der Korvette *La Recherche* und weiteren Franzosen auf dem Schiff *La Reine Hortense* unternommen wurden. Diese Expeditionen sind keine Fiktion; Verne hat den vier in Paris veröffentlichten Reiseberichten zahlreiche Einzelheiten entnommen, einschließlich der realen Person Fridrikssons. Die Fahrt der *La Recherche* in den Jahren 1835–36, unter Leitung des Zoologen Joseph Paul Gaimard und des Geologen Eugène Robert, diente hauptsächlich der Suche nach dem Schiff *La Lilloise*, das 1833 auf einer Forschungsreise zwischen Island und Grönland spurlos verschwunden war. Der polnisch-französische Literat und Journalist Charles-Edmond Chojecki reiste 1857 auf der Korvette *La Reine Hortense* mit und schrieb einen Bericht über diese Fahrt. Das Schiff, das die Korvette mit Vorräten versorgte, hieß übrigens *Le Cocyte*, Kokytos ...

An Bord der *La Recherche* hat Eugène Robert wunderschöne Zeichnungen der isländischen Gebirgsformationen angefertigt, die in den zehnten Band des Reiseberichts, den Atlas, aufgenommen wurden. Verne hat diese Abbildungen genau studiert: Liest man zum Beispiel seine Beschreibung der Felsenküste bei Stapi (heute Arnarstapi) am Fuß des Snæfellsjökull und vergleicht sie mit der entsprechenden Zeichnung Roberts, erkennt man die Übereinstimmung.

„Die Felswand des Fjords bestand, wie die gesamte Küste der Halbinsel, aus einer dreißig Fuß hohen Reihe senkrechter Säulen. Diese geraden, harmonisch geformten Pfeiler trugen eine Archivolte aus horizontalen Säulen, die zusammen eine Halbwölbung bildeten und auf das Meer hinausragten. Unter diesem natürlichen Impluvium sah man in regelmäßigen Abständen spitzbogige Öffnungen von bewundernswürdigem Schnitt, durch die sich schäumend die Wogen des Meeres warfen."

Auch die großartigen Stiche, die der Illustrator Édouard Riou für Vernes Roman anfertigte, sind von Roberts Zeichnungen inspiriert. Riou vermisste in ihnen aber wohl die Tiefe und hat auf seinem Bild der Küste von Stapi Säulen im Vordergrund hinzugefügt. Natürlich kannte auch er Island nicht aus eigener Anschauung, und so hat er das Wort *colonnes*, mit dem Basaltsäulen gemeint waren, eher in architektonischem Sinn verstanden. Für seine Leistung als Illustrator wurde er übrigens sogar in die Ehrenlegion aufgenommen.

Ganz offensichtlich hat Verne sich Mühe gegeben, ein wahrheitsgetreues Bild von Island zu entwerfen, natürlich auch, um die dann erzählte Geschichte in den Augen der Leser glaubwürdiger erscheinen zu lassen: den Abstieg in den Snæfellsjökull. Auch die Schilderung des Aufstiegs zum Krater scheint weitgehend mit den tatsächlichen Gegebenheiten übereinzustimmen: Auf einem jungen erstarrten Lavastrom an der Südostseite des Berges verläuft die einfachste Route. Befremdlich ist nur, dass sich die Aufsteigenden in Vernes Geschichte meistens

Die Küste bei Stapi, Stich nach Zeichnung von Eugène Robert

Die Küste bei Stapi, Stich von Édouard Riou in der französischen Originalausgabe von Vernes Roman

Vertikale und horizontale Basaltsäulen, Halbinsel Snæfellsnes, Island

über nacktes Gestein bewegen, obwohl der Vulkan, wie auf Roberts Abbildung, ringsum von Schnee bedeckt sein soll. Noch andere Nachlässigkeiten fallen auf: Mehrmals stimmt das Datum nicht (beispielsweise folgt auf den 28. Juni 1863 der 1. Juli, auf diesen dann der 30. Juni), und als Jahr des letzten Ausbruchs des Snæfellsjökull wird zuerst 1219, später 1229 angegeben – obwohl Ausbrüche dieses Vulkans in historischer Zeit nicht bekannt sind. Der französische Geograph Lionel Dupuy weist in seiner Dissertation über Vernes *Voyages extraordinaires* außerdem darauf hin, dass der Autor bei der Berechnung der unterirdisch zurückgelegten Entfernungen grobe Fehler begangen hat.

Lidenbrock und seine Begleiter erreichen den Gipfel und steigen in den Krater hinab, wo sie Öffnungen zu drei „Kaminen" vorfinden. Selbst in diesem Punkt lässt sich noch eine Entsprechung zu den wirklichen Gegebenheiten entdecken. Am Fuß des Vulkans, an der Süd- und Ostseite, gibt es nämlich mindestens sechs Lavatunnel. Sie entstehen, wenn ein Lavastrom an der Oberfläche und den Rändern schon erstarrt, im Inneren aber noch flüssig bleibt und weiterfließt, sodass beim Versiegen die leere Hülle übrig bleibt. Der längste Lavatunnel des Snæfellsjökull, Langiþröngur, reicht mindestens einen Kilometer tief in den Berg hinein. Auch den Eingang eines solchen Lavatunnels hat Robert gezeichnet.

Lavatunnel finden sich an vielen Orten und werden häufig als Eiskeller genutzt; der gewaltige Luftzug, der in ihnen herrschen kann, bewirkt nämlich eine so starke Abkühlung, dass verdampfendes Wasser gefriert. Der *Trou à Glace* bei Pontgibaud in der Auvergne enthält sogar im Hochsommer noch Eis. Der Vatnshellir-Lavatunnel am Snæfellsjökull ist eine Art Tropfsteinhöhle mit Eiszapfen als Stalaktiten und Stalagmiten. Es ist ein reizvoller Gedanke, dass Verne von der Beschaffenheit dieser Lavatunnel wusste und deshalb den Snæfellsjökull als Ausgangspunkt für den Abstieg ins Erdinnere gewählt hat.

Dieser Abstieg ist zunächst nicht schwierig; „wir rutschten mühelos die schrägen Hänge hinab. Das war der *facilis descensus Averni* des Vergil", sagt Axel, der im Roman die Aufgabe des Erzählers wahrnimmt. Schon nach sieben Stunden sind Lidenbrock, Axel und ihr isländischer Helfer zehntausend Fuß unterhalb des Meeresspiegels angekommen und haben damit „die tiefsten von Menschen je gemessenen Stellen, wie sie in den Bergwerken von Kitzbühel in Tirol und Kuttenberg in Böhmen erreicht wurden, bereits um sechstausend Fuß überschritten".

An einer unterirdischen Weggabelung wählt der Professor zunächst den falschen Gang. Statt wie erwartet unter die Lava und in den Granit des Grundgebirges vorzudringen, führt dieser Gang annähernd horizontal in silurische Schichten mit Fossilien von Trilobiten, asselähnlichen Tieren, die tatsächlich unter anderem im Silur lebten. Es folgen Schichten aus dem Devon: „Das elektrische Licht brachte Schiefer, Kalkstein und den alten roten Sandstein an den Wänden prächtig zum Leuchten. Man hätte sich in einem tiefen Graben mitten in Devonshire wähnen können." Wieder eine vertrauenerweckende Schilderung, denn die aufgezählten Gesteine passen zur genannten erdgeschichtlichen Periode. Schließlich finden sich Lidenbrock und seine beiden Gefährten in einer Steinkohlelagerstätte aus dem Karbon wieder. Sie steigen also auf der Zeitskala aufwärts, von älteren in jüngere Schichten statt umgekehrt, und bald erweist sich Axels Verdacht, sie könnten den falschen Weg gewählt haben, als richtig.

Die größte Sorge bereitet ihm aber, dass es im Erdinneren unerträglich heiß sein könnte. Die Existenz so gewaltiger Mengen Steinkohle scheint seine Befürchtung zu bestätigen: Die Kohle verdankt ihre Entstehung einer üppigen Vegetation, die wiederum nur dank tropischer Wärme gedeihen konnte. Da aber in jener Epoche eine Atmosphäre aus Dampf die Sonnenstrahlen ferngehalten habe, so argumentiert Axel, müsse die Hitze aus dem Erdinneren gekommen sein. Schon in einem früheren Kapitel des Romans entspinnt sich zwischen Axel und seinem Onkel eine Diskussion über die in der Tiefe herrschenden Temperaturen. Axel meint, es sei allgemein bekannt, „dass die Wärme unter der Erdoberfläche alle siebzig Fuß um ein Grad zunimmt", im Mittelpunkt müsse die Temperatur deshalb über zwei Millionen Grad betragen. „Die Stoffe des Erdinnern befinden sich also in glühend heißem gasförmigem Zustand", schließt er. Man erkennt die Vorstellungen von Descartes.

Lidenbrock entgegnet jedoch, bei so großer Hitze im Erdinneren würden „die aus der geschmolzenen Materie entstehenden glühenden Gase einen derartigen Druck ausüben […], dass ihm die Erdkruste nicht standhalten könnte. Sie würde

Eis-„Stalagmiten" in der Vatnshellir-Lavaröhre.
„Was unseren Füßen als Stufen diente, hatte sich an anderen Wänden jedoch zu Stalaktiten ausgewachsen. Die an manchen Stellen poröse Lava hatte kleine runde Blasen aufgeworfen; undurchsichtige Quarzkristalle, die mit hellen Glastropfen verziert waren und wie Kronleuchter von der Decke hingen, schienen bei unserem Vorbeimarsch aufzuleuchten. Es kam mir vor, als illuminierten die Geister der Unterwelt ihren Palast, um die Gäste der Oberwelt zu empfangen."

zerspringen wie die Wände eines Kessels unter dem Druck des Dampfes." Außerdem könne der Erdkern nicht flüssig sein, da die flüssige Masse wie die Ozeane der Anziehungskraft des Mondes unterworfen wäre. Es müsse dann „zweimal täglich zu inneren Gezeiten kommen", die regelmäßig die Erdkruste aufbrechen lassen und Erdbeben auslösen würden. Er beruft sich dabei auf den Physiker Siméon-Denis Poisson und den Chemiker Humphry Davy, deren Werke vermutlich auch auf Vernes Schreibtisch lagen. Lidenbrock hat auf alles eine Antwort parat, glaubt alles erklären zu können, und darin erinnert er an Karl Ernst von Baer und Athanasius Kircher. Die Befürchtungen seines Neffen kann er jedoch nicht ausräumen. Axel behält deshalb während des gesamten Abstiegs das Thermometer sorgfältig im Auge.

Nach tagelangem Rückmarsch wird endlich wieder die Weggabelung erreicht, und Lidenbrock und seine Begleiter begeben sich in den anderen Gang, der nun weiter in die Tiefe führt, durch unterschiedliche Gesteinsschichten: „Schiefer, Gneis und Glimmerschiefer, die ihrerseits auf dem unerschütterlichen Fels namens Granit ruhen." Tatsächlich sind dies an vielen Orten Europas die ältesten Gesteine. Dann ein erster Höhepunkt:

Im Inneren des hohlen Diamanten, Stich von Riou

Meterlange Gipskristalle, *Cueva de los cristales*, Naica, Mexiko

> „Das Licht der Apparate, das von den vielen kleinen Facetten der Felsstruktur reflektiert wurde, kreuzte seine Feuerstrahlen in allen Winkeln, und es kam mir vor, als würde ich durch einen hohlen Diamanten reisen, in dessen Innern sich das helle Licht tausendfach brach."

Diese großartige Schilderung beflügelt die Fantasie, offenbar auch die des Illustrators Édouard Riou. Der Stich, mit dem er die Szenerie einfängt, ist für mich der schönste im ganzen Buch, trotz all des Spektakulären, das noch folgt. Kristalle! Ohne Mühe versetze ich mich wieder ins Museum für Geologie und Mineralogie am Leidener Garenmarkt zurück.

Es ist nicht wahrscheinlich, dass Riou ein natürliches Vorbild vor Augen hatte. Im Jahr 2000 wurde jedoch – man möchte fast sagen: posthum – ein solches Vorbild entdeckt, als Bergleute in einer Blei- und Zinkgrube bei der Stadt Naica im nördlichen Mexiko eine Wand durchbrachen. Dahinter fanden sie eine Höhle mit Dutzenden glitzernder Gipskristalle, nicht wenige davon sieben Meter lang.

Vernes Inspirationsquelle könne aber auch banaler gewesen sein, meint William Butcher, dessen englische Übersetzung der *Voyage au centre de la terre* 1992 erschien. Es gebe verdächtige Übereinstimmungen mit George Sands Buch *Laura, voyage dans le cristal*, das im gleichen Jahr wie Vernes Roman gedruckt wurde. Ganz abwegig ist Butchers Gedanke nicht. In Sands Roman träumt Alexis, ein junger deutscher Mineraloge, dass er mit seinem finsteren Onkel Nasias

Quarz-Geode mit Calcitkristallen im Inneren: So ähnlich könnte man sich die „Hohlerde" vorstellen.

zur Öffnung der Erdkugel am Nordpol reist. Das Erdinnere ähnelt auffallend einer Geode oder Druse, einem hohlen, an der Innenseite mit Kristallen bedeckten, steinernen Gobstopper. Zunächst erreichen die Abenteurer ein eisfreies Meer und erblicken eine unzugängliche, zwei bis drei Meilen hohe Bergwand. Bei näherer Betrachtung stellen sie fest, dass sie aus gigantischen, säulenförmigen, aufrecht stehenden Kristallen aus Turmalin zusammengesetzt ist, einem schwarz glänzenden Mineral. Außerdem entdecken sie einen vergletscherten Gipfel, der offensichtlich aus einem einzigen Olivinkristall besteht. Danach erwacht Alexis aus seinem Traum.

Vernes Abenteurer steigen zunächst nicht senkrecht in die Tiefe, sondern in einem Gang, der nur ganz allmählich abfällt, konstant in südöstlicher Richtung. Dann geht es einen tiefen Felsspalt hinunter, eine Verwerfung, die durch Zusammenziehung der sich abkühlenden Erdkruste entstanden sein soll - eine damals populäre Theorie zur Gebirgsbildung. Am 18. Juli, also drei Wochen nach dem Abstieg in einen der „Kamine" des Kraters, erreichen sie eine Art Grotte, die nach den Berechnungen des Professors in sechzehn „Wegstunden" Tiefe liegt, das entspricht etwa 64 Kilometern. Axel ist überrascht, er bemerkt, dies sei ja die maximale Dicke der Erdkruste. Damit liegt er gar nicht so falsch. Ein bisschen hoch angesetzt ist der Wert schon, wenn man berücksichtigt, dass sie inzwischen unter dem Atlantik angekommen sein müssen; unter den Ozeanen ist die Erdkruste nur etwa fünf bis zehn Kilometer dick, während die kontinentale Kruste unter einem Hochgebirge, wie bereits erwähnt, durchaus die angegebene Mächtigkeit erreichen kann. Die ozeanische Kruste müsste außerdem nicht aus Granit, sondern aus Basalt bestehen, doch auch das wusste man 1864 nicht. Noch 1942 stellte der niederländische Geologe Johannes Umbgrove in seinem bekannten Werk *The Pulse of the Earth* die These auf, unter dem Atlantik liege eine dünne Kruste aus granitischen Gesteinen. Erst in den 1960er-Jahren wurde diese Annahme korrigiert. Es gibt vieles, was wir über die Erde noch nicht wissen, nur vergessen wir meistens ganz, wie viel wir in früheren Zeiten nicht gewusst haben.

Erneut wundert sich Axel über die geringe Temperaturzunahme: Das Thermometer zeigt nur 27 °C an, während nach der Theorie eines proportionalen Temperaturanstiegs schon eine Hitze von 1500 °C herrschen müsste. Vor allem aber beunruhigt ihn der Gedanke, dass sie bei ihrem bisherigen Tempo noch fünfeinhalb Jahre brauchen würden, um den Erdmittelpunkt zu erreichen. Doch Lidenbrock setzt den Marsch unbeirrt fort. Gut 350 Wegstunden, also 1400 Kilometer südöstlich von Island stoßen die Abenteurer zu ihrem Erstaunen auf ein gewaltiges unterirdisches Meer, das der Professor, nicht von falscher Bescheidenheit angekränkelt, nach sich selbst benennt. Sie sind nun in einer Tiefe von 35 Wegstunden oder 140 Kilometern. Eine interessante Angabe, denn in dieser Tiefe liegt die Asthenosphäre, die für die Plattentektonik so bedeutsame, plastisch verformbare Gleitschicht des oberen Erdmantels, die 1960 von dem Geophysiker Beno Gutenberg entdeckt wurde. Auch dies scheint Verne vorausgeahnt zu haben.

Der gewaltige Hohlraum, in dem das Lidenbrock-Meer liegt, ist nach Axels Überlegungen unvergleichlich viel größer als zum Beispiel die Mammoth-Höhle in Kentucky – die weitläufigste heute bekannte Karsthöhle der Welt, mit 630 Kilometern unterirdischer Flussläufe – oder die Cueva del Guácharo in Venezuela (Verne schreibt Kolumbien; die Höhle wurde von Alexander von Humboldt zu einer Zeit beschrieben, als Venezuela Teil des 1821 gegründeten Staates Großkolumbien war; die Cueva de los Guácharos im heutigen Kolumbien wurde erst viel später entdeckt). Lidenbrock und seine Begleiter stechen auf einem Floß aus halb versteinerten Baumstämmen in See und erreichen nach einer Woche Fahrt eine Insel mit einem Geysir, dessen Temperatur 165 °C beträgt – nach Axels Ansicht ein weiterer Beweis für die Existenz eines „Zentralfeuers" im Erdinneren.

Das Lidenbrock-Meer ist keineswegs unbelebt; es gibt darin augenlose Fische, an seiner Küste stehen Wälder aus gigantischen Pilzen, und noch vor der Entdeckung der Geysir-Insel werden unsere Reisenden beinahe in einen Titanenkampf zwischen einem Ichthyosaurus und einem Plesiosaurier hineingezogen, Ungeheuern aus dem Jura, die an der Erdoberfläche längst ausgestorben sind, sich im Erdinneren jedoch offensichtlich behaupten konnten. Als Lidenbrock und seine Begleiter wieder eine Küste erreichen, stoßen sie auf eine weite Ebene, die mit

Knochen von anderen ausgestorbenen Tieren aus dem Tertiär übersät ist: „Die Forscherleben von tausend Cuviers hätten nicht ausgereicht, um die Skelette all der Lebewesen zu rekonstruieren, die sich auf dieser großartigen Schädelstätte zur letzten Ruhe gebettet hatten." Ach, wie gern wäre mein Onkel Lipke dabeigewesen! Was für Stygobionta hätte er dort finden können, vielleicht Asseln, so groß wie Panzerwagen, oder Krebse vom Format der Gesteinsbrecher in einem Steinbruch.

Lidenbrock und sein Neffe finden sogar einen menschlichen Schädel und danach eine vollständige, mumifizierte und dann fossilierte Leiche eines primitiven Menschen; als sie wenig später einen Tertiärwald betreten, in dem Mastodons die Blätter und Zweige der Bäume fressen, glauben sie dort sogar einen lebendigen Riesen zu erkennen:

> „In der Tat lehnte, weniger als eine Viertelmeile entfernt, ein menschliches Wesen am Stamm einer enormen Kaurifichte, ein Proteus dieser unterirdischen Regionen, ein neuer Sohn Neptuns, der diese unzählbare Herde Mastodons hütete!"

Ob es der Riese Bárður aus Stapi war, der nach isländischen Sagen in den Gletschern des Snæfellsjökull verschwunden ist? Jedenfalls machen sich unsere Helden schnell davon.

So führt die unterirdische Reise durch ganze geologische Zeitalter. Lionel Dupuy schreibt in seiner Dissertation, das Buch schildere nicht nur eine räumliche Bewegung, sondern auch eine in der Zeit. Diese Interpretation gefällt mir sehr gut: eine Reise durch Raum *und* Zeit.

Wenn ich mir den gewaltigen Hohlraum mit dem Lidenbrock-Meer vorstelle, denke ich unwillkürlich an das Niflheim der germanischen Mythologie. Aber auch an die alten Vorstellungen von einer Wasserschicht im Erdinneren, bei Platon, Leonardo da Vinci oder Descartes, und an die Hohlerde von Edmond Halley, Casanova – und John Cleves Symmes junior: Axel erinnert sich „an die Theorie eines englischen Hauptmanns, der die Erde mit einer riesigen Hohlkugel verglichen hatte".

Als unsere Reisenden jenseits des Lidenbrock-Meeres den Eingang zu einem weiteren Tunnel entdeckt haben, versperrt ihnen ein großer Felsblock den Weg. Sie können ihn sprengen, doch dann zeigt sich, welche Funktion er hatte: Er war gewissermaßen der Stöpsel in einem Schluckloch. Die Wassermassen des Lidenbrock-Meeres ergießen sich in den Tunnel und reißen die Abenteurer auf ihrem Floß mit. Am Ende werden sie von dem Vulkan Stromboli ausgespuckt, sie sind wieder an der Erdoberfläche. Den Mittelpunkt der Erde haben sie nicht erreicht, und die Frage, ob es dort ein Zentralfeuer gibt oder wie der Erdkern sonst beschaffen sein mag, bleibt unbeantwortet.

Bei Luzifer im Eis

Der Kaiser des leidvollen Reiches ragte von der Mitte
der Brust an aus dem Eise heraus;
[...]
Oh, welches große Wunder schien es mir,
als ich drei Gesichter an seinem Kopf sah:
[...]
Unter jedem traten zwei große Flügel hervor,
so groß, wie sie für einen solchen Vogel passten;
Segel auf dem Meer sah ich nie derartige.
Sie hatten keine Federn, sondern ihre Art war
die der Fledermaus; und er flatterte mit ihnen,
sodass drei Winde von ihm ausgingen;
davon wurde der Kokytos ganz zu Eis [...]
Dante Alighieri, *Die Hölle*, XXXIV, 28-29, 37-38, 46-52

Weder Wissenschaftlern, Bergleuten noch Erdölprospektoren ist es bisher gelungen, tiefer als gut zwölf Kilometer ins Erdinnere vorzudringen. Erstaunlicher ist jedoch die Tatsache, dass auch die meisten Schriftsteller einschließlich der Science-Fiction-Autoren den Erdkern noch nicht erreichen konnten. Jules Vernes Reise zum Mittelpunkt der Erde fand ein vorzeitiges Ende, auch Casanovas Helden waren nicht viel weiter gekommen, ja, sogar die Fantasie eines Edgar Rice Burroughs blieb in Edmond Halleys hohler Erde gefangen. Allein Dantes Einbildungskraft war stark genug für den Abstieg zum Mittelpunkt.

Allerdings besitzt Dantes Erdkern nicht viel Ähnlichkeit mit unserem heutigen. Am tiefsten Punkt der Hölle ist Luzifer im Eis des Kokytos gefangen, also dort, wo wir Feuer oder zumindest Hitze erwarten. Seine sechs flatternden Fledermausflügel erzeugen den Wind, der für die Eiseskälte verantwortlich ist.

In der Bibel wird die Hölle als feuriger Pfuhl bezeichnet, die islamische Hölle des *Kitāb al-mi'rāj* ist voller Feuer, und obwohl Jules Vernes Lidenbrock noch zweifelte, ist auch der Erdkern der modernen Wissenschaft sehr heiß: 4000 °C bis 7000 °C. Zweifellos hat auch Dante gewusst, dass es in Bergwerken wärmer wird, je tiefer man hinabsteigt. Vielleicht wollte er aber den Verrätern im neunten Höllenkreis einen Spiegel vorhalten und ließ sie deshalb in der spiegelnden Eisfläche festfrieren.

Luzifer im Eis des Kokytos, Holzstich von Gustave Doré

Newton hatte 1687 die Differenz zwischen der Dichte des Mondes und der Erde berechnet, aber erst 1798 konnte der britische Physiker Henry Cavendish experimentell die Mittlere Dichte der Erde bestimmen: Seine Angabe, 5,48-mal die Dichte von Wasser, liegt nahe an dem heute akzeptierten Wert von 5,53 Gramm pro Kubikzentimeter. Ein weiteres Jahrhundert später, 1896, folgerte der ostpreußische Physiker und Seismologe Emil Wiechert aus Cavendishs Ergebnissen, die Erde müsse im Zentrum eine höhere Dichte als in äußeren Schichten haben, denn die Dichte von Gesteinen wie Granit liegt nur bei 2,7. Wiechert wusste, dass manche Meteoriten aus einer Eisen-Nickel-Legierung bestehen. Da Meteoriten häufig Bruchstücke von Planeten (oder Asteroiden) sind, nahm er an, dass die Erde einen Eisen-Nickel-Kern habe. Seine Berechnungen machten diese These zwar plausibel, doch beweisen konnte er sie noch nicht. Heutige Forscher haben ausgerechnet, dass der Erdkern genau genommen ein klein wenig zu leicht ist, um nur aus Eisen und Nickel bestehen zu können; eine Theorie besagt, dass er möglicherweise zehn Prozent Schwefel enthält.

Eigentlich ist es erstaunlich, dass ein Jahrhundert vergehen musste, bevor jemand auf die Idee kam, die Dichte-Berechnungen experimentell zu überprüfen – wenn man einmal eine bestimmte Dichte ermittelt hat, liegt es doch nahe, das spezifische Gewicht der infrage kommenden Materialien zu bestimmen. Aber vielleicht war die Barriere zwischen Physik und Geologie lange Zeit noch zu hoch. Die Geologie hat sich schließlich erst Ende des 18. und Anfang des 19. Jahrhunderts, mit den Arbeiten von James Hutton und vor allem Charles Lyell, zu einer eigenständigen Wissenschaft entwickelt, und auch dann noch basierte sie vor allem auf Feldforschung. Daran waren Physiker in der Tradition eines Newton oder Cavendish vermutlich weniger interessiert.

Im Jahr 1906 konnte der britische Seismologe Richard Dixon Oldham anhand des Ausbreitungsverhaltens von Erdbebenwellen nachweisen, dass die Erde wirklich einen Kern besitzt. Er verglich die von Seismographen auf der ganzen Welt gemessenen Laufzeiten der Primär- und Sekundärwellen unterschiedlich schwerer Erdbeben in Japan, Alaska, Argentinien, Zentralasien und Indonesien und errechnete daraus die Geschwindigkeiten, mit denen sich die Wellen in der Erde ausbreiteten. Die Geschwindigkeit nahm mit der Tiefe zu, was zu erwarten ist, wenn Druck und Dichte ansteigen. Doch nicht nur das: Es gab auch auffällige Geschwindigkeitssprünge.

In einer Tiefe von knapp sechs Zehnteln des Erdradius, vom Erdmittelpunkt aus gerechnet, nahm die Geschwindigkeit plötzlich ab. Das war das Argument für die Annahme, dass es einen Erdkern geben müsse, von völlig anderer Zusammensetzung als die äußeren Bestandteile der Erdkugel – der erste konkrete Beweis für ihre Gobstopper-Gestalt. „Ich möchte mich nicht auf Spekulationen darüber einlassen oder irgendeine Ansicht zu der Frage äußern, ob dieser zentrale Kern aus Eisen mit einer Gesteinsschale besteht oder ob es sich um den zentralen gasförmigen Kern handelt, den andere Forscher vermuten", schreibt Oldham. Descartes' Vorstellung einer sonnenartigen Substanz im Inneren der Erde war vor einem Jahrhundert noch quicklebendig.

Allerdings nicht mehr lange. S-Wellen können sich nicht in flüssigem Material ausbreiten; da sie den Erdkern nicht durchquerten, nahm Emil Wiecherts Schüler Beno Gutenberg an, dass der Erdkern aus einer flüssigen Eisen-Nickel-Legierung bestehen müsse; von diesem Kern gehe das Erdmagnetfeld aus. Gutenberg hat übrigens später zusammen mit Charles Francis Richter die fast nur als Richterskala bekannte Gutenberg-Richter-Skala zur Bestimmung der Magnituden von Erdbeben entwickelt und noch später die Asthenosphäre entdeckt.

*

Der griechische Schriftsteller Plutarch (um 46–120) kannte den flüssigen Eisen-Nickel-Kern schon vor knapp zwei Jahrtausenden: In der „Vision des Aridaeus", einer Parabel innerhalb des Abschnitts „Über die späte Strafe der Gottheit" in den *Moralia*, steigt der Protagonist Thespesios in den Hades hinab. Verstorbene, die für ihre Gier und ihren Ehrgeiz büßen müssen, werden dort zunächst in kochendes Gold getaucht. Wenn sie zu glühen beginnen und durchsichtig werden, fischen Dämonen sie mit großen Zangen heraus und werfen sie in gefrorenes Blei. Sobald die Missetäter selbst gefroren und hart wie Hagelkörner sind, kommen sie in ein drittes Bad aus geschmolzenem Eisen. Darin werden sie furchterregend schwarz und so steif, dass sie zerspringen. Anschließend müssen sie wieder zurück in das Goldbad, es ist ein endloser Kreislauf. Auch für eine solche Variante hätte sich Dante entscheiden können.

*

Im Jahr 1936 schrieb die dänische Seismologin Inge Lehmann einen Artikel mit dem vermutlich kürzesten Titel aller je erschienenen wissenschaftlichen Publikationen: „P'". Das war die damals übliche Kurzbezeichnung für eine Primärwelle, die den Erdkern durchquert hat, bevor sie von einem Seismographen registriert wird. 1929 hatte Lehmann zu ihrem großen Erstaunen in Seismogrammen P-Wellen-Einsätze von einem Erdbeben in Neuseeland entdeckt, das eigentlich im sogenannten P-Wellen-Schatten des Erdkerns lag. Sie zog daraus den Schluss, dass es in dem flüssigen äußeren Erdkern einen festen inneren Erdkern geben müsse, der die Wellen reflektierte. Damit sind wir bei unserem modernen Bild des Gobstoppers angelangt.

Die einzige Hölle, die Inge Lehmann gesehen hat, war die einer Frau in einer Männerwelt: „Wenn sie wüssten, mit wie vielen inkompetenten Männern ich konkurrieren musste – und das auch noch ohne Erfolg", hat sie einmal gesagt.

Ich schlage wieder einmal Berend Eschers Buch *Algemeene Geologie* auf. Inge Lehmanns Unterteilung des Erdkerns in einen festen inneren und einen flüssigen äußeren Kern kommt darin noch nicht vor. So jung ist diese Entdeckung noch. Als mein Onkel 1937 in Leiden sein Biologiestudium aufnahm, hat er wahrscheinlich ebenso wenig von ihr gehört, wie ich während meines Studiums in den Sechzigerjahren von der Plattentektonik hörte. Lipke muss sich das Buch noch im ersten Studienjahr gekauft haben: „L. B. Holthuis 1938" hat er hinein-

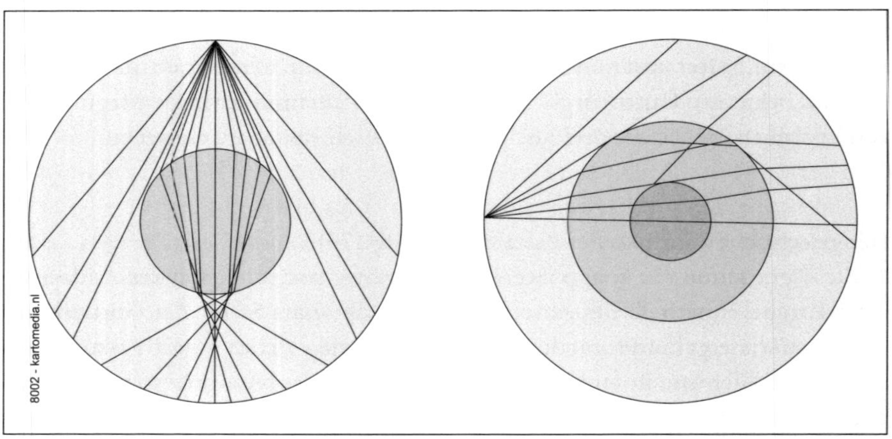

Links: Wellenschema mit Erdkern, nach Richard Oldham, 1906. Rechts: Wellenschema mit erster Abbildung des festen inneren Erdkerns, nach Inge Lehmann, 1936

geschrieben, und ich schrieb „jan. 1963" daneben, unter meinen Namensstempel, den ich in einem mir heute unbegreiflichen bürokratischen Rausch hatte anfertigen lassen. Auf einmal kommt mir der Gedanke, dass Lipke mir dieses Geschenk vielleicht nicht nur deshalb gemacht hat, weil er mein erwachendes Interesse für Geologie fördern wollte. Er trennte sich bewusst von diesem Buch, und bei jemandem, dessen Leben außer aus Krebstieren vor allem aus Büchern bestand, hatte das etwas zu bedeuten.

Nach seinem Tod im Jahr 2008 erbte das Naturgeschichtliche Nationalmuseum in Leiden wie vereinbart seine gesamte Sammlung von Büchern und Grafiken zum Thema Krebstiere; dafür hatte er dort lebenslang einen eigenen Arbeitsraum zur Verfügung gehabt. Im neuen Gebäude des Museums, das jetzt Naturalis heißt, hat seine Bibliothek einen besonderen Platz als Bibliotheca crustaceana L. B. Holthuis bekommen – klingt das nicht fast wie der Name einer Bücherwurm-Spezies? Beim Ausräumen seiner Privatwohnung mussten wir Nichten und Neffen – andere Verwandte hatte er nicht – seine Bücher sortieren: Alle, in denen etwas über Krebstiere stand, waren fürs Museum, der Rest für uns oder für den Trödler. Dass er Eschers *Algemeene Geologie* schon 1963 verschenkte, lässt darauf schließen, dass ihn die Geologie nicht mehr interessierte. Ich wünschte, es wäre anders gewesen. Beim Aufräumen fand ich auch sein Exemplar meiner Dissertation. Ob er je darin gelesen hat, war nicht zu sehen. Immerhin hat er es behalten.

Wie entsteht der Gobstopper eigentlich? Warum findet man die schwersten Bestandteile der Erde im Kern, nach außen hin dagegen immer leichtere Materialien? Das kann kein Zufall sein, oder doch? Unsere heutigen Vorstellungen von der Entstehung der Planeten entsprechen im Wesentlichen denen Emanuel Swedenborgs, jenes schwedischen Gelehrten, der das Kupferbergwerk von Falun als Venustempel beschrieben hat. 1734 stellte er in seinen *Principia*, dem ersten Teil der *Opera philosophica et mineralogica*, die These auf, dass unser Sonnensystem aus einer Gaswolke entstanden sei, die sich allmählich verdichtete. Um die Sonne kreiste eine flache Scheibe aus Gas und Staubteilchen, die mehr und mehr zusammenklumpten und schließlich Planeten bildeten. Dabei kam es durch die Wirkung von Gravitation und Fliehkraft schon früh zu einer Entmischung (Differentiation): Die schwersten Bestandteile der Wolke blieben in Sonnennähe und bildeten die Gesteinsplaneten Merkur, Venus, Erde und Mars, die leichteren wurden in sonnenfernere Regionen geschleudert und bildeten die großen Gasplaneten Jupiter, Saturn, Uranus und Neptun.

Zu Beginn muss die innere Struktur eines Gesteinsplaneten wie der Erde homogen gewesen sein. Die meisten Meteoriten, die sogenannten Chondrite, besitzen noch diese primitive, nicht ausdifferenzierte Struktur. Ihre chemische Zusammensetzung entspricht der unserer Erde als Ganzer. Aus diesem homogenen Gemisch sind Kern, Mantel und Kruste entstanden, wahrscheinlich weil sich das chondritische Material unter Einwirkung der Schwerkraft so stark verdichtete, dass es zu schmelzen begann. Die schwersten Bestandteile, Eisen und Nickel, sind

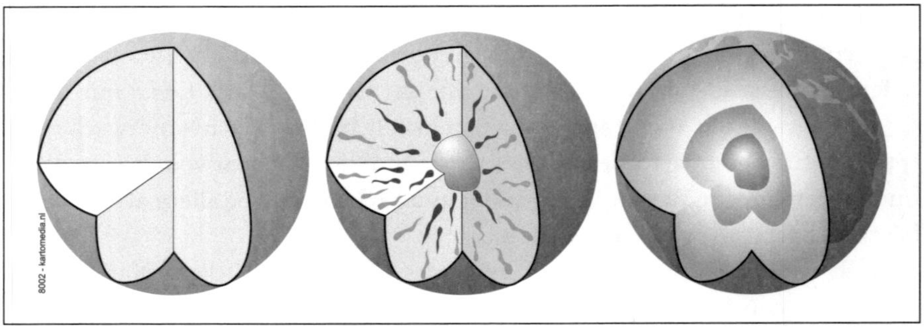

Links: chondritische, homogene Erde; Mitte: Differentiation, schwerere Bestandteile wandern in Richtung Zentrum, leichtere nach außen; rechts: heutige Struktur

dann ins Zentrum abgesunken, die leichteren Peridotite bildeten den Erdmantel und die noch leichteren granitischen Bestandteile die Kruste. Hydrosphäre und Atmosphäre sind die leichtesten Ergebnisse dieser Entwicklung. Es war eine zweite Differentiation, nach der schon erwähnten, bei der sich die verschiedenen Planeten gebildet haben. Im Grunde ähnelt dieser Prozess dem, den bereits Thomas Burnet beschrieben hatte: Die schweren Teilchen setzten sich zuerst ab, die leichteren danach. Für eine Wasserschicht im Erdinneren, wie von Platon, Leonardo da Vinci und Descartes angenommen, ist in diesem Modell natürlich kein Platz. Gesteinsproben aus dem Kern haben wir allerdings noch nicht.

Einer der wenigen Wissenschaftler, die ernsthaft darüber nachgedacht haben, auf welche Weise man zum Erdkern vordringen könnte, ist der renommierte neuseeländisch-amerikanische Geophysiker David John Stevenson. In einem 2003 veröffentlichten Artikel schlägt er vor, eine unbemannte Sonde (SubTerra-Mobile) zum Erdkern zu schicken. Warum gebe es so etwas wie die NASA nur für den Weltraum und nicht auch für das Erdinnere?, fragt Stevenson. Man könne in der Erdkruste einen Riss entstehen lassen, indem man etliche Tonnen TNT so zur Explosion bringt, dass die Wirkung einem Erdbeben der Stärke 7 auf der Richterskala entspricht. In diesen Riss solle man eine große Menge geschmolzenen Eisens gießen, das sich dank seiner hohen Temperatur und Dichte einen Weg zum Erdkern bahnen werde und dabei die Sonde mitführen könne. Die Kapsel würde dann unterwegs Informationen sammeln und sie mittels akustischer Signale zur Erdoberfläche senden. „Dieser Vorschlag ist bescheiden im Vergleich zu dem, was bisher in das Raumfahrtprogramm investiert worden ist, und er erscheint nur unrealistisch, weil man sich kaum bemüht hat, über seine Verwirklichung nachzudenken. Es wird Zeit, etwas zu unternehmen", schreibt er am Schluss. Ausprobieren!, würde ich sagen. Aber so weit sind wir noch nicht. Und falls Stevenson irgendwann einmal in einer bemannten Sonde ins Erdinnere startet, sollte er vielleicht doch besser einen dicken Parka mitnehmen – nur für den Fall, dass Dante am Ende doch recht behält.

Der Rückweg

> Ein Ort ist dort unten, von Beelzebub so weit entfernt,
> wie die Höhle sich ausdehnt, der nicht vom Gesicht
> bemerkt wird, sondern durch das Geräusch
> eines kleinen Baches, der dort herabfließt durch
> eine Spalte im Gestein, die er ausgewaschen hat
> in gewundenem Lauf, und gering ist das Gefälle.
> Der Führer und ich machten uns daran, auf diesem
> verborgenen Pfad in die helle Welt zurückzukehren [...]
> Dante Alighieri, *Die Hölle*, XXXIV, 127–134

Viel mehr als diese Zeilen widmet Dante seiner Rückkehr vom tiefsten Punkt der Hölle in die Oberwelt nicht. Nach Galileo Galileis Berechnungen entspricht das kreisförmige Areal, unterhalb dessen die Hölle liegt, nur sieben Prozent der Erdoberfläche; sein Radius beträgt gut 3000 Kilometer, und es hat Jerusalem als Mittelpunkt. Die Hölle liegt also hauptsächlich unter Europa und dem Nahen Osten. Unter mehr als neun Zehnteln der Erdkruste gibt es keine Hölle. Hätte Dante doch auch berichtet, was man im Erdinneren antrifft, wenn man *nicht* durch die Hölle reist! Es wäre eine schöne Hommage an die Wissenschaft gewesen.

Nun ja, dann versuche ich eben selbst mein Glück. Die ganze Zeit schon bin ich wie ein Schemen Dante und Vergil gefolgt, jetzt folge ich ihnen auf dem Weg nach oben, aber in meinem eigenen Tempo, damit ich in Ruhe notieren kann, was ich sehe.

Der feste Eisen-Nickel-Kern scheint tatsächlich kristallin zu sein, wie einige Forscher aufgrund seismischer Daten annehmen. George Sand hatte recht, ich tue es ihrem Helden Alexis gleich und gehe durch einen Kristall. Eigentlich brauche ich nicht einmal zu gehen, denn der Erdkern dreht sich von selbst wie ein Eidotter mit eigenem Willen, oder ein Hamster in seinem Rad, ein winziges bisschen schneller als der Rest der Erde. Dann erreiche ich den flüssigen äußeren Erdkern, einen gefährlichen Abschnitt, weil es nun durch glühendes Metall geht, wie in Plutarchs Hölle des Thespesios. Außerdem ist das Magnetfeld hier unglaublich stark, und es ist nie zufrieden mit der einmal erreichten Position, sondern unruhig wie ein Hund im Korb, der nicht die richtige Schlafstellung findet; die magnetischen Pole der Erde wandern, das Magnetfeld kann sich sogar umkehren. Meine stählernen Stiftzähne springen mir aus dem Mund.

Dann spüre ich die Grenzfläche zwischen Kern und Gesteinsmantel, es ist ein Moment starker Turbulenzen wie im Flugzeug, aber ich finde einen guten Platz an der Spitze eines Plumes und reise wie ein Ballonfahrer durch den Mantel aufwärts.

Bis in ungefähr 700 Kilometer Tiefe geht nun alles glatt. Doch dann merke ich, dass sich auf meiner Haut Blasen und im Gesicht Eiterbeulen, Entzündungen und Geschwüre bilden, und meine Finger werden schwarz: Das sind Nekrosen! Was ist denn hier los? Ein Blick auf meinen Geigerzähler sagt mir, dass ich in einem Gebiet mit extrem hoher Radioaktivität gelandet bin. Wie ist das möglich? Niemand hat dergleichen vorausgesagt! An der Kern-Mantel-Grenze in 2900 Kilometern Tiefe, wo de Meijer und van Westrenen eine Art Kernreaktor vermuten, habe ich nichts von Radioaktivität gemerkt. Doch hier stimmt etwas nicht. Schnell ziehe ich meinen Bleimantel an, und sofort verschwinden die Symptome.

Aber woher diese Radioaktivität? Ob man es trotz allem getan hat? Vor Jahren wurde einmal vorgeschlagen, radioaktive Abfälle aus Atomkraftwerken in den Tiefseerinnen am sogenannten Pazifischen Feuerring zu versenken, acht bis elf Kilometer unter dem Meeresspiegel. Dort liegen nämlich Subduktionszonen, in denen ozeanische Platten unter andere Lithosphärenplatten abtauchen; dabei könnten die Abfälle mit in den Erdmantel absinken, sodass man sie für immer los wäre. Die Pläne stießen auf heftige Ablehnung, unter anderem wegen der Langsamkeit des Subduktionsvorgangs und der Gefährdung des Lebens in der Tiefsee, und wurden offiziell wieder verworfen. Aber wer weiß – vielleicht hat man sie heimlich ausgeführt. Es würde mich nicht wundern. Auf jeden Fall tritt die Radioaktivität genau in der Tiefe auf, bis zu der wir dank Mohorovičićs Fernglas den Weg der abtauchenden Lithosphärenplatten verfolgen können. Erste Spuren menschlicher Einflüsse?

Es wird ruhiger, ich steige durch den oberen Erdmantel auf, muss im Lidenbrock-Meer kurz wassertreten, um nicht zu ertrinken – es ist die etwas flüssigere Asthenosphäre – und überschreite problemlos die Mohorovičić-Diskontinuität, sodass ich endlich die Erdkruste erreiche. Bald werde ich zu Hause sein.

Doch in zwölf Kilometern Tiefe erwarten mich neue Schwierigkeiten. Ich bleibe an irgendetwas hängen. Als ich das Hindernis betrachte, stelle ich fest, dass es sich um einen Diamanten handelt! Kimberlit gibt es hier aber nicht, und bei genauerem Hinsehen erweist sich das Stück Diamant als Fragment einer Bohrkopfkrone. Auf solche Bruchstücke stoße ich nun immer öfter. Zu allem Überfluss quillt mir ein stinkender Brei aus totem organischem Material entgegen: Bakterien aus der sogenannten tiefen Biosphäre, der Biosphäre der Erdkruste, die der giftigen, bariumhaltigen Bohrspülung zum Opfer gefallen sind. Weiter oben muss ich aufdringlichen Bohrköpfen ausweichen. Anders als der Erste, von dem nur noch Trümmer übrig waren, sind diese nicht tot, sondern bohren sich unaufhörlich weiter in die Erdkruste, auf der Suche nach Erdöl. Es werden immer mehr, sie kommen auf mich zu, gieren nach meinen Körperflüssigkeiten, ich kann sie mir kaum noch vom Leib halten, es ist, als wollten die Rüssel Hunderter von Elefanten die letzten Pfützchen eines fast ausgetrockneten Wasserlochs aufsaugen. Gleichzeitig sehe ich gewaltige Kolonien exotischer Bakterien, die eigentlich nicht in diese Region gehören, sondern aus Öffnungen in den Bohrsträngen herausspritzen und sämtliche Poren des Gesteins verkleben, außer natürlich dort, wo der Bohrkopf gerade arbeitet. Mit letzter Kraft befreie ich mich aus der würgenden Umarmung der Richtbohrstränge, bis ich aus dem Erdölfenster heraus bin.

Und noch ist nicht alles ausgestanden. Plötzlich juckt es mich am ganzen Körper ganz fürchterlich. Überall bilden sich kleine trigonale Kristalle, die schnell größer werden, man könnte meinen, mir wüchse eine Schuppenhaut. Ich kratze: Sie sind weich, Härte 3. Und sie reagieren mit Salzsäure, sprudelnd, es ist Calcit! Calciumcarbonat! Kalk! Werde ich den verdammten Kalk denn nie los? Wie ist denn das nun zu erklären? Warum hat Dante davon nichts gesagt?

Ach so, ja, der Mythos des frühen 21. Jahrhunderts, den hatte ich fast vergessen. Die Zauberlehrlinge glaubten, sie könnten das Klima beeinflussen, indem sie CO_2 in ausgediente Erdgas- und Erdöllagerstätten injizierten. CO_2 kommt von Natur aus tief im Erdmantel vor; in Einschlüssen meiner Granulite aus Surinam ist es enthalten; im Kalkgestein der Erdkruste gibt es vierzigtausendmal so viel CO_2 wie in der Atmosphäre, den Ozeanen, dem Boden, den Pflanzen und Tieren zusammengenommen, Kohlenstoff ist in Diamanten, Meteoriten und Kometen. Trotzdem wollte man eine winzige Menge davon aus der Atmosphäre holen und unterirdisch speichern, damit es keinen Schaden anrichtet. Der Rohstoff des Lebens. Als man Anzeichen dafür zu entdecken glaubte, dass sich das Klima wieder abkühlen werde, hielt man an der Wahnidee fest, es durch Verlagerung von CO_2 zu verändern: Das ins Gestein injizierte CO_2 sollte wieder freigesetzt werden, um die Atmosphäre zu erwärmen. Was natürlich unmöglich gewesen wäre, weil es schon in Kalk gebunden war. Und jetzt ist ein weiterer Kristallisationskern hinzugekommen: mein Körper. Für einige Augenblicke wird die Sache geradezu bedrohlich, ich scheine wie Luzifer im Eis festzufrieren.

Doch auch aus dieser Situation werde ich gerettet. Auf einmal umfließt eiskaltes Wasser meinen Körper, sodass sich der Kalk wieder löst. Das Wasser kommt von oben aus einem Rohr, ein zweites ganz in der Nähe befördert warmes Wasser aus denselben Schichten an die Oberfläche. Ich kenne das Prinzip, es ist Geothermie, Nutzung der Erdwärme als Energiequelle. Die beschleunigte Abkühlung im Erdinneren, die dadurch verursacht wird, ist angeblich sehr gering, eine zu vernachlässigende Größe. Hoffen wir, dass es stimmt. Auf jeden Fall bin ich jetzt erleichtert, ich kann wieder weiter.

Bald habe ich aber neue Sorgen. Ich komme in einen Hohlraum, der mich an die unterirdische Kathedrale von Zipaquirá erinnert, all diese Salzschichten sind wirklich schön anzusehen, doch leider spielt mein Geigerzähler wieder verrückt. Der Hohlraum ist einer von zahlreichen Stollen, in denen rostige Fässer gestapelt sind, ziemlich unordentlich, ich sehe feuchte Stellen auf dem Metall, regelrechte Salzbärte scheinen dort zu wachsen – wenn es Salz ist! Nichts wie weg hier! Eilig steige ich weiter hinauf, muss aber gleich vor einer Tunnelbohrmaschine flüchten, die sich bedrohlich nähert und alles zerkleinert, was ihr in den Weg kommt. Immer mehr Öffnungen, immer mehr Hohlräume, Stollen, Bohrlöcher, Zisternen, U-Bahn-Röhren, unterirdische Steinbrüche, Katakomben voller Schädel und Knochen, Höhlenwohnungen, Schichten geparkter Autos, überall biegen sich die Gesteinsdecken unter dem Gewicht dessen, was man oben gebaut hat, die Hohlräume werden immer stärker zusammengedrückt, ich muss an Chloé in Boris Vians *Schaum der Tage* denken, deren Räume schrumpfen, während es mit ihrem Glück und ihrer Gesundheit bergab geht, denn die Erde ist krank, das Bohren, Hämmern und Klopfen wird lauter, wird ohrenbetäubend, ich muss schnell an die Oberfläche, verstricke mich aber in einem Gewirr aus Kabeln und Rohren. Ich will hier raus!

Auf einmal fügen sich sämtliche Puzzleteile zu einem Bild zusammen: Hier wird gerade die Hölle gebaut. Hier wird immer tiefer gegraben und gebohrt, bis Dantes grässlicher Trichter mit seinen Gräben voller Gräuel den Mittelpunkt der Erde erreicht. Bisher gab es keine Hölle, zumindest hat sie außer in der Fantasie nie jemand gefunden. Auch ich nicht, und ich habe doch sorgfältig gesucht. Falls es aber doch schon eine gab, liegt sie vielleicht unter dem Gegenpol Jerusalems, unter dem einsamsten, inselärmsten Teil des Südpazifiks. Wie dem auch sei, jetzt braucht die Welt offenbar dringend eine richtige Hölle, die ihren Namen verdient. Man möchte den vielen Ungläubigen und Skeptikern wie mir endlich zei-

E quindi uscimmo …

gen, dass die Hölle wirklich existiert, und am Jüngsten Tag werden alle gottlosen Städte in ihre selbst gegrabenen U-Bahn-Tunnel stürzen, die Erdölbohrer werden die Magmaherde finden, die sie gesucht haben, mit der Lava werden Pech und Schwefel in die Höhe schießen, diese sündige Welt wird zu einem schwarzen Brei zermahlen, von ihrer Geschichte werden keine Spuren bleiben, und der Abgrund in der Erde wird so groß sein, dass auch die Hubschrauber mit den letzten Überlebenden durch gewaltige Mahlstromwinde in die Tiefe gerissen werden.

Doch plötzlich bin ich an der Oberfläche. *E quindi uscimmo a riveder le stelle* – und dort traten wir hinaus und sahen wieder die Sterne. An diesem Punkt waren Dante und Vergil bereit, sich den Astronomen anzuvertrauen, um zum Läuterungsberg und zum Paradies emporsteigen zu können. Aber mir geht das zu weit. Ich bleibe hier. Ich werde ein unterirdisches Naturschutzgebiet einrichten. Wenigstens ein einziges Areal soll es geben – und wenn es nur sieben Prozent der Erdoberfläche ausmacht –, unter dem meine Enkel ganz behutsam, in Schuhen mit aufgebogenen Spitzen sozusagen, das unberührte Erdinnere erkunden können; wo man wunderschön geschichtete Böden sehen kann, feine Bänder, Podsole, das unscheinbare, wimmelnde Leben der Schnecken, Krebse, Asseln und Käfer, die Hinterlassenschaften der toten Ungeheuer, glitzernde Erze, mit Erdöl gesättigtes Speichergestein, Diamanten mit geheimen Spuren uralten Lebens, die langsamen Konvektionsströme des Erdmantels. Mir ist das paradiesisch genug.

Dank

Ohne meine Mitleser wäre dieses Buch nicht geworden, was es ist. Frank Westerman, der von Anfang an mein Mentor war, drängte mich zur Konzentration aufs Wesentliche. Meine unermüdliche Lektorin Jessica Nash hat mich mit ihrer strengen Logik herausgefordert, auf manche ihrer scharfsinnigen Fragen musste ich die Antwort schuldig bleiben. Anita Roeland wiederum hat nicht nur beschämend viele Ungenauigkeiten aus dem Text herausgefiltert, sondern mir auch mit ihrer hervorragenden Kenntnis der Klassiker weitergeholfen. Mariette Blokhuis war immer gut im Finden radikaler Lösungen. Mein Geistesverwandter Anton Haakman hat mich auf interessante weiterführende Literatur hingewiesen. Auch dem feinen literarischen Gespür meines Sohnes Sal Kroonenberg hat das Buch viel zu verdanken. Für all dies bin ich den Genannten sehr verbunden. Außerdem danke ich meinen Verlegern Emile Brugman und Erna Staal für ihre Unterstützung und ihre Begeisterungsfähigkeit. Ich bin sehr froh, dass sie mein Buch mit farbigen Illustrationen herausgebracht haben. Dank schulde ich auch den vielen, die mir bei der Beschaffung von Informationen geholfen haben; zu ihnen gehören Stefan Bergman, Raymond Clark, Floris Cohen, Dick Delforterie, Theo Gerritsen, Alet Heezemans, Michail Lytschagin, Silvana Russo, Huub Savenije, Carolina Sigarán, Erki Tammiksaar, Maaike van Tooren, Rosario Varriale und Ger Wieberdink. Die Grafiken hat Ton Markus von Kartomedia gezeichnet. Er war sehr geduldig mit mir. Ich bedanke mich herzlich bei Marijke Nagtegaal und Uta Matten und beim Letterenfonds für ihre Mühe, ausländische Verlage auf mein Buch aufmerksam zu machen und die Übersetzung zu unterstützen.

Zuletzt möchte ich mich herzlich bedanken bei Andreas Ecke, dem Übersetzer der deutschen Ausgabe, für seine feine und genaue Übersetzung, für die Ergänzungen und Erläuterungen für die deutschen Leser und für die Korrektur der vielen, von ihm freundlichst „Druckfehler“ genannten Fehler, die ich selbst im Text gemacht habe. Auch dem Primus Verlag, und zumal Frau Regine Gamm und Herrn Wolfgang Hornstein, herzlichen Dank für die schöne und fachmännische deutsche Ausgabe und die angenehme Zusammenarbeit.

Literatur

Werke, die in mehreren Kapiteln erwähnt oder zitiert werden, sind in der folgenden Liste nur unter dem ersten dieser Kapitel aufgeführt.

Die magische Kugel

Dante Alighieri: *Die Göttliche Komödie*. 2 Bde. In Prosa übersetzt von Walter Naumann. Darmstadt 2003.

Jerusalem

Abou-Deeb, J. M., M. M. Otaki, D. H. Tarling und A. L. Abdeldayem: „A paleomagnetic study of Syrian volcanic rocks of Miocene to Holocene age." In: *Geofisica Internacional* (Mexiko) 38 (1999) 1, S. 17–26.

Arkin, Yaacov und Amos Ecker: *Geotechnical and hydrogeological concerns in developing the infrastructure around Jerusalem*. Geological Survey of Israel, Report 12/2007.

Barkay, Gabriel, Marilyn Lundberg, Andrew Vaughn, Bruce Zuckerman und Kenneth Zuckerman: „The challenges of Ketef Hinnom: using advanced technologies to reclaim the earliest biblical texts and their context." In: *Near Eastern Archeology* 66 (2003), 4, S. 162–171.

Barkay, Gabriel, Marilyn Lundberg, Andrew Vaughn und Bruce Zuckerman: „The amulets from Ketef Hinnom: a new edition and evaluation." In: *Bulletin of the American Schools of Oriental Research* 334 (2004), S. 41–71.

Bentor, Yaakov: „Geological events in the bible." In: *Terra Nova* 1 (1989), S. 326–338.

Die Bibel. Nach der Übersetzung Martin Luthers. Mit Apokryphen. Stuttgart 1985.

Friedman, Thomas: „Quarrying history in Jerusalem." In: *The New York Times* 1. Dezember 1985.

Hachlili, Rachel: *Jewish funerary customs, practices and rites in the Second Temple period*. Leiden 2005.

Larkin, Clarence: *Rightly dividing the world*. Glenside (Pennsylvania) 1920.

Nikodemusevangelium. Pilatusakten und Höllenfahrt Christi. In: *Neutestamentliche Apokryphen*. Herausgegeben von Wilhelm Schneemelcher. Bd. 1: Evangelien. Tübingen 1990. S. 395–423.

Nissenbaum, A. und J. R. Kaplan: „Origin of the Be'eri (Israel) sulfur deposit." In: *Chemical Geology* 1 (1966), S. 295–316.

Singer, A. und A. Ehrlich: „Paleolimnology of a late Pseistocene-Holocene crater lake from the Golan Heights, Eastern Mediterranean." In: *Journal of Sedimentary Research* 48 (1978), S. 1331–1340.

Die Irrfahrten des Odysseus

Anonym: *Die griechische Tradition im Begräbniskult des Bosporus*. www.pda.coolreferat.com (Russisch), o. J.

Baer, Karl Ernst von: *Beiträge zur Kenntnis des Russischen Reiches und der angrenzenden Länder Asiens*. Sankt Petersburg 1872. Nachdruck Osnabrück 1968.

Baer, Karl Ernst von: „Homer's Kenntnisse von der Nordküste des Schwarzen Meeres." In: *St. Petersburger Zeitung*, 14. (26.) Juli 1875.

Baer, Karl Ernst von: *Über die Homerischen Lokalitäten in der Odyssee*. Braunschweig 1878.

Chepalyga, A., Y. Izmailov und V. Zin'ko: *Field Trip Guide IGCP 521-481 joint meeting and field trip, Gelendzhik, Russia*. UNESCO-IUGS-IGCP-INQUA. Moskau 2007.

Herodot: *Historien*. Bd. 1. Herausgegeben und übersetzt von Josef Feiz. München 1963.

Homer: *Ilias*. Übersetzt von Roland Hampe. Stuttgart 1979.

Homer: *Odyssee*. Übersetzt von Roland Hampe. Stuttgart 1979.

Lermontow, Michail Jurewitsch, *Ein Held unserer Zeit*. Zürich 1963.

Lukina, T. A. (Hg.): *Wissenschaftliches Vermächtnis – die kaspischen Expeditionen K. E. von Baers in den Jahren 1853–1857. Tagebücher und Materialien*. Leningrad 1984 (Russisch).

Naber, S. A.: „Gladstone over Homerus." In: *De Gids* 41 (1877), S. 396–416.

Der Eingang zur Hölle

Abatino, Elio (Hg.): *La solfatara nei Campi Flegrei: storia, miti, aspetti naturali e curiosità*. Instituto di ricerca e di didattica ambientale. Neapel 2002.

Avallone, A., P. Briole, C. Delacourt, A. Zollo und F. Beauducel: „Subsidence of Campi Flegrei (Italy) detected by SAR interferometry." In: *Geophysical Research Letters* 26 (1999), 15, S. 2303–2306.

Biraschi, A. M.: „Introduzione." In: Strabone: *Geografia, L'Italia*. Mailand 1994.

Blas de Roblès, Jean-Marie: *Wo Tiger zu Hause sind*. Frankfurt am Main 2012.

Boccaccio, Giovanni: *Rime*. Parte Prima, LXI. www.boccaccio.scarian.net/boccaccio_rime.html

Bodnar, R. J., C. Cannatelli, B. De Vivo, A. Lima, H. E. Belkin und A. Milia: „Quantitative model for magma degassing and ground deformation (bradyseism) at Campi Flegrei, Italy: Implications for future eruptions." In: *Geology* 35 (2007), 9, S. 791-794.

Braun, Georg und Franz Hogenberg: *Civitates orbis terrarum*. Köln 1572. Neue Gesamtausgabe der kolorierten Tafeln unter dem Titel *Städte der Welt*, herausgegeben von Stephan Füssel. Köln 2011.

Breislak, Scipione: *Essais minéralogiques sur la Solfatare de Pouzzole*. Neapel 1792.

Briole, P., A. Avallone, F. Beauducel, A. Bonforte, V. Cayol, C. Deplus, C. Delacourt, J.-L. Froger, B. Malengreau und G. Puglisi: „Interférométrie radar appliquée aux volcans: cas de l'Ètna et des Champs Phlégréens (Italie)." In: CNFGG Rapport quadriennal 95-98 (1999), S. 121-128.

Castagnoli, F.: „Commentaires topographiques a l'Éneide." In: *Comptes rendus des séances de l'Académie des inscriptions et belles-lettres* 127 (1983), 1, S. 202-215.

Chiodini, R., R. Cioni, M. Guidi, B. Raco und L. Marini: „Soil CO_2 measurements in volcanic and geothermal areas." In: *Applied Geochemistry* 13 (1998), 5, S. 543-552.

Clark, Raymond J.: „The Avernian Sibyl's cave: from military tunnel to Mediaeval spa." In: Holger Friis Johansen (Hg.), *Classica et Mediaevalia, Revue danoise de Philologie et d'Histoire* 47, 9. Kopenhagen 1996. S. 1-29.

Conard, Nicholas J.: „A female figurine from the basal Aurignacian of Hohle Fels Cave in southwestern Germany." In: *Nature* 459 (2009), S. 248-252.

Cool, Hugo: „Agnano." In: *Elsevier's Geïllustreerd Maandschrift* Januar 1906, S. 321-331.

D'Emmanuele di Villa Bianca, R., R. Sorrentino, P. Maffia, V. Mirone, C. Imbimbo, F. Fusco, R. De Palma, L. J. Ignarro und G. Cirino: „Hydrogen sulfide as a mediator of human corpus cavernosum smooth-muscle relaxation." In: *Proceedings of the National Academy of Sciences* 106 (2009), S. 4513-4518.

De Vivo, Benedetto und A. Lima: „A hydrothermal model for ground movements (bradyseism) at Campi Flegrei, Italy." In: Benedetto de Vivo (Hg.): *Volcanism in the Campania Plain: Vesuvius, Campi Flegrei and Ignimbrites*. Amsterdam 2006. S. 289-317.

Di Vito, Mauro, L. Lirer, G. Mastrolorenzo und G. Rolandi: „The 1538 Monte Nuovo eruption (Campi Flegrei, Italy)." In: *Bulletin of Volcanology* 49 (1987), S. 608-615.

Di Vito, Mauro, R. Isaia, Giovanni Orsi, J. Southon, S. de Vita, M. D'Antonio, L. Pappalardo und M. Piochi: „Volcanism and deformation since 12,000 years at the Campi Flegrei caldera, Italy." In: *Journal of Volcanology and Geothermal Research* 91 (1999), S. 221-246.

D'Oriano, Claudia, E. Poggianti, A. Bertagnini, R. Cioni, P. Landi, M. Polacci und M. Rosi: „Changes in eruptive style during the A.D. 1538 Monte Nuovo eruption (Phlegrean Fields, Italy): the role of syn-eruptive crystallization." In: *Bulletin of Volcanology* 67 (2005), S. 601-621.

Escher, Berend George: *Algemeene Geologie*. 4. Auflage Amsterdam 1934.

Ferrari, Giovan Battista: *Nuova Guida di Napoli, dei contorni, di Procida, Ischia e Capri*. Neapel 1826.

Findlen, Paula: *Athanasius Kircher: The last man who knew everything*. London 2004.

Hamilton, William: *Campi Phlegraei. Observations on the Volcanoes of the Two Cicilies, as they have been communicated to the Royal Society of London*. Neapel 1776–1779.

Heres, Thea L.: „Cumae, een bezoek aan de oudste ‚Nieuwe Wereld van de Grieken'." In: *Hermeneus* 70 (1998), 5, S. 289–297.

Ippolito, F. und G. Marinelli: „Alfred Rittmann." In: *Bulletin of Vulcanology* 44 (1981), 3, S. 217–221.

Kircher, Athanasius: *Mundus subterraneus*. Amsterdam 1664.

Lirer, L., P. Petrosino und I. Alberico: „Hazard assessment at volcanic fields: The Campi Flegrei case history." In: *Journal of Volcanology and Geothermal Research* 112 (2001), S. 53–73.

Lukrez: *Von der Natur*. Herausgegeben und übersetzt von Hermann Diels. München 1993.

Lykophron aus Chalkis: *Alexandra*. www.theoi.com/text/LycophronAlexandra.html

Lyell, Charles: *Grundsätze der Geologie*. Weimar 1841.

Maiuri, Amedeo: *Die Altertümer der Phlegräischen Felder: vom Grab des Vergil bis zur Höhle von Cumae*. 5. verbesserte Auflage Rom 1983.

Majo, Ester: „I fenomeni vulcanici della Grotta del Cane (Campi Flegrei) in rapporto alle variazioni atmosferiche." In: *Bulletin Volcanologique* 4 (1927), 1, S. 84–92.

Martini, M., L. Giannini, A. Buccianti, F. Prati, P. Cellini Legittimo, P. Iozzelli und B. Capaccioni: „1980–1990: Ten years of geochemical investigation at Phlegrean Fields (Italy)." In: *Journal of Volcanology and Geothermal Research* 48 (1991), S. 161–171.

Mastrolorenzo, Giuseppe: „Averno tuff ring in Campi Flegrei (South Italy)." In: *Bulletin Volcanologique* 56 (1994), S. 561–572.

Orsi, Giovanni, S. de Vita und Mauro di Vito: „The restless, resurgent Campi Flegrei nested caldera (Italy): constraints on its evolution and configuration." In: *Journal of Volcanology and Geothermal Research* 74 (1996), S. 179–214.

Orsi, Giovanni: *The Neapolitan active volcanoes (Vesuvio, Campi Flegrei, Ischia): Science and impact on human life*. 32th International Geological Congress, Field Trip Guide Book B-28. Florenz 2004.

Ovid: *Metamorphosen*. Stuttgart 1971.

Pietro da Eboli (Petrus de Ebulo): *Trattato dei bagni / De virtutibus balneis Puteolanis et Baiarum*. Manuskript, um 1220.

Plinius Secundus der Ältere, Gaius: *Naturalis Historiae. Naturkunde*. Buch II: Kosmologie. Herausgegeben und übersetzt von Roderich König und Gerhard Winkler. Darmstadt 1973.

Rittmann, Alfred: „Sintesi geologica dei Campi Flegrei." In: *Bollettino della Società Geologica Italiana* 69 (1950), S. 117–128.

Rittmann, Alfred: *Vulkane und ihre Tätigkeit*. Stuttgart 1936.

Rosi, Mauro und Alessandro Sbrana: *Phlegrean Fields*. Quaderni de ‚La Ricerca Scientifica' 114, Bd. 9. Rom 1987.

Rosi, Mauro und Roberto Santacroce: „Volcanic hazard assessment in the Phlegraean Fields: a contribution based on stratigraphic and historical data." In: *Bulletin Volcanologique* 47 (1984), 2, S. 359–370.

Seneca, Lucius Annaeus: *Naturwissenschaftliche Untersuchungen in acht Büchern*. Herausgegeben und übersetzt von Otto und Eva Schönberger. Würzburg 1990.

Strabon: *Geographika*. Griechisch und Deutsch. Herausgegeben und übersetzt von Stefan Radt. Band 1–4. Göttingen 2002–2005.

Todesco, M., G. Chiodini und G. Macedonio: „Monitoring and modelling hydrothermal fluid emission at La Solfatara (Phlegrean Fields, Italy). An interdisciplinary approach to the study of diffuse degassing." In: *Journal of Volcanology and Geothermal Research* 125 (2003), S. 57–79.

Twain, Mark: *Reise durch die Alte Welt*. München 1981.

Valentino, G. M., G. Cortecci, E. Franco und D. Stanzione: „Chemical and isotopic compositions of minerals and waters from the Campi Flegrei volcanic system, Naples Italy." In: *Journal of Volcanology and Geothermal Research* 91 (1999), S. 329–344.

Varriale, Rosario: „La Grotta del Cane: l'esplorazione ed il rilievo di un geosito artificiale ipogeo nell'area vulcanica dei Campi Flegrei." In: *Atti VI Convegno Nazionale di Speleologia in Cavità Artificiali. Napoli, 30 maggio – 2 giugno 2008*. Opera Ipogea 1/2. Neapel 2008. S. 315–333

Vergil: *Aeneis*. Unter Verwendung der Übertragung Ludwig Neuffers übersetzt und herausgegeben von Wilhelm Plankl unter

Mitwirkung von Karl Vretska. Stuttgart 1954.
Vergil: *Georgica*. Übersetzt und erklärt von Johann Heinrich Voß. Eutin 1789.
Webster, J. D., M. Sintoni und B. De Vivo: „The role of sulfur in promoting magmatic degassing and volcanic eruption at Mt. Somma-Vesuvius." In: Benedetto de Vivo (Hg.): *Volcanism in the Campania Plain: Vesuvius, Campi Flegrei and Ignimbrites*. Amsterdam 2006. S. 219–233.
Welter-Schultes, Francisco Wolfgang und Ira Richling: „Paleoenvironmental history of the Holocene volcanic crater lake Lago d'Averno (central southern Italy) inferred from aquatic mollusc deposits." In: *Journal of Quaternery Science* 15 (2000), 8, S. 805–812.
Young, T. Graham: „The gas of the Grotta del Cane." In: *Journal of the Chemical Society, Transactions* 33 (1878), S. 51–52.

Der Vorhof

Apuleius: *Der goldene Esel*. Übersetzt von Carl Fischer. Mit einer Einleitung und Erläuterungen von Bernhard Kytzler. München 1990.
Bokhorst, Jan: „Graaf vaker een kuil." In: Johannes Bouma u. a.: *Profiel van de Nederlandse Bodemkunde, 75 jaar Nederlandse Bodemkundige Vereniging (1935–2010)*. Wageningen 2010. S. 134–137.
Dobrowolski, G. W.: „150 Jahre bodenkundliche Ressourcen Russlands." In: *Russland in der Welt*. Jahrbuch der Internationalen Unabhängigen Universität für Ökologie und Politik (MNEPU). Moskau 2002. S. 1–16 (Russisch).
Dokutschajew, Wassili Wassiljewitsch: *Russische Schwarzerde*. Sankt Petersburg 1883 (Russisch).
Griendt, J. S. van de: *Lekkerkerk 30 jaar geleden*. Hoevelaken 2009.
Hartemink, Alfred E. (Hg.): *The Future of Soil Science*. Wageningen 2006.
Hartemink, Alfred E.: „Edelman boor." In: Johannes Bouma u. a.: *Profiel van de Nederlandse Bodemkunde, 75 jaar Nederlandse Bodemkundige Vereniging (1935–2010)*. S. 45.
Hauvette, Henri: *Dante: introduction à l'étude de la ‚Divine Comédie'*. Paris 1911.
Lukian von Samosata: *Ueber das Trauern um die Verstorbenen*. In: *Lucian's Werke*. Übersetzt von August Friedrich Pauly. Bd. 11. Stuttgart 1830.
Moon, David: „The environmental history of the Russian steppes: Vasili Dokuchaev and the harvest failure of 1891." In: *Transactions of the Royal Historical Society* 15 (2005), S. 149–174.
Moormann, Frans R. und Nico van Breemen: *Rice: soil, water, land*. Los Baños (Philippinen) 1978.
Pruissen, F.G. van und Zuurdeeg, B. W.: „Hoge metaalgehalten in ijzeroerknollen in de Nederlandse bodem." In: *Milieutechniek* 3 (1988), S. 84–91.
Reden, Sitta von: „Money, law and exchange coinage in the Greek polis." In: *The Journal of Hellenic Studies* 117 (1997), S. 154–176.
Riet, B. P., E. C. Lucassen, R. Bobbink, J. H. Willems und J. G. Roelofs: *Preadvies Zinkflora*. Ede 2005.
Stevens, Susan T.: „Charon's obol and other coins in ancient funerary practice." In: *Phoenix* 45 (1991), 3, S. 215–229.
Stone, Richard: „Archeologists seek new clues to the riddle of Emperor Qin's Terra-Cotta Army." In: *Science* 325 (2009), S. 22 f.
Wolff, Jennifer: „Emperor Qin in the afterlive." *Writing* 20 (2007). www.twp.duke.edu/uploads/assets/2EmperorQin.pdf.

Charons Fähre

Andel T. J. van und C. N. Runnels: „Karstic wetland dwellers of Middle Palaeolithic Epirus, Greece." In: *Journal of Field Archeology* 30 (2005), 4, S. 367–384.
Aristophanes: *Die Frösche*. In: *Komödien*. 2 Bde. Übersetzt von Ludwig Seeger. Wiesbaden/Berlin 1845–48, 1963. Bd. 2.
Bar-Matthews, M., A. Ayalon, M. Gilmour, A. Matthews und C. J. Hawkesworth: „Sea-land oxygen isotopic relationships from planktonic foraminifera and speleothems in the Eastern Mediterranean region and their implication for paleorainfall during interglacial intervals." In: *Geochimica et Cosmochimica Acta* 67 (2003), 17, S. 3181–3199.
Besonen, Mark Richard: *The middle and late Holocene geology and landscape evolution of the lower Acheron river valley, Epirus, Greece*. Thesis, University of Minnesota. St. Paul (Minnesota) 1997.
Besonen, Mark Richard, George Rapp und Zhichun Jing: „The lower Acheron river valley: ancient accounts and the changing landscape." In: *Hesperia Supplements* 32

(2003): *Landscape Archeology in Southern Epirus, Greece*. Band 1. S. 199–263.
Bosence, D. W. und R. C. Wilson: „Carbonate depositional systems." In: Coe, Angela L. (Hg.): *The sedimentary record of sea-level change*. Cambridge 2003. S. 209–233.
Clendenon, Cindy: „Karst hydrology in ancient myths from Arcadia and Argolis, Greece." In: *Acta Carsologica* 38 (2009), 1, S. 145–154.
Cvijić, Jovan: *Das Karstphänomen: Versuch einer morphologischen Monographie*. Dissertation. Wien 1893.
Ford, Derek: „Jovan Cvijić and the foundation of karst geomorphology." In: *Environmental Geology* 51 (2007), S. 675–684.
Heggen, Richard: *Underground rivers from the River Styx to the Rio San Buenaventura with occasional diversions*. University of New Mexico 2007. www.unm.edu/~rheggen/UndergroundRivers.html.
Hesiod: *Theogonie. Werke und Tage*. Herausgegeben und übersetzt von Albert von Schirnding. Darmstadt 1991.
Hinsbergen, D. J. van, W. J. Zachariasse, M. J. Wortel und J. E. Meulenkamp: „Underthrusting and exhumation: A comparison between the External Hellenides and the ‚hot' Cycladic and ‚cold' South Aegean core complex (Greece)." In: *Tectonics* 24 (2005), 2 (TC2011).
Kempe, Stephan und Wilfried Rosendahl: *Höhlen, verborgene Welten*. Darmstadt 2008.
LaMoreaux, Philip E. und James W. LaMoreaux: „A history of karst studies: from Stone Age to the present." In: *Focus on Geography* 45 (1998), S. 22–27.
Leake, William Martin: *Travels in the Morea*. 3 Bände. London 1830. Nachdruck Amsterdam 1967.
Marnelis, F., N. Roussos, N. Rigakis und V. Karakitsios: *Structural geology of the Western Greece Fold and Thrust Belt. Guide to Fieldtrip No. 1*. AAPG and AAPG European Region Energy Conference and Exhibition 2007. Athen 2007.
Midderigh-Bokhorst, Bernardina: *Glans en gloed uit donkere diepten*. Arnheim 1954.
Mousselimis, Spyros: *The ancient underworld and the oracle for Necromancy at Ephyra*. O.O. 1989.
Pausanias: *Reisen in Griechenland*. Gesamtausgabe in drei Bänden. Aufgrund der kommentierten Übersetzung von Ernst Meyer herausgegeben von Felix Eckstein. 3. Auflage Darmstadt 1986.
Petrocheilou, Anna: *Die Höhlen Griechenlands*. Athen 1984.
Petrocheilou, Anna: *La Grotte de Pérama à Ioannina*. Athen 1988.
Platon: *Phaidon*. In: *Apologie. Kriton. Phaidon*. Übersetzt von Rudolf Rufener, mit einer Einführung von Thomas Alexander Szlezák. Düsseldorf/Zürich 2004.
Ruddiman, William F.: *Earth's Climate. Past and Future*. New York 2001.
Runnels, Curtis N. und Tjeerd H. van Andel: „The early Stone Age of the Nomos of Preveza: Landscape and settlement." In: *Hesperia Supplements* 32 (2003): *Landscape Archeology in Southern Epirus, Greece*. Band 1. S. 47–134.
Seneca: *Hercules Furens*. www.theoi.com/text/SenecaHerculesFurens.html.
Sorel, D.: „A Pleistocene and still-active detachment fault and the origin of the Corinth-Patras rift, Greece." In: *Geology* 28 (2000), S. 83–86.
Thukydides: *Geschichte des Peloponnesischen Krieges*. Übersetzt von Georg Peter Landmann. 2 Bde. Darmstadt 1993.
Turner, Alice K.: *The History of Hell*. New York u. a. 1993.
Vasilopoulou, Vivi: *The Cave of Lakes*. Athen 2002.
Westbroek, Peter: De dynamiek van de aarde. Amsterdam 1991.
Wiseman, James: „Rethinking the ‚Halls of Hades'." In: *Archeology* 51 (1998), 3, S. 12–18.

Der Limbus

Aristoteles: *Über den Himmel*. In: *Werke*. Herausgegeben von Ernst Grumach und Hellmut Flashar. Bd. 12, Teil III. Übersetzt und erläutert von Alberto Jori. Berlin 2009.
Asín Palacios, Miguel: *La escatología musulmana en la Divina Comedia*. Madrid 1919.
Bridoux, André: „Introduction." In: Descartes: *Œuvres et Lettres*. Paris 1953.
Burnet, Thomas: *The Sacred Theory of the Earth […] in Four Books. I Concerning the Deluge. II Concerning Paradise. III The Burning of the World. IV The New Heavens and New Earth*. Glasgow 1681, 1753.
Cohen, Floris: *Die zweite Erschaffung der Welt. Wie die moderne Naturwissenschaft entstand*. Frankfurt/New York 2010.

Dante Alighieri: *Das Gastmahl*. Italienisch und Deutsch. Herausgegeben unter der Leitung von Ruedi Imbach. Übersetzt von Thomas Ricklin. 4 Bde. Hamburg 1996–2004.

Descartes, René: *Les Principes de la Philosophie*. *Œuvres* IX, 2. Facsimile der Ausgabe von 1647. Paris 1989.

Descartes, René: *Die Prinzipien der Philosophie*. Lateinisch-Deutsch. Übersetzt und herausgegeben von Christian Wohlers. Hamburg 2005.

Galilei, Galileo: *Leçons sur l'Enfer de Dante* (*Due Lezioni all'Accademia Fiorentina circa la figura sito e grandezza dell'Inferno di Dante*). Herausgegeben und übersetzt von Lucette Degryse, Nachwort von Jean-Marc Lévy-Leblond. Paris 2008.

Galilei, Galileo: *Siderius Nuncius. Nachricht von neuen Sternen*. Darin: *Dialog über die Weltsysteme* (Auswahl); *Vermessung der Hölle Dantes*. Herausgegeben und eingeleitet von Hans Blumenberg. 2. Auflage Frankfurt am Main 2002.

Gould, Stephen Jay: *Die Entdeckung der Tiefenzeit: Zeitpfeil oder Zeitzyklus in der Geschichte unserer Erde*. München 1990.

Die Jenseitsreise Mohammeds. Liber Scale Machometi. Kitāb al-mi'rādj. Mit einer Einleitung versehen und aus dem Lateinischen übersetzt von Edeltraud Werner. Religionswissenschaftliche Texte und Studien Bd. 14. Hildesheim 2007.

Leonardo da Vinci: *Der Codex Leicester*. Übersetzt von Marianne Schneider. Herausgegeben vom Haus der Kunst, München, und vom Museum der Dinge, Berlin (Ausstellungskatalog). Düsseldorf 1999.

Pfister, Laurent, Hubert H. Savenije und Fabrizio Fenicia: *Leonardo da Vinci's water theory: on the origin and fate of water*. Wallington 2009.

Robinson, Thomas: *The Anatomy of the Earth*. London 1694.

Robinson, Thomas: *New Observations on the Natural History of the World of Matter*. London 1696.

Simoson, Andrew: „The gravity of Hades." In: *Mathematics Magazine* 75 (2002), S. 5.

Simoson, Andrew: *Hesiod's anvil: falling and spinning through heaven and earth*. Washington 2007.

Stensen, Niels (Steno, Nicolaus): *De solido intra solidum naturaliter contento dissertationis prodomus*. Florenz 1669.

Tex, Emile den: *Een voorspel van de moderne vulkaankunde in West-Europa met nadruk op de Republiek der Verenigde Nederlanden*. Amsterdam 1998.

Die Stadt des Dis

Arsuaga, J. L., I. Martínez, A. Gracia, J. M. Carretero, C. Lorenzo und N. García: „Sima de los Huesos (Sierra de Atapuerca, Spain). The Site." In: *Journal of Human Evolution* 33 (1997), S. 109–127.

Cuenca-Bescós, G., C. Rofes und J. García-Pimienta: „Environmental change across the Early-Middle Pleistocene transition: small mammalian evidence from the Trinchera Dolina cave, Atapuerca, Spain." In: *The Geological Society Special Publications* 247 (2005), S. 277–286.

Golany, Gideon S.: *Chinese earth-sheltered dwellings: indigenous lessons for modern urban design*. Honululu 1992.

Hartmann, Peter: „Die Entstehung des Valser Mineralwassers". In: *Bulletin angewandter Geologie* 6 (2001), 1, S. 41–83.

Le Pennec, J.-L., A. Temel, J.-L. Froger, S. Sen, A. Gourgaud und J. L. Bourdier: „Stratigraphy and age of the Cappadocia ignimbrites, Turkey: reconciling field constraints with paleontologic, radiochronologic, geochemical and paleomagnetic data." In: *Journal of Volcanology and Geothermal Research* 141 (2005), S. 45–64.

Luo, Wen-bao: „Seismic problems of cave dwellings on China's Loess Plateau." In: *Tunneling and Underground Space Technology* 2 (1987), 2, S. 203–208.

Miskovsky, Jean-Claude: „Paléoenvironnements de l'homme préhistorique d'après l'étude de karst et des remplissages de grottes et abris." In: *Quaternaire* 8 (1997), 2–3, S. 319–327.

Piedimonte, Antonio Emauele: *Napoli sotterranea: percorsi tra i misteri della citta parallela*. Neapel 2008.

Ren Meie, Liu Zhechun, Jin Jinluo, Deng Xiyang, Wang Feiyan, Peng Buzhou, Wang Xueyu und Wang Zonghan: „Evolution of Limestone caves in relation to the life of early man at Zhoukoudian, Beijing." In: *Scientia Sinica* 24 (1981), 6, S. 843–851.

Stevens, K.: „The Chinese underworld and its hierarchy." In: Robert Benewick und Stephanie Donald (Hg.): *Belief in China: art and politics, deities and morality*. Brighton 1996

Tozzi, Mario: *Italia segreta: viaggio nel sottosuolo da Torino a Palermo*. Mailand 2008.

Voigt, S., A. Tetzlaff, Jianzhong Zhang, C. Künzer, B. Zhukov, G. Strunz, D. Oertel, A. Roth, P. van Dijk und H. Mehl: „Integrating satellite remote sensing techniques for detection and analysis of uncontrolled coal seam fires in North China." In: *International Journal of Coal Geology* 59 (2004), S. 121–136.

Yoon, Hong-key: „Loess cave-dwellings in Shaanxi Province." In: *GeoJournal* 21 (1990), 1/2, S. 95–102.

Zhang, Xianmin, Salomon B. Kroonenberg und Cor B. de Boer: „Dating of coal fires in Xinjiang, northwest China." In: *Terra Nova* 16 (2004), S. 68–74.

Zhang, Xianmin, J. L. van Genderen, H. Guan und Salomon B. Kroonenberg: „Spatial analysis of thermal anomalies from airborne multi-spectral data." In: International Journal of Remote Sensing 24 (2003), 19, S. 3727–3742.

Habsucht

Acosta, José de: *Historia natural y moral de las Indias*. Sevilla 1591. Nachdruck: Mexiko-Stadt 1940.

Agricola, Georg[ius]: *De re metallica*. Herausgegeben und übersetzt von Herbert Clark Hoover und Lou Henry Hoover. New York 1950.

Agricola, Georg[ius]: *Zwölf Bücher vom Berg- und Hüttenwesen*. In neuer deutscher Übersetzung bearbeitet von Carl Schiffner. Darin auch: *Über die Lebewesen unter Tage*. 2. Auflage Düsseldorf 1953.

Beaumont, P.: „The ancient pigment mines of Southern Africa." In: *South African Journal of Science* 69 (1973), S. 140–146.

Bergmannssagen aus dem sächsischen Erzgebirge. Herausgegeben von Dietmar Werner. 4. Auflage Leipzig 1990.

Blunt, Wilfrid: *The compleat naturalist: al life of Linnaeus*. London 1971.

Boomert, Arie und Salomon B. Kroonenberg: „Manufacture and trade of stone artifacts in prehistoric Surinam." In: Bernhard Leopold van Beek u. a. (Hg.): *Ex Horreo*. Amsterdam 1977. S. 9–44.

Castro Caycedo, Gustavo: *El milagro de la Sal*. Bogotá 2006.

Crook, Thomas: *History of the theory of ore deposits*. London 1933.

Cuentos mineros del siglo XX. Antologia. La Paz 1995.

Cunningham, C. G., R. E. Zartman, E. H. McKee, R. O. Rye, C. W. Naeser, O. Sanjinés, G. E. Ericksen und F. Tavera: „The age and thermal history of Cerro Rico de Potosí, Bolivia." In: *Mineralium Deposita* 31 (1996), S. 374–385.

D'Arezzo, Ristoro: *La composizione del mondo*. 1282. Neuausgabe Mailand 1997.

Forbes, Robert J.: „De antieke mijnbouw." In: *Geologie en Mijnbouw* 5 (1943), 1–2, S. 5–8.

Das Gilgamesch-Epos. Stuttgart 2009.

Gowland, William: „The metals in antiquity." In: *The Journal of the Royal Anthropological Institute of Great-Britain and Ireland* 42 (1912), S. 235–287.

Hoffmann, Ernst Theodor Amadeus: *Die Bergwerke zu Falun*. In: *Die Serapions-Brüder*. Darmstadt 1989.

Hübner, Johann: *Curieuses und Reales Natur-Kunst-Berg-Gewerck- und Handlungs-Lexicon: Darinnen nicht nur Die in der Physic, Medicin, Botanik, Chymie [...] Gebräuchliche Termini technici oder Kunst-Wörter [...] ausführlich beschrieben werden [...]*. Leipzig 1727.

Jesus, Prentiss S. de: „Metal Resources in Ancient Anatolia." In: *Anatolian Studies* 28 (1978), S. 97–102.

Jones, John Ellis: „The Laurion silver mines: a review of recent researches and results." In: *Greece & Rome*, Second Series 29 (1982), 2, S. 169–183.

Koark, Hans Joachim: „Zur Altersstellung und Entstehung der Sulfiderze vom Typus Falun." In: *Geologische Rundschau* 52 (1962), S. 124–146.

Kroonenberg, Salomon B.: „Down to earth." In: *Jaarboek Mijnbouwkundige Vereniging* 2000–2001, S. 55–59.

Lagerlöf, Selma: *Nils Holgerssons wunderbare Reise mit den Wildgänsen*. Köln 2011.

Linné, Carl von: *The Dalarna journey together with Journeys to the mines and works*. Übersetzt und herausgegeben von Andrew Casson. Örebro 2007.

Louwe Kooymans, Leendert, Peter van den Broeke, Harry Fokkens und Annelou van Gijn: *Nederland in de prehistorie*. Amsterdam 2005.

Lüschen, Hans: *Die Namen der Steine. Das Mineralreich im Spiegel der Sprache*. 2. Auflage Thun 1979.

Moorey, Peter R.: *Ancient Mesopotamian materials and industries, the archeological evidence*. Oxford 1994.

Nriagu, Jerome O.: „Occupational exposure to lead in Ancient times." In: *The Science of the Total Environment* 31 (1983), S. 105–116.

Polo, Marco: *Il Milione. Die Wunder der Welt*. Übersetzung aus altfranzösischen und lateinischen Quellen und Nachwort von Elise Guignard. Zürich 1983.

Rademakers, Cor M. (Hg.): *De prehistorische vuursteenmijnen van Rijckholt-St. Geertruid*. Maastricht 1998.

Ramírez Velarde, Fernando: *Stollen der Angst*. Berlin 1951.

Roever, Willem Paul und Oen Ing Soen: *Programma van de geologische excursie naar Zuid-Zweden en Zuid-Noorwegen*. Universiteit van Amsterdam 1970.

Rothenberg, Beno: *Timna: valley of the biblical copper mines*. London 1972.

Sözen, Metin (Hg.): *Cappadocia*. Istanbul 2000.

Sundblad, K.: „A genetic reinterpretation of the Falun and Åmmeberg ore types, Bergslagen, Sweden." In: *Mineralium Deposita* 29 (1994), S. 170–179.

Swedenborg, Emanuel: *Opera Philosophica Et Mineralia*. Leipzig 1734.

Swedenborg, Emanuel: *Himmel und Hölle. Beschrieben nach Gehörtem und Gesehenem*. Zürich 1910.

Tegengren, Felix: *Sveriges ädlare malmer och bergverk*. Stockholm 1926.

Theophrast: *Von den Steinen*. Aus dem Griechischen: Nebst Hills physicalischen und critischen Anmerkungen, und einigen in die Naturgeschichte und Chymie einschlagenden Briefen. Nürnberg 1770.

Ujueta, Guillermo L.: „Salt in the Eastern Cordillera of Colombia." In: *The Geological Society of America Bulletin* 80 (1969), S. 2317–2320.

Willies, Lynn: „Report on the 1991 archeological survey of Kestel Tin Mine, Turkey." In: *Bulletin of the Peak District Mines Historical Society* 11 (1992), 5, S. 241–247.

Yang, Hanchen, Xianrui Yi, Shuangting Yi, Song Jianzhong und Min Yaoming: *Xinjiang gems and jades*. Urumqi 1986.

Yener, K. A., H. Özbal, E. Kaptan, A. N. Pehlivan und M. Goodway: „Kestel: an Early Bronze Age source of tin ore in the Taurus mountains, Turkey." In: *Sience* 244 (1989), S. 200–203.

Zedler, Johann Heinrich: *Grosses vollständiges Universal-Lexicon aller Wissenschaften und Künste, welche bißhero durch menschlichen Verstand und Witz erfunden und verbessert worden [...]*. Halle/Leipzig 1732–1754. Photomechanischer Nachdruck Graz 1961.

Der Feuerregen

Haakman, Anton: *De onderaardse wereld van Athanasius Kircher*. Amsterdam 1991.

Richter, Dieter: *Der Vesuv. Geschichte eines Berges*. Berlin 2007.

Walker, Daniel Pickering: *The Decline of Hell. Seventeenth-Century Discussions of Eternal Torment*. Chicago 1964.

Das Ungeheuer Geryon

Baker, B. J. u. a.: „Related assemblages of sulphate-reducing bacteria associated with ultradeep gold mines of South Africa and deep basalt aquifers of Washington State." In: *Environmental Microbiology* 5 (2003), 4, S. 267–277.

Burroughs, Edgar Rice: *At the Earth's Core*. Doylestown (Pennsylvania) 1922.

Casanova, Giacomo: *Eduard und Elisabeth bei den Megamikren*. Berlin/Wien 1922.

Galilei, Galileo: *Dialog über die Beiden Hauptsaechlichen Weltsysteme, das Ptolemäische und das Kopernikanische*. Leipzig 1891. Nachdruck Darmstadt 1982.

Galilei, Galileo: *Unterredungen und mathematische Demonstrationen über zwei neue Wissenszweige, die Mechanik und die Fallgesetze betreffend*. Leipzig 1890. Nachdruck Darmstadt 1964.

Gjevik, Bjørn, Halvard Moe und Atle Ommundsen: „Sources of the Maelstrom." In: *Nature* 388 (1997), 28, S. 837 f.

Gordon, Isabella: „A New Subterranean Crustacean from the West Indies." In: *Nature* 181 (1958), S. 1552 f.

Griffin, Duane A.: „Hollow and habitable within: Symmes's theory of earth's internal structure and polar geography." In: *Physical Geography* 25 (2004), 5, S. 382–397.

Halley, Edmond: „An account of the cause of the change of the variation of the magnetical needle; with an hypothesis of the structure of the internal parts of the Earth." In: *Philosophical Transactions* XVI (1692), S. 563–587.

Holthuis, Lipke Bijdeley: „Zoological results of the British speleological expedition to Papua New Guinea 1975. 7 cavernicolous shrimps (Crustacea, Decapoda, Natantia) from New Ireland and the Philippines.“ In: *Zoölogische Mededelingen* 53 (1978), 19, S. 209–224.

Kollerstrom, Nicholas: „The hollow world of Edmond Halley.“ In: *Journal for the History of Astronomy* 23 (1992), S. 185–192.

Kranjc, Andrej: „Seasonal karst lake Cerknica (Slovenia) – 2000 years of man versus nature.“ In: *Helictite* 39 (2006), 2, S. 39–46.

Manning, Raymond Brendan, C. W Hart und T. M. Iliffe: „Mesozoic relicts in marine caves of Bermuda.“ In: *Stygologia* 2 (1986), 1/2, S. 156–166.

Manning, Raymond Brendan und Lipke Bijdeley Holthuis: „Geryon fenneri, a new deepwater crab from Florida (Crustacea: Decapoda: Geryonidae).“ In: *Proceedings of the Biological Society of Washington* 97 (1984), 3, S. 666–673.

Newton, Isaac: *Die mathematischen Prinzipien der Physik*. Übersetzt und herausgegeben von Volkmar Schüller. Berlin u. a. 1999.

Noordijk, Jinze, Erik J. van Nieukerken und André J. van Loon (Hg.): *De Nederlandse biodiversiteit*. Leiden 2010.

Pedersen, Karsten: „The deep subterranean biosphere.“ In: *Earth-Science Reviews* 34 (1993), S. 243–260.

Pesce, Giuseppe L., Lysiane Juberthie-Jupeau und Françoise Passelaigue: *Mysidacea*. In: Christian Juberthie und Vasile Decu, Société de Biospéléologie (Hg.): *Encyclopaedia biospeleologica*. Bd. 1. Moulis/Cluj-Napoca 1994.

Poe, Edgar Allan: *Im Strudel des Maelstroms*. In: *Erzählungen in zwei Bänden*. Übersetzt von Hedda Eulenberg. Frankfurt am Main 1966. Band 2. S. 253–276.

Sket, Boris: „The nature of biodiversity in hypogean waters and how it is endangered.“ In: *Biodiversity and Conservation* 8 (1999), S. 1319–1338.

Symmes, John Cleves und Americus Symmes: *The Symmes theory of concentric spheres: demonstrating that the earth is hollow, habitable within, and widely open about the poles*. Louisville (Kentucky) 1885.

Szewzyk, Ulrich, Regine Szewzyk und Thor-Axel Stenström: „Thermophilic, anaerobic bacteria isolated from a deep borehole in granite in Sweden.“ In: *Proceedings of the National Academy of Sciences* 91 (1994), S. 1810–1813.

Voltaire (François Marie Arouet): *Mikromegas*. Stuttgart 1984.

Westbroek, Peter: *Terre! Des menaces globales à l'espoir planétaire*. Paris 2009.

Yaldwyn, John Cameron: „Crustacea Decapoda Natantia from the Chatham Rise: a deep water bottom fauna from New Zealand. Biological results of the Chatham Island 1954 expedition.“ In: *New Zealand Department of Scientific and Industrial Research Bulletin* 139 (1960), S. 13–53.

Zoback, Mark D. und Albert Autran: *Scientific rationale for establishment of an international program of continental scientific drilling. Report of the International Meeting on Continental Scientific Drilling*. Potsdam 1994.

Der Pechstrom

Ancient China's Technology and Science. Herausgegeben vom Institute of the History of Natural Sciences, Chinese Academy of Sciences. Beijing 2009.

Buhler, Rich: „Background on the drilling to hell story.“ www.truthorfiction.com/rumors/d/drilltohellfacts.htm.

Dumas, Alexandre (der Ältere): *Voyage au Caucase*. Paris 2002.

Elkind, Peter und David Whitford: „An accident waiting to happen.“ In: *Fortune* 7. Februar 2011, S. 53–71.

Green, T., N. Abdullayev, J. Hossak, C. Riley und A. M. Roberts: „Sedimentation and subsidence in the South Caspian Basin, Azerbaijan.“ In: Marie-Françoise Brunet (Hg.): *South Caspian zu Central Iran Basins. The Geological Society Special Publications* 312 (2009), S. 241–260.

Guliyev, I. und A.A. Feyzullayev: *All about mud volcanoes*. Baku 1997.

Hanway, Jonas: *A historical account of the British trade over the Caspian Sea*. London 1753.

Head, Ian M., D. Martin Jones und Steve R. Larter: „Biological activity in the deep subsurface and the origin of heavy oil.“ In: *Nature* 426 (2003), 344–352.

Heward, A. P., S. Chuenbunchom, G. Mäkel, D. Marsland und L. Spring: „Nang-Nuan oil field, B6/27, Gulf of Thailand: karst reservoirs of meteoric or deep-burial origin?“ In: *Petroleum Geoscience* 6 (2000), S. 15–27.

Jakubov, A. A. und A. A. Alizadeh: *Atlas der Schlammvulkane in Aserbeidschan*. Baku 1971 (Russisch).

Kazansky, V. I., K. V. Lobanov und N. V. Sharov: „From the Kola superdeep borehole section towards 3d models of the Pechenga ore district: 10th anniversary of the discovery no 28 in earth sciences." In: *Bulletin of the Russian Academy of Naturals Sciences* 2 (2007), S. 3–7.

Knott, Terry: „When the pendulum swings." In: *Frontiers* (BP) Dezember 2006, S. 19–25.

Kroonenberg, Salomon B.: „Vulkanisch modderballet." In: *Natuur en Techniek* 70 (2002), 9, S. 54–62.

Kroonenberg, Salomon B., M. D. Simmons, N. I. Alekseevski, E. Aliyeva, M. B. Allen, D. N. Aybulatov, A. Baba-Zadeh, E. N. Badyukova, C. E. Davies, D. J. Hinds, R. M. Hoogendoorn, D. Huseynov, B. Ibrahimov, P. Mamedov, I. Overeem, G. V. Rusakov, S. Suleymanova, A. A. Svitoch und S. J. Vincent: „Two deltas, two basins, one river, one sea: The modern Volga delta as an analogue of the Neogene Productive Series, South Caspian Basin." In: Liviu Giosan und Janok P. Bhattacharya (Hg.): *River Deltas – concepts, models and examples*. Society for Sedimentary Geology Special Publications 83. Tulsa (Oklahoma) 2005. S. 231–256.

Leeuw, Charles van der: *Oil and gas in the Caucasus and Caspian. A history*. Richmond (Surrey) 2000.

Mirzojev, M. A.: *Auf dem Schelf des Kaspischen Meeres*. Baku 1995 (Russisch).

Vetrin, V. R., O. M. Turkina und Øystein Nordgulen: „Surface analogues of ‚grey gneiss' among the Archaean rocks in the Kola Super-deep Borehole. (Experiences from petrological-geochemical modelling of lower crust composition and conditions of formation of tonalitetrondhjemite rocks)." In: *Russian Journal of Earth Sciences* 3 (2001), 3, S. 136–169.

Vogel, Hans Ulrich: „The great well of China." In: *Scientific American* Juni 1993, S. 116–121.

Einstürze

Berendsen, H. J., B. Makaske, O. van de Plassche, M. H. van Ree, S. Das, M. van Dongen, S. Ploumen und W. Schoenmakers: „New groundwater-level rise data from the Rhine-Meuse delta - implications for the reconstruction of Holocene relative mean sea-level rise and differential land-level movements." In: *Netherlands Journal of Geosciences – Geologie en Mijnbouw* 86 (2007), 4, S. 333–354.

Bouvard, Josette: *Le métro de Moscou: la construction d'un mythe soviétique*. Paris 2005.

Diffre, Philippe und Charles Pomerol: *Paris et environs: les roches, l'eau et les hommes. Guides géologiques régionaux*. Paris 1979.

Gaffard, Emmanuel: *Paris souterrain: carrières, catacombes, cryptes, égouts, tunnels*. Paris 2007.

Gans, Wilhelmus de: *ANWB Geologieboek Nederland*. 2. Auflage Den Haag 2008.

Jelgersma, Saskia: *Holocene sea-level changes in the Netherlands*. Mededelingen van de Geologische Stichting C6 (7). Haarlem 1961.

Kroonenberg, Salomon B.: *Onder de groene zoden begint het pas*. Abschiedsrede Technische Universiteit Delft 2010.

Lomonossow, Michail Wassiljewitsch: *Über die Erdschichten*. In: *Ausgewählte Schriften in zwei Bänden*. Band 1: Naturwissenschaften. Berlin 1961. S. 441–549.

Plassche, Orson van de: *Sea-level change and water-level movements in the Netherlands during the Holocene*. Mededellingen Rijks Geologische Dienst 36,1. Haarlem 1982.

Der bleierne Mantel

Bijwaard, Harmen und Wim Spakman: „Tomographic evidence for a narrow whole mantle plume below Iceland." In: *Earth and Planetary Science Letters* 166 (1999), S. 121–126.

Brey, G. P., V. Bulatov, A. Girnis, J. W. Harris und T. Stachel: „Ferropericlase - a lower mantle phase in the upper mantle." In: *Lithos* 77 (2004), S. 655–663.

Chung, Hye-Yoon und James E. Mungall: „Physical constraints on the migrations of immiscible fluids through partially molten silicates, with special reference to magmatic sulfide ores." In: *Earth and Planetary Science Letters* 286 (2009), S. 14–22.

Conrad, Victor: *Laufzeitkurven des Tauernbebens vom 28. November 1923*. Mitteilungen der Erdbeben-Kommission, Österreichische Akademie der Wissenschaften, Mathematisch-Naturwissenschaftliche Klasse, Neue Folge Nr. 59. Wien 1923.

Courtillot, Vincent, Anne Davaille, Jean Besse und Joann Stock: „Three distinct types of hotspots in the Earth's mantle." In: *Earth and Planetary Science Letters* 205 (2003), S. 295–308.

Courtillot, Vincent: *Nouveau voyage au centre de la terre*. Paris 2009.

Dasgupta, Rajdeep und Mark M. Hirschmann: „The deep carbon cycle and melting in Earth's interior." In: *Earth and Planetary Science Letters* 298 (2010), S. 1–13.

Guðmundsson, Ari Trausti: *Living Earth: outline of the geology of Iceland*. Reykjavík 2007.

Holmes, Arthur: *Principles of physical geology*. London 1965.

Holub, Emil: *Sieben Jahre in Süd-Afrika: Erlebnisse, Forschungen und Jagden auf meinen Reisen von den Diamantenfeldern zum Zambesi*. Wien 1881.

Kroonenberg, Salomon B.: *Amphibolite facies and granulite-facies metamorphism in the Coeroeni-Lucie area, southwestern Surinam*. Dissertation Universität Amsterdam 1976.

Meijer, Rob de und Wim van Westrenen: *Hoe werkt de aarde*. Diemen 2009.

Mohorovičić, Andrija: „Earthquake of 8 october 1909" (englische Übersetzung aus dem Kroatischen). In: *Geofizika* 9 (1992), S. 3–55.

Munk, Walter H.: „Affairs of the Sea." In: *Annual Review of Earth and Planetary Sciences* 8 (1980), S. 1–17.

Nemchin, A. A., M. J. Whitehouse, M. Menneken, T. Geisler, R. T. Pidgeon und S. A. Wilde: „A light carbon reservoir recorded in zircon-hosted diamond from the Jack Hills." In: *Nature* 454 (2008), S. 92–95.

Press, Frank, Raymond Siever und John Grotzinger: *Allgemeine Geologie*. 5. Auflage Berlin u. a. 2008

Roberts, Brian: *Kimberley, Turbulent City*. 2. Auflage Claremont (Südafrika) 1984.

Roever, Willem Paul de: „Sind die alpinotypen Peridotit-Massen vielleicht tektonisch verfrachtete Bruchstücke der Peridotitschale?" In: *Geologische Rundschau* 46 (1957),1, S. 137–146.

Zheng, Y.F.: „Sulfur isotopes in the mantle." In: *Naturwissenschaften* 79 (1992), S. 511 f.

Zum Mittelpunkt der Erde

Chojecki, Charles-Edmond: *Voyage dans les mers du Nord à bord de la corvette „La Reine Hortense"*. Paris 1857.

Dupuy, Lionel: *Espace et temps dans l'œuvre de Jules Verne: Voyage au centre de la terre et dans le temps*. Dole 2000.

Dupuy, Lionel: *Géographie et imaginaire géographique dans les Voyages Extraordinaires de Jules Verne: Le Superbe Orénoque (1898)*. Dissertation Université de Pau et des Pays de l'Adour 2009.

Gaimard, Joseph Paul: *Voyage en Islande et au Groënland exécuté pendant les années 1835 et 1836 sur la corvette „La Recherche", commandé par M. Tréhouart, dans le but de découvrir les traces de „La Lilloise"*. Paris 1840.

Gutenberg, Beno: „Low-velocity layers in the earth's mantle." In: *Bulletin of the Geological Society of America* 65 (1964), S. 337–348.

Robert, Eugène: *Géologie et minéralogie. Atlas*. In: Joseph Paul Gaimard: *Voyage en Islande et au Groënland exécuté pendant les années 1835 et 1836 sur la corvette „La Recherche", commandé par M. Tréhouart, dans le but de découvrir les traces de „La Lilloise"*. Paris 1840.

Sand, George: *Laura, voyage dans le cristal*. Paris 2004.

Umbgrove, Johannes Herman Frederik: *The pulse of the earth*. Den Haag 1942.

Verne, Jules: *Reise zum Mittelpunkt der Erde*. Mit sämtlichen Illustrationen der französischen Originalausgabe. München 3. Auflage 2011.

Verne, Jules: *The Extraordinary Journeys: Journey to the Centre of the Earth*. Mit einem Kommentar des Übersetzers William Butcher. Oxford 2006.

Bei Luzifer im Eis

Lehmann, Inge: „P'." In: *Publications du Bureau Central Séismologique International, Travaux Scientifiques*, Série A, 14(3), S. 87–115.

Lehmann, Inge: „Seismology in the Days of Old." In: *Eos* 68 (1987), 3, S. 33–35.

Oldham, Richard Dixon: „The constitution of the interior of the earth, as revealed by earthquakes." In: *Quarterly Journal of the Geological Society* 62 (1906) S. 456–475.

Plutarch: *Drei religionsphilosophische Schriften: Über den Aberglauben, Über die späte Strafe der Gottheit, Über Isis und Osiris*. Griechisch und Deutsch. Herausgegeben und übersetzt von Herwig Görgemanns. Düsseldorf 2003.

Stevenson, David John: „Mission to earth's core – a modest proposal." In: *Nature* 423 (2003), S. 239 f.

Wiechert, Emil: „Über die Massenverteilung im Inneren der Erde." In: *Nachrichten von der Königlichen Gesellschaft der Wissenschaften zu Göttingen, Mathematisch-Physikalische Klasse*, 1897, S. 221–243.

Der Rückweg

Fyfe, W. S., V. Babuska, N. J. Price, E. Schmid, C. F. Tsang, S. Uyeda und B. Velde: „The geology of nuclear waste disposal." In: *Nature* 310 (1984), S. 537–540.

Song, Xiaodong und Paul G. Richards: „Seismological evidence for differential rotation of the earth's inner core." In: *Nature* 382 (1996), S. 221–224.

Song, Xiaodong: „Anisotropy of the earth's inner core." In: *Reviews of geophysics* 35 (1997), 3, S. 297–313.

Vian, Boris: *Der Schaum der Tage*. Berlin 1998.

Personenregister

Abatino, Mariella 35
Achilleus 70, 83
Adam 14, 104
Aeneas 8, 27, 30, 32, 44, 47, 50, 51, 63, 64, 70, 71
Agricola, Georgius 41, 142, 143, 144, 145, 146, 162
Agrippa, Marcus Vipsanius 33, 34, 46, 49, 71
Ahriman 193
Airy, George Biddell 211
Alexander der Große 188
Alfaquím, Abraham 106
Alfons X. 106
Alfraganus (Farghani) 107, 162
Álvarez de Toledo, Pedro 41
Anasazi 121
Anaximander 112
Anaximenes 112
Andersen, Hans Christian 155
Angra Mainyu 193
Anna (Heilige) 149
Annas 12
Apollo, Apollon, Phoibos 29, 32
Apuleius, Lucius 61, 62
Araber 15, 123
Aristodemos von Kyme 32
Aristophanes 66, 67
Aristoteles 102, 107, 110, 112, 138, 141, 160, 162
Asín Palacios, Miguel 102, 105
Atherstone, William Guybon 218, 219
Averroës (Ibn Ruschd) 107
Avicenna (Ibn Sina) 107

Baal 17
Baer, Karl Ernst von 20, 21, 23, 24, 25, 26, 56, 62, 66, 171, 229
Barbara (Heilige) 150
Bennema, Jacob 59, 60
Bentor, Yaakov 18
Besonen, Mark 78, 80
Biraschi, Anna Maria 28
Blas de Roblès, Jean-Marie 38
Boccaccio, Giovanni 29, 177
Boethius, Anicius Manlius Severinus 102
Bonaventura de Siena 106
Boomert, Aad 136
Borellus, Alphonsus 169
Botticelli, Sandro 100, 101
Braun, Georg 38
Breislak, Scipione 41, 48, 49
Brunel, Marc Isambard 203, 204
Burnet, Thomas 118, 119, 120, 163, 167, 168, 169, 176, 240
Burroughs, Edgar Rice 177, 235

Caesar, Gaius Iulius 33, 34
Caramuel y Lobkowitz, Juan 39, 40, 43
Casanova, Giacomo 177, 178, 180, 181, 234, 235
Castro Caycedo, Germán 151
Castro Caycedo, Gustavo 151
Cavendish, Henry 236, 237
Cerulli, Enrico 106
Champollion, Jean-François 170
Charon 38, 40, 61, 62, 63, 65, 66, 67, 68, 70, 71, 73, 74, 77, 78, 80, 83, 85, 91, 98, 100, 105, 106
Chojecki, Charles-Edmond 224
Christophorus (Heiliger) 150
Christus 12, 14, 15, 19, 106, 107, 148
Cicero, Marcus Tullius 102
Clark, Raymond J. 32, 246
Cocceius (Lucius Cocceius Nerva) 33, 46
Cohen, Floris 106, 246
Condamine, Charles Marie de la 41
Conrad, Victor 211
Crook, Thomas 163
Cuvier, Georges Léopold 204, 234
Cvijić, Jovan 91

D'Arezzo, Ristoro 162
Dákaris, Sotíros 81
Danaer 21
Daniel (Heiliger) 149
Dante Alighieri 7, 8, 9, 10, 12, 15, 17, 20, 27, 29, 52, 64, 65, 66, 72, 73, 74, 98, 99, 100, 102, 103, 105, 106, 107, 109, 11, 111, 112, 114, 121, 134, 142, 152, 159, 162, 167, 173, 174, 175, 181, 182, 184, 187, 188, 199, 203, 205, 210, 222, 223, 235, 238, 240, 241, 243, 244, 245
Darwin, Charles 21, 93
David 106
Davy, Humphry 220, 229
Degryse, Lucette 110, 152
Demokrit (Demokritos) 107, 112, 171

Demosthenes 141
Descartes, René 116, 117, 118, 162, 163, 167, 169, 228, 234, 237, 240
Deterding, Henri 195
Dionysos 66, 67, 68
Dis 62, 99, 121
Dokutschajew, Wassili Wassiljewitsch 56, 57
Dolen, Hein van 24
Doré, Gustave 9, 15, 17, 64, 184, 236
Dumas, Alexandre (der Ältere) 41, 193
Dupuy, Lionel 227, 234

Empedokles 11, 107, 112, 160
Eratosthenes von Kyrene 112
Ereškigal 138
Escher, Berend George 37, 47, 93, 238, 239
Euklid von Alexandria 107
Euripides 67
Eurydike 71

Fabris, Pietro 27, 49
Falconi, Marco Antonio delli 49
Findlen, Paula 37, 170, 171
Forbes, Robert Jacobus 138, 142

Gabriel (Engel) 102, 104, 105, 108
Gaimard, Joseph Paul 224
Galen (Galenos von Pergamon) 107
Galilei, Galileo 38, 110, 111, 112, 174, 176, 241
Gamaliel 12
Gerritsen, Theo 159, 246
Geryon 175, 182, 183, 184
Gladstone, William 23
Goethe, Johann Wolfgang von 41
Gordon, Isabella 182
Gould, Stephen Jay 118, 169
Gregory, James Reynolds 219
Gutenberg, Beno 233, 237

Haakman, Anton 170, 246
Hades (Gott) 12, 13, 14, 62
Hadrian (Kaiser) 86
Halley, Edmond 176, 180, 234, 235
Hamilton, William 40, 41, 49, 50
Hanway, Jonas 188
Heggen, Richard 116, 120
Helmont, Johan Baptista van 39
Hephaistos 35
Herakles 8, 67, 71, 86
Heraklit 107
Herodot 24, 26, 66, 69, 71, 83, 85, 88
Hesiod 68, 69, 82, 107, 108
Hess, Harry Hammond 222
Hethiter 123, 142
Hippokrates 107
Hoefnagel, Georg (Joris) 38
Hoffmann, Ernst Theodor Amadeus 156
Hogenberg, Frans 38

Holthuis, Lipke Bijdeley 37, 93, 181, 182, 238, 239
Homer 21, 23, 24, 26, 34, 62, 65, 66, 68, 69, 77, 78, 80, 98, 107
Hoover, Herbert Clark und Lou 144, 162
Horaz (Quintus Horatius Flaccus) 102, 107
Humboldt, Alexander von 150, 152, 233
Hutton, James 163, 237
Huygens, Christiaan 38, 120, 170

Ignarro, Louis 36
Inanna (Göttin) 138
Iphikrates 88
Israelsson, Mats 156

Jahwe 17, 18
Jelgersma, Saskia 208
Jeremia 17
Jesaja 12
Jesus 12, 14, 15, 102, 149
Jiménez de Quesada, Gonzalo 150
Johannes 12, 18, 22, 80, 98, 102, 139
Jorio, Andrea de 71, 72
Joseph 12
Joseph von Arimathea 14

Kaganowitsch, Lasar Moissejewitsch 205
Kaiphas 12
Kapaneus 173, 174
Kepler, Johannes 112, 175
Kimmerier 22, 23, 24, 25, 26, 71
Kircher, Athanasius 37, 38, 39, 40, 43, 169, 170, 171, 172, 173, 174, 175, 178, 181, 218, 229
Kirke (Göttin) 21, 22, 23, 25
Koark, Hans Joachim 164
Kollerstrom, Nick 176
Kopernikus, Nikolaus 112, 175

Lagerlöf, Selma 156
Lästrygonen 23, 24, 77
Leake, William Martin 86
Lehmann, Inge 238
Leibniz, Gottfried Wilhelm 38, 170
Leonardo da Vinci 113, 114, 116, 118, 234, 240
Lermontow, Michail Jurewitsch 26
Leukipp (Leukippos) 112
Lévy-Leblond, Jean-Marc 111, 152
Lewinsohn, Chanan 181
Linné, Carl von 153, 154, 155, 156
Livius, Titus 34, 102
Lomonossow, Michail Wassiljewitsch 207
Lot 18
Lucanus, Marcus Aenneus 107
Lukian von Samosata 61, 62
Lukrez (Titus Lucretius Carus) 28, 34, 142, 160, 161, 163
Luzifer 9, 100, 110, 159, 235, 236, 243

Lyell, Charles 49, 237
Lykophron aus Chalkis 32

Mahmudoglu, Fuad Haji-Zadeh 187, 190, 193, 196, 199
Maiuri, Amedeo 29, 32
Manetti, Antonio 109, 110, 111
Manning, Raymond Brendan 181, 182, 183
Maria (Muttergottes) 149
May, Karl 223
Medici (Familie) 102
Meijer, Rob de 218, 242
Meister von Delft 13
Menke, Theodor 23
Merz, Heinrich von 23
Michael (Erzengel) 14
Micromégas 180
Mohammed 102, 104, 105, 106, 108
Mohorovičić, Andrija 210, 211, 216, 222, 242
Moloch 17
Moorey, Peter Roger Stuart 137
Mouselímis, Spýros 73, 80
Munk, Walter Heinrich 222
Muisca (Chibcha) 150

Naber, Samuel Adrianus 25
Newton, Isaac 120, 170, 175, 176, 236, 237
Niekerk, Schalk van 218, 219
Niiranen, Kari 157
Nikodemus 12, 107
Nobel, Alfred 195

Octavian (Augustus) 33, 49, 71
Odysseus 8, 20, 21, 22, 23, 26, 63, 66, 68, 77, 78, 82
Oldenburg, Henry 170
Oldham, Richard Dixon 237, 238
Olsdotter, Margareta 156
Orcagna (Andrea di Cione) 114
Orpheus 8, 71
Ortelius, Abraham 38, 261
Ovid (Publius Ovidius Naso) 31, 34, 71, 86, 102, 107

Palinurus 63
Patenier, Joachim 85
Pausanias 68, 70, 71, 77, 83, 86, 88
Proserpina (Persephoneia) 62, 149
Petrocheilou, Anna 83, 121
Petrus de Ebulo 35
Petschorin, Grigorij Alexandrowitsch 26
Platon 68, 77, 102, 107, 112, 113, 114, 118, 120, 162, 234, 240
Plinius der Ältere (Gaius Plinius Secundus Maior) 40, 41, 71, 77, 138, 141, 145, 162
Plutarch 237, 241
Poe, Edgar Allan 178, 179
Poisson, Siméon-Denis 229
Polo, Marco 138, 188
Polygnotos 68
Pratt, John Henry 211
Psyche 61, 62
Ptolemäus, Claudius 107, 110

Qin Shihuangdi 58
Quaranta, Salvatore und Michele 124, 127

Rawstorne, Fleetwood 219
Richter, Charles Francis 237
Richter, Dieter 173
Riou, Édouard 225, 226, 230, 231
Rittmann, Alfred 45, 51
Robert, Eugène 224, 225, 227
Robinson, Thomas 120
Römer 34, 37, 47, 51, 61, 66, 81, 123, 124
Roever, Willem Paul de 152, 153, 211, 212, 214
Russo, Silvana 42, 43, 246

Saccone, Roberto 106
Sahathor 141
Salomon (König) 15, 16, 17, 124, 139
Sand, George 231, 241
Satan 12, 13, 14, 18, 65
Seneca, Lucius Annaeus 40, 71
Serapis 47, 48
Sibylle von Cumae 30, 31, 32, 33, 46, 63, 70
Siemens, Werner und Carl Wilhelm 195
Simoson, Andrew 108
Soen, Oen Ing 152, 153, 164
Spallanzani, Lazzaro 41
Spinoza, Baruch de 170
Spruner, Karl von 23
Spurr, Josiah Edward 163
Statius, Publius Papinius 102
Stensen, Niels (Nicolaus Steno) 118
Stevenson, David John 240
Strabon 28, 33, 35, 69, 71, 77, 85, 88
Straet, Jan van der 10
Sumerer
Swedenborg, Emanuel 154, 155, 239
Symeon 12
Symmes, John Cleves junior 234

Tammiksaar, Erki 20, 246
Tegengren, Felix Reinhold 155
Teiresias 21, 26
Tex, Emile den 160
Thales 107, 112
Theophrast (Theophrastos von Eresos) 138, 139, 141, 142, 145, 160, 162
Theseus 8
Thetis 83
Thukydides 66, 77, 78, 80, 141
Toledo, Pietro Giacomo da 49
Tolstoi, Lew Nikolajewitsch 57

Touret, Jacques 215
Tozzi, Mario 125, 126
Troer 21
Tschechow, Anton Pawlowitsch 57
Tsutskin, Jewgeni Wassiljewitsch 56, 57
Twain, Mark 41

Uiguren 133, 188
Umbgrove, Johannes Herman Frederik 233

Varriale, Rosario 34, 44, 246
Velarde, Fernando Ramirez 148
Vellutello, Alessandro 110
Venus (Göttin) 61, 62, 154, 155
Vergil (Publius Vergilius Maro) 27, 28, 30, 32, 33, 37, 47, 50, 51, 63, 64, 65, 70, 71, 72, 102, 108, 178, 180, 182, 205, 288, 241, 245
Verne, Jules 178, 223, 224, 225, 226, 227, 228, 229, 231, 232, 233, 235
Vian, Boris 244
Voltaire 180
Voß, Johann Heinrich 23

Walker, Daniel Pickering 169, 147
Wegener, Alfred 45, 96
Welter-Schultes, Francisco 33
Westbroek, Peter 94, 179
Westrenen, Wim van 218, 242
Wiechert, Emil 236, 237
Woinowitsch, Marko Iwanowitsch 195
Wolfgang (Heiliger) 149

Zedler, Johann Heinrich 146
Zeus 21, 68, 88
Zhang Xiangmin 129, 130, 131, 132
Zoroaster, Zarathustra 193

Geographisches Register

Abchasien 108
Abşeron 188
Achaia 68
Acheron 22, 61, 65, 66, 67, 68, 70, 72, 73, 74, 76, 77, 78, 80, 82, 90, 91, 98, 100, 160, 169, 190, 211
Acherusischer See 68, 71, 77, 78, 79, 80, 82
Acıgöl 122
Afghanistan 97
Ägypten 141
Aiaia 21, 25
Al-Andalus 107
Alpen 25, 97, 121
Altamira 121
Åmmeberg 153
Ammoudia 78
Amsterdam 9, 116, 150, 152, 205, 206, 207, 208, 209
Antarktika, Antarktis 11, 60
Aornos 27, 28, 71
Apennin 97
Aragonit 94
Arimathea 12, 14
Arnarstapi 224
Aroania (Chelmos) 82
Aserbaidschan 187, 188, 189, 190, 192, 193, 194, 195, 196, 198, 199, 200, 201
Asowsches Meer 24, 62
Astrachan 21
Astroni 44, 47, 50, 51
Atapuerca 121
Athen 141, 147
Ätna 160, 168, 171, 172
Attische Halbinsel 141
Australien 209, 221
Auvergne 37, 211, 227
Avernus, Lago d'Averno 27, 28, 29, 30, 32, 33, 34, 35, 37, 41, 44, 46, 47, 49, 50, 51, 61, 70, 71, 72, 80, 98, 122, 142, 150, 228
Azeri Chirag Güneşli 200

Baarlo 58
Babel 100, 188
Badachschan 138
Baja California 222
Baku 187, 188, 190, 192, 193, 195, 196, 199
Balachany 193
Balaklawa 23, 24
Barendrecht 37
Barentssee 178
Be'eri 18
Bibi Heybat 195, 196
Big Hole 219, 220
Bocca Grande 35, 36, 37, 39
Bolivien 147, 149
Bosporus 24
Botsára 76, 77
Brabantse Wal 52
Bristolkanal 176
Bucht von Pozzuoli 33, 45, 46, 51

Capri 34, 47
Celebes (Sulawesi) 211
Cerro Rico 147, 148
Chauvet 121
Chelmos (Aroania) 82
China 58, 128, 131, 188
Cigliano 44
Coeroeni 212, 214
Colesberg Kopje 219, 220
Corantijn 212, 213, 214
Cordillera Mediterránea 97
Cordillera Oriental 150
Cueva de los cristales 231
Cueva del Guácharo 233
Cuma (Cumae, Kyme) 28, 30, 32, 33, 34, 46, 71, 124

Derinkuyu 122, 123
Dsungarei 129

Ephyra (Ephyre) 77
Epirus 66, 67, 90
Erciyes Daği 122

Faizabad 138
Falun 152, 153, 154, 155, 156, 159, 163, 164, 166, 211, 239
Florenz 34, 114

Gällivare 101, 161
Gauro 44
Gehenna (Ge-Hinnom) 17, 18
Geißenklösterle 46
Gelber Fluss (siehe Huanghe)
Gelendschik 25
Georgien 25

Giant's Causeway 216
Gießen 20
Glykýs Limén 77, 78, 79
Gobi 127
Golanhöhen 18
Golgota 15,16
Gorgippa 25, 26
Grängesberg 153, 157
Graubünden 133
Griechenland 61, 67, 68, 72, 83, 90, 91, 93, 121
Grimsvötn 216
Grönland 11, 153, 224
Grotta del Cane 37, 38, 40, 41, 42, 43, 51, 141, 169
Grotta della Sibilla 29, 31
Guadalupe (Insel) 222
Gurbantünggüt 129
Guyana 214

Hasan Daği 122
Hawaii 215, 218
Hazor 18
Herculaneum 29, 34
Hermonassa 25
Hinnomtal 17
Hopetown 218, 219
Hotan 137
Huanghe (Gelber Fluss) 58, 127, 133
Hubei 158
Hundsgrotte (siehe Grotta del Cane)

Ijsselmeer 208
Ikonium 142
Il Pericolo 50, 51
Ioannina 81, 90
Island 94, 96, 135, 178, 215, 216, 221, 223, 224, 225, 227, 228, 233, 234

Jack Hills 221
Jangtsekiang 58
Java 37
Jericho 18
Jerusalem 12, 13, 15, 16, 17, 18, 91, 93, 102, 109, 110, 124, 204, 241, 244
Juda 17

Kalmückien 56
Kamennaja-Steppe 57
Kappadokien 122, 123, 133, 151
Karpaten 97
Kasachstan 201
Kaspisches Meer 21, 57, 97, 191, 195, 196, 199
Kaukasus 24, 57, 97, 196, 202
Kelazha 130
Kentucky 233
Kertsch, Straße von 24, 25, 26, 62, 98
Kestel 139, 140, 141, 165
Ketef Hinnom 17
Kidron 18
Kiirunavaara 156, 157, 213
Kimberley 219
Kimmerikon 25
Kirmaky-Hügel 190, 191, 192, 193
Kiruna 156, 157, 158
Kokytos 22, 66, 67, 68, 70, 72, 80, 100, 169, 224, 235, 236
Kola, Halbinsel 202, 210, 211
Köln 209
Kolumbien 150, 151, 233
Korinth 86
Krakatau 45
Krim 23, 24, 71
Kuban 24
Kunlun 137

Laacher See 29
Lago d'Averno (siehe Avernus)
Lago di Agnano 41
Lago di Bolsena 45
Lago di Bracciano 45
Lago di Lucrino 27, 33, 49, 71
Lago di Vico 45
Lago Fusaro 71
Landmannalaugar 135
Lappland 158
Lascaux 121, 137
Laurion 141, 147, 158
Lekkerkerk 58
Lethe 64, 67, 71
Levante 123
Lidenbrock-Meer 233, 234, 242
Limburg 127, 134, 146, 209
Lipland 52, 93
Liuhuanggou 131
Lofoten 178
Lokbatan 192
London 155, 203, 219

Mammoth-Höhle 233
Meleke 15
Mesopotamien 137
Mesopotamon 80
Mesorougi 82
Mexiko 182, 196, 200, 231
Milet 112
Mingrelien
Mittelatlantischer Rücken 96, 215
Mittelmeer 46, 91, 93, 96, 97
Monte Nuovo 49, 50, 51
Monte Ruscello 44, 47
Moresnet 58
Moskau 57, 187, 205, 207
Moskenstraumen 178

Naica 231
Nang Nuan 200

Neapel 27, 28, 33, 39, 41, 42, 45, 46, 49, 50, 122, 124, 125, 126, 127, 157, 193, 204
Negev 139
Nonakris 69
Nordbrabant 52
Nordirland 216
Nordsee 97, 196, 207, 208, 209
Nymphaion 25

Odessa 25
Ogygia 25
Olympos, Olymp 21, 108
Ostsee 178

Paestum 34
Pantikapaion 25, 26
Paramythia 76
Paris 56, 116, 170, 204, 224
Parthenope 124
Pazifik 222, 244
Pazifischer Feuerring 242
Peloponnes 68, 69, 82
Peqiin-Höhle 91
Peramahöhle 90
Persien 188
Phanagoria 25, 26
Pheneos 69, 86, 91
Phlegethon (Fluss) 22, 25, 68, 71, 72, 99, 169
Phlegräische Felder, Campi Flegrei 32, 44, 45, 46, 47, 49, 50, 51, 122
Pindosgebirge 121
Plymouth 176, 178
Pompeji 29
Pontgibaud 227
Portus Iulius 33, 49
Posillipo 46
Postojna 181
Potosí 147, 149, 165
Pozzuoli (Puteoli) 35, 40, 46, 47, 48, 49, 50
Pyriphlegethon (siehe Phlegethon)

Quarto 44

Ravenna 34
Reykjavík 223
Rhône 73
Rokin 206, 207, 208, 209
Rom 29, 34, 61, 169, 170, 176
Rotterdam 209
Rovaniemi 158
Royat 37
Russland 21, 26, 46, 56, 57, 202

Sainte-Marie-aux-Mines 142
San Vito 44
Sankt Petersburg 20, 21
Santorin 18
Schiana 44
Schwarzes Meer 23, 24, 25, 26, 190
Schweden 101, 156, 157, 161
Senga 44
Sewastopol 23, 24
Shah Deniz 199, 200
Sierra de Atapuerca 121
Sima de los Huesos 121
Sima Qian 58
Sinai-Halbinsel 137
Slowenien 181
Snæfellsjökull 223, 224, 225, 227, 228, 234
Snæfellsnes 227
Soccavo 44
Sodom 18
Solfatara 35, 36, 37, 39, 41, 44, 47, 50, 51, 132, 155, 193, 221
Soreq-Höhle 91
Spílaio ton Limnón 83, 85, 91
Stromboli 171, 234
Stymfalia 86
Stymphalischer See, stymphalisches Schluckloch 85, 86, 87, 88, 91
Stymphalos 86, 88
Styx 22, 25, 30, 49, 66, 68, 69, 70, 71, 72, 73, 82, 83, 84, 85, 91, 99, 181, 182
Südafrika 159, 165, 185, 200, 218, 219
Surachani 193
Surinam 136, 182, 212, 213, 214, 215, 219, 243
Swasiland 137

Taberg 153
Taman 25, 26
Tangkuban Perahu 37
Tartaros 21, 22, 63, 68, 70, 98, 107, 108, 11, 142
Tartu 20, 21
Taurusgebirge 139
Tengiz 201
Themse 203
Theodosia 25
Thesprotia 66, 68, 71, 72, 76, 80
Thingvellir, Þingvellir 215
Tian Shan 129
Toiano 44
Totes Meer 18
Trient 203, 205
Tripergole 50, 51
Troodosgebirge 97
Tsouknída 80
Tusla 26

Ukraine 25, 26
Unterkrain 181
Ur 138
Ürümqi 130

Vallonet 121
Vals, Valsertal 133

Vatnajökull 216
Vatnshellir 229
Venedig 34, 181
Venezuela 233
Vesuv 34, 45, 47, 49, 124, 126, 171, 172, 173, 174
Vigevano 39
Voronya-Höhle 108
Vulkaneifel 29

Wageningen 53, 55, 57, 59
Witwatersrand 159
Wolga, Wolgadelta 21, 192, 195, 198

Xi'an 58
Xinjiang 128, 129, 130, 133, 137

Yanar Dağ 190
Yasamal- Hügel 190, 191
Ydata Stygós 82
Yellowstone 45

Zagreb 210
Zentralanatolien 139
Zhoukoudian 121
Zinkgruvan 153
Zion (Berg) 17
Zipaquirá 150, 151, 234
Zirknitz 181
Zypern 97, 212

Sachregister

Abteufen 159
Achat 26, 138
Actinobacteria 186
Aktualismus 164
Alaun 41
Altes Testament 18, 106
Altsteinzeit (Paläolithikum) 134
Amethyst 162
Anasazi 121
Antiklinale 76, 97, 190, 191, 193, 195, 197
Antro della Sibilla 30, 31, 32, 35, 46
Apatit 158
Apokalypse 18, 22, 98, 139, 169
Aquädukt 86, 125
Archäologie 81, 169
Arsen 39, 43, 58
Arsensulfid 35, 36, 39
Asche 25, 30, 45, 47, 50, 51, 53, 60
Asseln 37, 93, 182, 185, 234, 245
Asthenosphäre 165, 216, 233, 237, 242
Atmosphäre 11, 55, 60, 88, 90, 95, 96, 129, 209, 220, 221, 228, 240, 243
Aufklärung 56, 114, 120, 175
Auripigment (Orpiment, Arsenblende) 39

Bakterien 185, 191, 201, 242, 243
Bank (Gesteinsschicht) 76
Barium 242
Basalt 9, 95, 137, 165, 204, 211, 213, 215, 216, 221, 222, 225
Basismoor 206, 208, 209
Bergbau 133, 134, 136, 139, 142, 144, 145, 147, 153, 154, 155, 159, 166, 204
Berggeist 145, 146, 148, 155, 156
Bewetterung 142
Bibel 12, 17, 18, 19, 102, 118, 142, 179, 235
Bicarbonation, Hydrogencarbonation 89, 95, 96
Bims 45, 50
Binnendüne 207
Biodiversität 55, 184
Biodiversitäts-Hotspot 181
Biosphäre, tiefe 242
Bismut 139, 147
Bitumen, Erdpech 162, 172, 188, 191
Blei 139, 141, 144, 146, 147, 148, 161, 162, 164, 179, 180, 210, 222, 231, 237, 242
Blende 146
Blowout, Blowout-Preventer 200
Bodenabsenkung 201, 208
Bodenbildung 53
Bodenbiologie 53
Bodenchemie 53
Bodenfruchtbarkeit 53
Bodenhorizont 53, 127
Bodenklassifikation 53, 59
Bodenkörper 53
Bodenkunde 55, 56, 59
Bodenmechanik 53
Bodenprofil 53, 55, 60, 98
Bodenschätzung 53, 59
Bohrinsel, Bohrplattform 199
Bohrlochgeophysik 198
Bohrmuschel 48, 50
Bohrspülung 242
Bohrstrang 243
Bohrung 33, 58, 60, 78, 185, 193, 197, 198, 199, 200, 201, 202, 207, 209, 210, 222
Bradyseismus, Bradyseismik 47, 49
Braunstein 137
Bronzezeit 123, 137, 139, 140
Bündnerschiefer 133

Calcit 90, 94, 95, 232, 243
Calcium 95
Calciumcarbonat 88, 89, 94, 95, 243
Caldera 29, 44, 45, 46, 49, 51
Carbonation (siehe Bicarbonation)
CAVE (Cave Automatic Virtual Environment) 198
Cenote 92
Chondrit 239, 240
Chrysokoll 138
Cinnabarit (Zinnober) 7, 35, 142
Cocciopesto 43
Conrad-Diskontinuität 211, 214
Cordierit 213
Crustacea 183, 239

Damaskustor 15, 16
Dämon 147, 237
Dampfquelle 44, 132
Deepwater Horizon 200
Devon 121, 228
Diamant 60, 218, 219, 220, 221, 230, 231, 242, 243, 245
Differentiation 239, 240

Doline 91, 92, 120
Dolmen 26
Doppelspat 94
Druse, Geode 232
Dünnschliff 152

Edelman-Bohrer 55, 122
Edelstein 58, 61, 93, 94, 137, 138, 139, 160, 162
Eis 9, 29, 88, 100, 159, 160, 168, 216, 227, 229, 235, 236, 243
Eiskappe 11, 60, 96, 207
Eisschild 216
Eisen 54, 102, 121, 139, 144, 161, 162, 164, 209, 216, 221, 236, 237, 238, 239, 241
Eisenzeit 139
Eiszeit 127, 205
Eiszeitzyklus 91
Elysische Gefilde 63, 142, 153, 180, 213
Erdbeben, Seismische Welle 11, 15, 18, 47, 49, 128, 165, 176, 180, 199, 203, 210, 216, 222, 229, 237, 238, 240
Erdgas 10, 47, 186, 190, 191, 192, 193, 196, 197, 199, 201, 209, 210, 243
Erdkern (äußerer, innerer) 7, 108, 117, 118, 167, 180, 216, 229, 234, 235, 236, 237, 238, 240, 241
Erdkruste 10, 55, 77, 108, 115, 116, 117, 163, 164, 165, 167, 171, 179, 180, 191, 201, 202, 211, 212, 213, 214, 215, 221, 222, 228, 229, 232, 233, 240, 241, 242, 243
Erdmantel (oberer, unterer) 108, 165, 211, 212, 215, 216, 218, 219, 220, 222, 233, 240, 242, 243, 245
Erdöl 25, 188, 190, 191, 193, 196, 197, 198, 200, 201, 209, 210, 220, 242, 245
Erdölfalle 191
Erdölfenster 191, 243
Erdpech (siehe Bitumen)
Erdzeitalter 96
Erosion, erodieren 96, 116, 120, 122, 162, 212
Eruptionssäule 45
Eruptivförderung 190
Erz 7, 139, 144, 145, 148, 149, 154, 157, 158, 163, 166, 199, 221, 245
Evolution 7, 8, 11, 93, 94, 183
Extremophile 185

Fadenwürmer 185
Fangaia 35, 37
Feldspat 95
Ferroperiklas 216, 220
Feuer 11, 12, 14, 18, 19, 25, 43, 50, 98, 100, 104, 112, 113, 139, 160, 161, 162, 163, 167, 168, 169, 171, 172, 187, 193, 216, 221, 231, 233, 235
Feuersetzen 141
Feuerstein 60, 76, 81, 134, 135, 136, 158, 167
Fliehkraft 176, 239
Flözbrand, Kohlebrand 129, 130, 131, 132
Flugsand 207
Flyschsandstein 74
Fossil 78, 94, 204, 207, 208, 209, 228, 234
Fruchtbarer Halbmond 123
Fumarole 35, 51

Gaskondensat 201
Gelbes Galmeiveilchen 58
Geode (siehe Druse)
Geologisches Profil 76
Geophysik 196, 198, 210, 222, 233, 240
Geothermie 243
Geysir 233
Gezeiten 176, 178, 229
Gips 57, 88, 138, 139, 162, 204, 221
Gipskristalle 7, 41, 231
Gletscher 123, 207, 232, 234
Gletscherschild 216
Glimmer 95, 156, 213
Glimmerschiefer 133, 141, 220, 229
Glutlawine, pyroklastischer Dichtestrom 45
Gneis 213, 229
Gobstopper 8, 19, 22, 55, 90, 98, 100, 112, 114, 115, 119, 120, 138, 163, 210, 232, 237, 238, 239
Göpel 153, 154, 188
Göttliche Komödie 65, 102, 105, 106
Gold 26, 56, 58, 61, 62, 104, 124, 139, 141, 142, 144, 146, 149, 150, 154, 159, 161, 162, 163, 165, 185, 210, 219, 222, 223, 232, 238
Grabenbruch, Mittelozeanischer Rücken 215, 164, 165, 166
Grabeskirche 15
Granat 213
Granit 95, 137, 164, 185, 186, 211, 212, 228, 229, 233, 236, 240
Gravitation, Gravitationsgesetz 108, 176, 239
Grubenlampe 220
Grubenlüfter 132
Grundgebirge 82, 228
Grundwasser 47, 57, 58, 66, 89, 120, 181, 183, 185, 206, 207, 219
Grünstein (Diabas) 133

Hades (Unterwelt) 21, 22, 25, 68, 75, 76, 77, 78, 80, 81, 98, 237
Hämatit 137, 138
Handstück 152, 153, 166, 170
Himmel 7, 11, 18, 19, 21, 27, 30, 58, 60, 64, 74, 81, 102, 104, 107, 112, 138, 142, 155, 161, 170, 200

Höhle 8, 14, 15, 18, 29, 30, 32, 33, 38, 39, 40, 46, 49, 83, 85, 86, 98, 90, 91, 93, 96, 97, 108, 114, 118, 119, 121, 122, 123, 124, 127, 128, 132, 137, 181, 182, 183, 185, 200, 228, 231, 233, 241, 244
Höllenfahrt 12, 13, 19, 34, 105, 107
Hohlerde 176, 177, 180, 232, 234
Hotspot 215, 216, 218, 219
Humus 54, 55, 56, 89
Hyazinth 139
Hydrophon 197

Ignimbrit 45, 122, 123
Ilias 21, 70
Inkohlung 129
Isostasie 211
Isotop 91, 96, 220, 221
Isrā', Kitāb al-isrā' 102, 106

Jade, Nephrit 137
Jaspis 138
Jökulhlaup (Gletscherlauf) 216
Jungsteinzeit (Neolithikum) 134
Jura 96, 97, 129, 141, 183, 200
Jurakalk 74, 77, 181, 200

Kalk 18, 43, 47, 53, 56, 76, 80, 82, 83, 88, 90, 91, 93, 94, 95, 96, 97, 120, 121, 123, 127, 129, 133, 139, 162, 171, 191, 204, 209, 243
Kalkschlamm 96
Kalkstein 9, 10, 15, 17, 47, 74, 78, 81, 89, 90, 91, 94, 95, 96, 121, 124, 134, 136, 182, 220, 228
Kaltzeit 46, 91, 96, 123, 127, 133, 207, 216
Kammerbau, room and pillar 204
Karbon 228
Karst 46, 91, 95, 97, 120, 121, 181, 200, 233
Karstsenke 91
Karsttrichter 91, 93
Katakomben 125, 126, 204, 244
Kies 134, 135, 186, 209
Kimberlit 219, 242
Kleimarsch 59, 60
Kobalt 146
Kohlebrand (siehe Flözbrand)
Kohlendioxid 11, 29, 37, 39, 43, 47, 74, 88, 96
Kohlenstoff 55, 60, 88, 95, 220, 221, 243
Kohlenwasserstoff 210
Kontinentalschelf 196, 201
Konvektionsströme 216, 245
Koralle, Korallenriff 36, 198
Koran 104, 106
Korngröße 54
Krater 29, 30, 33, 35, 37, 41, 42, 44, 45, 46, 47, 50, 51, 111, 122, 147, 155, 172, 223, 225, 227, 232
Kreide (Erdzeitalter) 17, 96, 97, 121, 134, 150, 181
Kreide (Gestein) 81, 135
Kreidekalk 75, 76, 77, 82, 91, 181, 204
Kupfer 137, 138, 139, 152, 153, 156, 158, 161, 162, 164, 172, 239
Kupfererz (Chalcopyrit) 139, 153, 156, 161, 162, 163, 164
Kurgan (Grabhügel) 26, 57

Lapislazuli 138, 139
Lava 25, 30, 50, 113, 122, 123, 124, 131, 160, 225, 227, 228, 229, 245
Lavatunnel 227, 228
Limbus 99, 106, 111, 112, 114
Lithosphärenplatte 165, 212, 215, 221, 242
Lithosphärischer Mantel 165
Löss 56, 57, 122, 128, 132, 133, 141
Luft 11, 29, 33, 39, 42, 43, 52, 55, 56, 59, 60, 117, 118, 119, 123, 125, 126, 131, 132, 142, 145, 146, 157, 160, 171, 179, 180, 192, 196, 206, 227
Luftpulser, Air gun 196, 197
Lutet 204

Magma 47, 163, 166, 211, 215, 221
Magmakammer, Magmaherd 45, 46, 47, 51, 218, 245
Magnetit 158
Magnitude 47, 237
Mahlstrom, Maelström 68, 178, 181, 245
Malachit 7
Malebolge 99, 110, 205
Mantel (siehe Erdmantel)
Meeresboden 164, 166, 179, 185, 196, 197, 200, 201, 207
Meeresspiegel 25, 26, 59, 96, 113, 116, 125, 207, 208, 215, 222, 228, 242
Meerwasser 48, 93, 96, 164, 166, 201, 221
Megamikren 177, 180, 181, 185
Mergel 162, 204, 209
Mesozoikum, mesozoisch 96
Messschiff 196
Meteorit 216, 221, 236, 239, 243
Methan 185, 192, 203
Metro, U-Bahn 203, 204, 205, 206, 209, 244, 245
Milben 183, 185
Minerale 37, 38, 48, 93, 94, 95, 137, 138, 139, 142, 152, 153, 158, 160, 162, 163, 164, 171, 173, 211, 213, 216, 219, 220, 221, 223, 231, 232, 239
Mi'rāj, Kitāb al-mi'rāj 102, 105, 106, 108, 109, 235
Mittelozeanischer Rücken (siehe Grabenbruch)
Mofette 37, 47
Mohole 222

Mohorovičić-Diskontinuität, Moho 211, 222, 242
Monolith 55, 56
Moor, Moorboden 11, 67, 129, 205, 206, 207, 208, 220
Moräne 133, 205
Munsell-Farbkarten 53
Muskovit 213
Muttergestein 191, 219

Nachal 18
Neandertaler 18, 121
Nekromanteion 66, 72, 80, 81, 98
Neolithikum (siehe Jungsteinzeit)
Nephrit (siehe Jade)
Neues Testament 12, 18
Nickel 146, 216, 221, 236, 237, 239, 241
Nipptide 176

Obolus 61, 62, 63, 64, 65, 66, 68
Obsidian 134, 135
Ocker 39, 137, 142
Odyssee 22, 23, 66, 70
Ökosystem 11, 55, 183, 185
Offenbarung des Johannes (siehe Apokalypse)
Offshore 195, 197, 199, 200
Okeanos 22, 23, 68, 69, 77, 96, 97, 112
Olivin, Peridot 211, 212, 216, 219, 232, 240
Onyx 138
Opus reticulatum 46
Ozean 11, 95, 96, 120, 164, 165, 166, 168, 176, 211, 212, 215, 220, 222, 229, 233, 242, 243

Paläolithikum (siehe Altsteinzeit)
Pangaea 96
Paradies 7, 14, 19, 28, 51, 63, 64, 100, 102, 104, 107, 119, 163, 169, 180, 245
Pech 9, 18, 100, 106, 131, 169, 172, 187, 188, 191, 195, 199, 245
Pekingmensch 121
Pelludicar 177
Peridot (siehe Olivin)
Peridotit 211, 212, 219, 240
Photosynthese 60, 220
Phyllit 82
Pigment 137, 138, 142, 162
Pinge 155
Piperno 124
Plaggenesch 59
Plankton 190
Plattentektonik 77, 96, 164, 165, 212, 216, 233, 238
Plume 215, 242
Podsol 57, 59, 61, 245
Polje 91, 92, 120, 181
Ponor, Schluckloch 87, 88, 91, 120, 181, 234
Primärwelle, P-Welle 210, 238
Prinzip der Überlagerung, Lagerungsabfolge 118
Profilgrube 53, 54
Pyrit 58, 161, 162, 221

Quarz 95, 137, 162, 229, 232
Quecksilber 35, 58, 59, 61, 139, 142, 162, 221

Radiokarbonmethode 78, 208
Ranker 59
Raseneisenstein 58
Realgar 35, 39
Reduktion 185
Regenwasser 57, 88, 89, 95, 122, 162
Renaissance 32, 99, 144
Richtbohren 200, 201
Richterskala, Gutenberg-Richter-Skala 47, 237, 240
Rift 215
Ringelwürmer 185

Salmiak (Ammoniumchlorid) 130, 131
Salz 57, 88, 150, 151, 163, 176, 193, 244
Salzsäure 53, 58, 243
Salzwasser 125, 160
Sandboden 52, 54, 59
Saphir 7, 138, 139
Satelliten-Thermalbild 130
Saturn 108, 109, 239
Sauerstoff 40, 43, 88, 89, 96, 131, 185, 190
Sauerstoffisotope 91, 96
Säuregrad 89
Scheol 18
Schichtvulkan, Stratovulkan 45, 147
Schiefer 128, 129, 228
Schildvortrieb 204
Schlammtümpel 35, 51
Schlammvulkan 25, 26, 189, 191, 193, 195, 199
Schlickküste 96
Schluckloch (siehe Ponor)
Schluff, Silt 54
Schneiderad 205
Schwarze Raucher 164, 165, 166, 221, 222
Schwarzerde 56, 57
Schwebegarnele 182, 183
Schwefeldioxid (SO_2) 221
Schwefelsäure 57, 156
Schwefelwasserstoff (H_2S) 35, 37, 163, 201, 221
Schwermetall 56, 58
Sediment 11, 33, 58, 122, 127, 164, 186, 190, 192, 197, 199, 200, 205, 206, 221, 222
Sedimenttransferpräparat 55
Seismik 196, 198
Seismische Exploration 197, 198

Seismische Welle (siehe Erdbeben)
Seismograph 210, 237, 238
Seismologie 210, 216
Sekundärwelle, S-Welle 210, 237
Serpentin 211, 212
Shanhaijing 138
SiAl (kontinentale Erdkruste) 211, 212
Sickersee 181
Silber 17, 18, 69, 82, 104, 139, 141, 144, 146, 147, 148, 149, 158, 161, 162, 163, 165, 170
Silikat 95, 221
Silur 228
SiMa (ozeanische Erdkruste) 211
Sinter, Sinterleiste 83
Smaragd 102, 104, 138, 139, 150
Soda 162
Sonne 12, 30, 52, 56, 58, 63, 65, 82, 93, 108, 109, 110, 112, 116, 117, 118, 127, 130, 163, 167, 170, 171, 175, 176, 180, 228, 239
Speichergestein 191, 192, 195, 197, 200, 245
Speläothem 91, 92
Sperrschicht, Seal 197
Sphalerit 146
Spinell 213
Spreizungszone 164, 218
Springschwänze 185
Springtide 176
Stalagmit 83, 89, 90, 91, 96, 228, 229
Stalagnat 90
Stalaktit 83, 89, 90, 228, 229
Stein von Rosetta 170
Steinkohle 129, 130, 131, 132, 133, 162, 165, 166, 169, 188, 209, 220, 221, 228
Steppe 56, 57, 60
Stickstoff 43
Stollen 129, 131, 139, 141, 142, 144, 147, 148, 150, 151, 155, 180, 243, 244
Stoßwelle 196, 197, 210
Strandwall 33, 78, 79
Streamer 196
Strecke (Bergbau) 134, 135, 153, 155, 157, 159, 204, 205
Stygal 181
Stygiomysis holthuisi 182
Stygobionta 181, 234
Stygophile 181
Stygoxene 181
Stymphalische Vögel 86
Subduktion 165, 221, 242
Subduktionszone 215, 218, 221, 242
Sudatorium 44
Sulfat 156, 185, 201, 221
Sulfatsaure Böden 57
Sulfid 162, 163, 164, 166, 221
Süßwasser 33, 77
Synklinale 76, 77, 191

Teer 18, 130
Tempio di Apollo 29
Terme di Agnano 41, 42
Tertiär 76, 234
Tethys (Ozean) 96, 97, 133, 212
Thermalquelle 54, 95
Therme 54, 95
Thermophile 185
Tiefseerinne 95
Tonminerale 54, 95
Torf 207, 209
Treibsand 205
Trias 141
Trilobiten 228
Tropfstein 8, 89, 90, 96, 204, 228
Tuff 29, 30, 45, 46, 51, 122, 124, 126, 127, 141
Tufi gialli 45, 124
Tufi grigi 45
Tundra 121
Tunnel 11, 29, 30, 32, 33, 35, 43, 44, 46, 49, 51, 150, 156, 157, 203, 204, 205, 208, 234, 244, 245
Tunnelbohrschild 203
Türkis 26, 137
Turmalin 232

U-Bahn (siehe Metro)

Venus (Planet) 239
Venus vom Hohlefels 46, 121
Verdichtungswelle 210
Vitriol 154, 156, 162, 176
Vulkan 18, 25, 29, 30, 37, 40, 44, 45, 47, 49, 50, 51, 72, 113, 122, 131, 148, 158, 160, 164, 165, 168, 169, 172, 173, 174, 178, 192, 193, 199, 211, 215, 216, 221, 223, 227, 234
Vulkanisches Glas 134
Vulkanismus 49, 165, 174, 216

Wadi 18
Wadsleyit 216
Warmzeit 26, 91, 127
Wasserhaltung 142
Wasserstoff 88, 89, 95
Wolfram 147

Zeitraffer-Seismik, 4-D-Seismik 200, 201
Zement 132, 136
Zink 58, 146, 147, 153, 164, 212, 231
Zinkblende, Sphalerit 146
Zinksulfiderz 146
Zinn 139, 140, 141, 147, 148, 149, 165
Zinnober (siehe Cinnabarit)
Zirkon 139, 221
Zisterne 30, 46, 81, 125, 126, 244

Bildnachweis

S. 9: © Kartomedia; S. 10: Stradano/Jan van der Straet, 1587. Wikimedia Commons; S. 13: Meister von Delft, 1480-1500, © Rijksmuseum, Amsterdam; S. 17: Gustave Doré, ca. 1861. Wikimedia Commons; S. 19: Larkin, 1920; S. 22: Dr. William's Smith's Ancient Atlas. John Murray, London 1874; S. 24: Google Earth; S. 27: Hamilton, W., 1776, 2000; S. 38: Antiquariat Sanderus, Gent; S. 40: Kircher, 1682; S. 44: © Kartomedia; S. 54: © M. Lytsjagin; S. 62: © Numismatisches Museum, Odessa; S. 64: Gustave Doré, ca. 1861. Wikimedia Commons; S. 67: © Kartomedia; S. 69: © Kartomedia; S. 70: A nach: Alice Turner: The history of hell, B nach: www.4dimensions.org, C nach: http://thanasis.com, © Kartomedia; S. 72: Andrea de Jorio, 1825. Wikimedia Commons; S. 76: nach van Hinsbergen et al., 2005, © Kartomedia; S. 77: Ansichtskarte von Ammoudia; S. 79 unten: nach Besonen 1997, © Kartomedia; S. 85 oben: Patenier, ca. 1520, Museo Nacional del Prado, Madrid; S. 85 unten: Ansichtskarte; S. 86: nach Vassilopoulou 2002, © Kartomedia; S. 89: nach Kempe & Rosendahl, 2008, © Kartomedia;S. 92 oben : © 2010-2011 Vox; S. 92 unten: nach Ulrich Tichy, Wikimedia Commons, © Kartomedia; S. 94: École des Mines, Paris, Foto: Salomon Kroonenberg; S. 96: nach Ruddiman, 2001, © Kartomedia; S. 97: nach Bosence & Wilson, 2003, © Kartomedia; S. 99: C. W. Scott-Giles, ca. 1949, in: Dante Alighieri, Divine Comedy, vol. 1: Hell, übs. v. Dorothy Sayer, Penguin Books 1974; S. 100: Biblioteca Apostolica Vaticana, Rom; S. 103: © Kartomedia; S. 109: Manetti, 1504, in: Degryse und Lévy Leblond, 1987; S. 111: nach Den Tex, 1998, © Kartomedia; S. 115: Leonardo da Vinci, Code Leicester 36r, © Corbis; S. 116: nach Pfister, Savenije und Fenicia, 2005, © Kartomedia; S. 117: René Descartes, 1647, 1989;S. 118: Niels Stensen, 1669; S. 119: T. Burnet, 1681, 1753; S. 120: nach Robinson, 1694 in Heggen, 2011; S. 122: © Bijian; S. 135: © Mariette Blokhuis; S. 236: Louwe Kooymans et al., 2005; S. 138: M. Sözen (Hg.), 2000; S. 140: M. Sözen (Hg.), 2000; S. 143: Agricola, 1556, Hoover & Hoover, 1912; S. 165: © Kartomedia; S. 166: © Kartomedia; S. 172: Kircher, 1682; S. 173: Kircher, 1682; S. 177: Griffin, 2004; S. 183: Manning und Holthuis, 1984. http://fishdb.sinica.edu.tw/chi/importpic.php?id=ZA13; S. 184: Gustave Doré, ca. 1861. Wikimedia Commons; S. 186 unten: Zoback und Emmermann, 1994; S. 197: nach dem Modell von OpenLearn, © Kartomedia; S. 198; Technische Universität Delft; S. 201: © Conocophillips.no und © ciaas.no; S. 212: nach Holmes, 1965, © Kartomedia; S. 214: nach Kroonenberg, 1976, © Kartomedia; S. 215: nach Press und Siever, 2004, © Kartomedia; S. 217: de Meijer & van Westrenen, 2009; S. 218: nach Courtillot et al., 2003, © Kartomedia; S. 224: Eugène Robert, 1840; S. 225: Eugène Robert, 1840; S. 226: Jules Verne, 1912; S. 229: © Bjorn Hroarsson/Extreme Iceland; S. 230: Jules Verne, 1912; S. 231: © Carlos Lazcano Sahagún Cuando; S. 232: Mineralogisch Geologisches Museum, Technische Universität Delft, Foto: Salomon Kroonenberg; S. 236: Gustave Doré, 1861. Wikimedia Commons; S. 238: nach Oldham, 1906 und Lehmann, 1936, © Kartomedia; S. 240: nach Press & Siever, 2004, © Kartomedia

Alle anderen Abbildungen/Fotos: Salomon Kroonenberg